美丽乡村生态建设丛书

农村地区工业污染防治

熊文　总主编

黄磊　黄羽　主编

图书在版编目(CIP)数据

农村地区工业污染防治 / 黄磊，黄羽主编.
—武汉：长江出版社，2021.1
（美丽乡村生态建设丛书 / 熊文总主编）
ISBN 978-7-5492-7528-1

Ⅰ.①农… Ⅱ.①黄… ②黄… Ⅲ.①农村－工业污染防治－
中国 Ⅳ.①X322.2

中国版本图书馆 CIP 数据核字(2021)第 008988 号

农村地区工业污染防治　　黄磊 黄羽 主编

责任编辑：高婕妤
装帧设计：汪雪 彭微
出版发行：长江出版社
地　　址：武汉市解放大道 1863 号　　邮　　编：430010
网　　址：http://www.cjpress.com.cn
电　　话：(027)82926557（总编室）
　　　　　(027)82926806（市场营销部）
经　　销：各地新华书店
印　　刷：武汉市首壹印务有限公司
规　　格：787mm×1092mm　1/16　11.75 印张　266 千字
版　　次：2021 年 1 月第 1 版　2021 年 1 月第 1 次印刷
ISBN 978-7-5492-7528-1
定　　价：35.00 元

《美丽乡村生态建设丛书》

编纂委员会

《农村地区工业污染防治》

编纂委员会

总前言

提到乡村,你第一时间会联想到什么?

是孟浩然"绿树村边合,青山郭外斜"的理想居住环境,是马致远"小桥流水人家"的诗意景象,还是传世名篇《桃花源记》中记载的悠然自得的农家生活?

是空心村、破瓦房、荒草地,是满眼荒芜、贫困破败,还是"晴天扬灰尘,雨天路泥泞"的不堪?

一直以来,这两种情景交织在一起,构成了人们对乡村的第一印象,也让现代人对乡村的情感变得复杂而纠结。

但从2013年开始,乡村建设却出现了历史性的重大转折。

这一年的12月,习近平总书记在中央城镇化工作会议上发出号召:"要依托现有山水脉络等独特风光,让城市融入大自然,让居民望得见山、看得见水、记得住乡愁。"

这样诗一般的表述,让人眼前一亮,印象深刻。"山水""乡愁"不仅勾勒出了城乡建设的美好愿景,也为中国美丽乡村建设吹来了春风。

与此同时,习近平总书记还就建设社会主义新农村、建设美丽乡村提出了很多新理念、新论断。"小康不小康,关键看老乡。""中国要强,农业必须强;中国要美,农村必须美;中国要富,农民必须富。"这些脍炙人口的金句,不仅顺应了广大农村人民群众追求美好生活的新期待,更发出了美丽乡村建设的时代最强音。

随后,党的十九大报告正式提出乡村振兴战略。2018年1月"中央一号文件"指出:"推进乡村绿色发展,打造人与自然和谐共生发展新格局。乡村振兴,生态宜居是关键。良好的生态环境是农村的最大优势和宝贵财富。必须尊重自然、顺应自然、保护自然,推动乡村自然资本加快增值,实现百姓富、生态美的统一。"

2018年2月,中共中央办公厅、国务院办公厅印发《农村人居环境整治三年行动方案》。该方案进一步指出:"改善农村人居环境,建设美丽宜居乡村,是实施乡村振兴战略的一项重要任务,事关全面建成小康社会,事关广大农民根本福祉,事关农村社会文明和谐。"

2018年4月，习近平总书记又对美丽乡村建设作出重要指示："我多次讲过，农村环境整治这个事，不管是发达地区还是欠发达地区都要搞，但标准可以有高有低。要结合实施农村人居环境整治三年行动计划和乡村振兴战略，进一步推广浙江好的经验做法，因地制宜、精准施策，不搞"政绩工程""形象工程"，一件事情接着一件事情办，一年接着一年干，建设好生态宜居的美丽乡村，让广大农民在乡村振兴中有更多获得感、幸福感。"

伴随着国家一系列政策的出台，全国各地掀起了一波又一波美丽乡村建设的热潮，乡村面貌也随之焕然一新，涌现出了许多美丽乡村建设样板，已然初步勾勒出了美丽中国版图上美丽乡村的新格局。

正是在这样的大背景下，长江出版社组织本书编著者策划了《美丽乡村生态建设丛书》，从农村水生态建设与保护、农村地区生活污染防治、农村地区工业污染防治、农业污染防治等方面，系统分析美丽乡村建设的现状与存在的问题，创新美丽乡村建设体制与机制，集成高新技术成果，提出实施的各项措施与保障体系，为推进乡村绿色发展、乡村振兴提供技术支撑。

经湖北省学术著作出版专项资金评审委员评审，本丛书符合《湖北省学术著作出版专项资金项目申报指南》的要求，属于突出原创理论价值、在基础研究领域具有重要意义的优秀学术出版项目，湖北省新闻出版局批准本丛书入选湖北省学术著作出版专项资金资助项目。

本丛书分为《农村地区生活污染防治》《农业污染防治》《农村地区工业污染防治》及《农村水生态建设与保护》，共四册。

在《农村地区生活污染防治》一书中，主要针对农村地区生活污染现状，系统分析了农村地区生活污染的类型、存在的问题与危害，全面梳理了农村地区污水污染防治、生活垃圾处理处置、生活空气污染防治的最新技术与治理模式，在此基础上结合近几年农村地区生活环境治理的诸多实践，选取典型案例分析，力求为美丽乡村建设提供参考和指导。

在《农业污染防治》一书中，从农业污染的概念着手，从种植业污染防治、养殖业污染防治、农业立体污染防治、农业清洁生产等方面进行了综合分析与梳理，提出了农业污染管控的具体政策建议。选取典型案例进行分析，为农业污染防治实施提供参考。

在《农村地区工业污染防治》一书中，系统分析了农村地区工业污染现状、存在的问题以及乡村振兴背景下农村地区工业产业的发展方向，重点选取了农产品加工业、制浆造纸业、建材生产与加工、典型冶炼业等农村地区工业行业，梳理总结了典型行业污染防治的现状、主要治理技术及管理措施，创新提出了乡村振兴背景下农村工业绿色发展对策建议。

在《农村水生态建设与保护》一书中，主要针对农村水生态系统的特点，系统分析了农村水生态建设与保护的现状和存在的问题，全面梳理了农村水生态监测调查与评价，农村水环境综合治理、水生态建设与保护、水安全建设与保护技术体系、对策措施，创新地提出了农村水生态建设与保护管理技术，剖析了部分典型案例以资借鉴研究。

本丛书的编纂工作，从最初的策划酝酿筹备，到多次研究、论证及编撰实施，历时近两年，全体编撰人员开展了大量的资料收集、分析、研究等工作，湖北工业大学资源与环境工程学院编写团队的多位权威专家、教授及编写人员付出了辛勤劳动和汗水。同时，长江出版社高素质的编辑出版团队全程跟踪书稿编写情况，及时沟通，为本书的高质量出版奠定了坚实的基础。本书在撰写过程中还得到了中国地质大学(武汉)、华中师范大学、长江水资源保护科学研究所、湖北省长江水生态保护研究院、湖北省协诚交通环保有限公司、湖北祺润生态建设有限公司、湖北铨誉科技有限公司、武汉博思慧鑫生态环境科技有限公司等单位相关专家给予悉心指导并提供资料，在此一并致谢！

因水平有限和时间仓促，书中缺点错误在所难免，敬请批评指正。

编　者

2020 年 12 月

前 言

按照国家统一部署，实施乡村振兴战略，成为新时代“三农”工作的总抓手。要推进乡村振兴工作，产业振兴是必由之路。国务院《关于促进乡村产业振兴的指导意见》中明确指出，“产业兴旺是乡村振兴的重要基础，是解决农村一切问题的前提”。乡镇只有“钱袋子”鼓了，才能筑巢引凤吸引更多人才和外部资源，美丽乡村建设才有底气。

回首中国乡村发展走过的路可以看出，乡镇经济的发展很大程度上得益于大量工业企业进驻到地广人稀、劳动力成本低、环境容量大的农村地区。但在推动当地经济发展的同时，乡镇企业存在的数量多、布局混乱、规模小、产品结构不合理、工艺设备落后、技术水平普遍较低、资源和能源消耗大等现状，加剧了农村生态环境的恶化，严重影响了居民的健康生活。

在乡村振兴战略的指引下，目前，我国农村地区工业正经历从“遍地开花”的量化发展阶段逐步迈上“突出优势、科学布局、产业融合、绿色创新”的优化发展阶段，经济发展和环境保护的交锋正在广大农村上演。在此种背景下，全面系统分析农村地区工业的结构性问题、技术工艺适宜性、污染及治理措施现状，以乡村振兴战略为契机，突出本地优势特色，实现农村工业融合式发展、创新发展、绿色发展，具有极其重要的意义。

基于此，长江出版社组织策划了本书，本书从我国农村地区工业发展现状及污染特征出发，分析了农村地区工业污染防治的目标、任务及措施，罗列了产业结构调整的政策性要求；以农产品加工业、制浆造纸业、建材生产与加工业、典型金属冶炼业等我国农村地区常见的行业为例，全面梳理和总结了这些行业的特征及发展现状、产业政策，并从工艺角度分析了产污节点和污染防治措施；最后，提出了我国农村地区工业绿色发展的对策、建议。

本书不仅可以作为政府机构管理人员、相关专业技术人员的参考书，也可作为高校环境类专业学生的教辅书籍使用。在本书编写过程中，湖北工业大学资源与环境工程学院编写团队的多位权威专家、教授和编写人员付出了辛勤的劳动。长江出版社高素质的编辑出版团

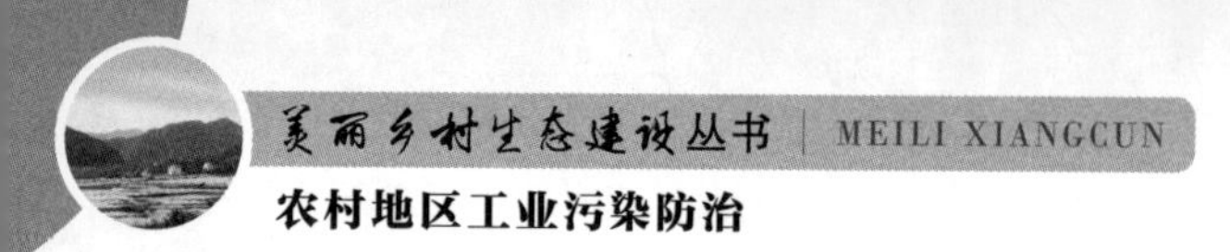

队，全程跟踪书稿编写情况，及时沟通，为本书的高质量出版奠定了坚实的基础。与此同时，本书在撰写过程中，还得到了中国地质大学（武汉）、华中师范大学、长江水资源保护科学研究所、湖北省长江水生态保护研究院、湖北省协诚交通环保有限公司、湖北祺润生态建设有限公司、湖北铨誉科技有限公司、武汉博思慧鑫生态环境科技有限公司等单位权威专家指导并提供相关资料，在此一并表示感谢！

由于编者水平有限，书中的错误和不足之处在所难免，敬请批评指正！

编　者

2020 年 10 月

目录 Contents

第 1 章　农村地区工业及环境污染

1.1　农村工业发展概况

1.1.1　农村工业的界定

农村工业，简言之就是分布于广大农村地区的一切工业生产活动，这其中不仅包括传统的乡镇企业，也包括建立在农村的国有工业项目，如工厂、矿山，以及一些国防工业等。我国公布的统计数据中，农村工业产出是指在全部工业产出中，乡办工业与村办工业、农村合作经营工业和农村个体工业的部分。因此官方统计上，农村工业的属性是按所有制性质来界定的，即凡是由农民或由农民组成的集体投资的工业，即归结为农村工业。而从环境的角度出发，本书对农村工业的界定，泛指位于农村地区，对农村环境带来影响的一切工业生产活动。

中国农村工业化经过数十年的发展取得了巨大成就，在促进国民经济发展、加快国家工业化步伐、促进经济体制转换、消化农村剩余劳动力、提高农民收入、加快小城镇建设进程、促进社会现代化进程中发挥了巨大的作用。同时，我们也应该清楚看到农村工业长期粗放型增长过程中带来的环境污染和生态破坏问题。曾经一段时间我国遍地开花的农村低技术生产工业大规模扩张，是传统落后工业生产方式的扩散，而随着国家乡村振兴战略规划的提出，以及一系列环保政策的收紧，一些传统工业的优势正在丧失，高质量、绿色发展正是当下农村工业改革的迫切需要。

加快推动乡村产业振兴，一要立足特色打造产业集群，着力推动主导产业在加工和品牌营销环节的发展，提升特色农产品精深加工水平，延伸产业链条，加快全产业链建设，拓展农业功能，培育新产业新业态，把休闲农业和乡村旅游、农产品电商作为农业“接二连三”的连接点，通过打造乡村旅游精品线路，将产业融合串起来，通过发展农产品电商，将产业基地与终端市场连起来，打造产销融合的有机整体。二要以现代农业产业园为重要平台和主要载体推进农业现代化建设，发挥技术集成、产业融合、创业创新、核心辐射等功能作用，积极探索构建产业化联合体，构建以龙头企业为主导、农民合作社为纽带、家庭农场为基础的现代农业产业化联合体，切实建立现代农业发展与小农户的利益联结机制，不断推动农村一、二、三产业融合发展。三要建立可追溯农产品质量安全管理机制，坚持源头严防、过程严管、风险严控,完善农产品质量监管制度体系,提高规范化、精细化管理水平,加快建立健全覆盖生产、流通、储存、使用等各个环节可追溯管理机制,确保监管责任无遗漏、风险应对无缝隙,坚守生命安全红线和健康底线。突出抓好标准化生产、农业投入品监管、农产品产地准出和市场准入、质量安全追溯管理、重大动物疫病防控,紧扣农业绿色化、优质化、特色化、品牌化要求,大力发展特色效益农业,加快构建现代农业产业体系、生产体系、经营体系,千方百计确保“舌尖上的安全”,推动乡村产业实现高质量发展。

1.1.2 农村工业发展历程

1.1.2.1 农村工业的萌芽阶段

我国农村工业兴起于明清时期的农村家庭手工业。在这一时期,乡村手工业的商品生产规模明显扩大,其主要表现是家庭棉纺织业的快速扩张,包括为乡村家庭工业提供原料的棉花种植量和棉花产量、棉布的产量及其远程交易的商品量、从事乡村棉纺织业的人数都有大幅增加。可以看出,明清时期的中国与欧洲的原始工业化一样,农村家庭手工业生产在许多地区均有潜在发展,这些历史积累为后来的乡村工业腾飞奠定了原始的基础。

到新中国成立前,我国沿江、沿海农村已存在不同程度的近代工业基础,包括煤矿、铁矿、冶炼、陶瓷、纺纱、织布、缫丝、印染等各个行业均有发展。新中国成立后,国家确定走优先发展重工业的工业化道路。“一五”期间,在苏联的帮助下,建立了比较完整的基础工业体系和国防工业体系,奠定了中国工业化的基础。与此同时,在大量手工业作坊基础上发展起来的手工业合作社,在当时加速工业化方针的引导下,一大批小矿山、小煤窑、小炼铁、小水泥、小农机修造、小纺织、小印染、小被服鞋帽、小食品加工等社队企业如雨后春笋般迅速发展。1971 年,社办工业产值已达到 77.9 亿元,1971—1978 年社队工业的年增长率在 20%~35%,1978 年工业产值达到 385.3 亿元,形成了一定的生产规模。此外,散布在全国各地广大农村地区的家庭手工业作坊仍然广泛存在并有较大发展。

1.1.2.2 现代农村工业崛起阶段

改革开放初期,乡村工业在组织形式上仍延续计划经济时期的社队企业,但发展的要素条件与政策环境都发生了根本性变化。首先,从要素条件看,家庭联产承包责任制,大大地提高了生产劳动的效率,这种诱致性制度变迁促进了农业产值快速增长,从而促进了农业剩余的积累和劳动力优势的发挥。其次,从政策环境看,以政府为主体的强制性制度变迁,使乡村工业生存的“夹缝”有所拓宽:一方面,国家对农产品收购价格实施了多次调整,增加了农民剩余资金的积累;另一方面,国家放宽了对农村非农产业的限制,并在信贷和税收方面对新开办的社队企业给予一定的优惠。各种有利因素的综合作用使全国社队企业以年均 15.2%的速度快速发展,其产值由 385 亿元增加到 1035 亿元,占全国工业产值的比例由 9.1%上升到 14.7%。

20世纪80年代中期的农村改革使农业效率大幅度提高、农民个体收入水平及储蓄规模迅速上升，并因此具备了一定的投资能力，乡村工业发展的物质基础和外部条件有了更大的变化。尤其是人民公社体制的撤销，给农民自主创业提供了日益宽松的制度环境。乡村工业组织形式的突出变化是农民个体及个体基础上的私营企业有了快速发展。同时，国家政策鼓励乡村企业跨行业、跨地区内引外联，拓宽了乡村工业的发展经营空间。体制改革的深化和政策的不断调整，使乡村工业在1984—1988年呈现出"异军突起"的发展态势。企业数量由606.5万个迅速增加到1888.2万个，年均增加69.6%；企业总产值由1709.9亿元增加到6495.7亿元，年均增加44.9%。尽管后来由于"双紧"的宏观调控政策使这种强劲的发展势头明显放慢，但从总体上看，这一期间乡村工业仍保持了平均每年34.4%的递增速度。

改革开放以来，农业生产实现了以家庭为单位的联产承包责任制，农业生产政策有所调整，农民在自己的责任田上可以根据个人意愿进行生产活动，充分调动了农民生产的积极性，粮食生产连年丰收，农村剩余劳动力明显增加。在社队工业和家庭手工业及南方沿海地区兴起"三来一补"企业基础上发展起来的乡镇企业出现加速发展趋势。乡镇企业的迅猛发展，在中国掀起了新一轮的农村工业化高潮。

1.1.2.3　乡村工业发展阶段

党的十四大的召开，确立了经济体制改革的新目标，确认乡镇企业是"中国农民的又一个伟大创造"。这不仅标志着中国的改革开放推进到了新的阶段，而且为乡村工业的再次飞跃提供了条件。在这一阶段，乡村工业组织形式变化的特征是现代企业制度的构建取得了突破性进展。随着企业规模的不断扩张，以"温州模式"为典型的家庭或家族企业逐步向股份合作制自然演进，而以"苏南模式"为典型的乡镇企业也走上了改制之路。在此期间，国家针对乡村工业发展中出现的各类问题提出了明确的指导性意见。制度变迁与政策引导进一步带动了乡村工业的飞跃。1992—1997年，乡村企业增长的许多指标，如上缴税收、利润总额、出口创汇、总产值和工业总产值等，年增长率均在50%以上。

随着科学发展观和新型工业化思路的提出，尤其是中国加入世界贸易组织，为乡村工业拓展了发展空间。乡村工业的发展表现出一些新的特征：从世界市场看，中国加入WTO以后，乡村工业在更大范围和更深程度积极参与国际经济合作与竞争；从产业布局看，通过自然演进和政府引导等不同途径，为城市大工业配套和与农产品深加工衔接的产业集群基本形成，2007年底，全国乡村企业各类产业园区和产业集聚区达5600余个；从企业组织规模与实力看，一些耗能高、污染大、效率低的乡村小企业在竞争中被淘汰，涌现一大批按照现代企业制度规范运营的大中型乡村企业。2008年8月，全国乡村规模以上工业企业达23.8万家，规模以上工业增加值占乡镇工业增加值的比例达74.2%。这些企业整体素质好、创新能力强，其中相当一部分为国家级或省级名牌产品，它们对乡村工业的发展起到了支撑和带动作用。

1.1.2.4 乡村工业变革优化阶段

党的十八大以来，中央坚持把解决好“三农”问题作为工作的重中之重，持续加大强农惠农富农政策力度，建立健全城乡融合发展体制机制和政策体系，全面深化农村改革，稳步实施乡村振兴战略和精准扶贫政策，农业农村发展取得了历史性成就。我国农业实现了由单一以种植业为主的传统农业向农林牧渔业全面发展的现代农业转变。2018 年农林牧渔业总产值 113580 亿元，按可比价格计算，比 1952 年增长 17.2 倍，年均增长 4.5%。种植业生产由单一以粮食作物种植为主向“粮经饲”协调发展的三元种植结构转变。深入推进农业供给侧结构性改革，2016—2018 年累计增加大豆种植面积 2000 多万亩，“粮改饲”面积达到 1400 多万亩。从畜牧业内部来看，畜牧业生产由单一的以生猪生产为主向猪牛羊禽多品种全面发展转变。猪肉产量占肉类总产量比例由 1985 年的 85.9%下降到 2018 年的 62.7%，牛肉、羊肉、禽肉产量占比由 2.4%、3.1%、8.3%上升到 7.5%、5.5%、23.1%。

巩固和完善农村基本经营制度，深化农村土地制度改革，完善承包地“三权”分置制度，加快发展多种形式规模经营，农业生产组织方式发生深刻变革。新型经营主体大量涌现，现代农业活力增强。国家着力培育各类新型农业生产经营主体和服务主体，农民合作社、家庭农场、龙头企业等数量快速增加，规模日益扩大。2018 年农业产业化龙头企业 8.7 万家，在工商部门登记注册的农民合作社 217 万个，家庭农场 60 万个。新型职业农民队伍不断壮大，农民工、大中专毕业生、退役军人、科技人员等返乡下乡人员加入新型职业农民队伍。截至 2018 年底，各类返乡下乡创新创业人员累计达 780 万人。新型经营主体和新型职业农民在应用新技术、推广新品种、开拓新市场方面发挥了重要作用，正在成为引领现代农业发展的主力军。

农业新模式快速发展，拓展了农业多种功能。跨界配置农业和现代产业要素，设施农业、观光休闲农业、农产品电商等新模式快速发展。2018 年末全国农业设施数量 3000 多万个，设施农业占地面积近 4000 万亩。设施农业改变了农业生产的季节性，拓宽了农业生产的时空分布。2018 年全国休闲农业和乡村旅游接待游客约 30 亿人次，营业收入超过 8000 亿元。产业内涵由原来单纯的观光游，逐步拓展到民俗文化、农事节庆、科技创意等，促进休闲农业和乡村旅游蓬勃发展。大数据、物联网、云计算、移动互联网等新一代信息技术向农业农村领域快速延伸，农产品电商方兴未艾。2016 年末，全国有 25.1%的村设有电子商务配送站点，2018 年农产品网络销售额达 3000 亿元。

1.1.3 农村工业发展成就

改革开放以来农村工业发展迅速，特别是进入 21 世纪后，农村工业化进程更是明显加快，目前占全国工业增加值的比例超过了 45%。截至 2007 年底，我国有 2366 万家乡镇企业，分散在全国 4 万多个乡镇和数十万个村庄，从业人员有 1.51 亿人。2007 年全国乡镇企业增加值 696 万亿元，比 2006 年增长 14.27%。其中，工业增加值 49150 亿元，第三产业增加值 15000 亿元。乡镇企业营业收入 287 万亿元，增长 14.1%；利润总额 1.76 万亿元，增长 14.6%；交税金 7366 亿元，增长 15.96%。

农村工业转移了剩余劳动力，提高了农民收入水平。农村剩余劳动力转移是工业化发展的重要标志，随着乡镇企业的发展，农业结构发生了很大的变化，乡镇企业从业人数占传统农业人数的比例不断增加。资料表明，2003 年末，全国乡镇企业从业人数达到 13573 万人，占全国农村劳动力比例的 28.1%；非农收入已经成为农民收入的重要来源，农民人均获得非农收入 1216 元，占农民纯收入的 46.37%。农民收入的增加，有利于刺激消费，拉动内需，扩大农村市场，加速农村小康社会建设的进程。

农村工业的发展也加快了小城镇建设的步伐。农村工业是扩大小城镇建设的助推器。小城镇建设促进了信息、资金、技术和劳动力生产要素的聚集，同时又推动了乡镇企业的进一步发展。据统计，2003 年，规模以上农村工业累计上缴补助社会性支出 25.6 亿元，为小城镇建设给予了资金保障。经过发展，农村工业已由初期的“村村点火、户户冒烟”状况，逐步走向与小城镇建设“互为依托、互相促进、集中连片、协调发展”的新阶段，集聚化程度明显提高。2001 年，乡镇企业的聚集程度在大中城市近郊为 40%，东部地区为 30%，中部地区为 20%，而西部地区也有一定程度的提高。同时，乡镇企业园区建设也呈规模性发展。农村工业园区建设表明，各具功能的特色园区逐渐成为当地经济发展最具活力的区域，并成为乡镇企业招商引资的窗口、名片和农村人口的聚集地，有力地促进了小城镇建设和第三产业发展。目前，我国农村城镇化率已达到 41.8%，我国农村镇的数量已超过乡的数量，这表明我国农村城镇化建设迈入到一个新的发展时期。在农村城镇化发展中，乡镇企业吸纳了大量农村剩余劳动力就近就业，为缩小城乡差距、实现农业现代化作出了重要贡献，功不可没。

农村工业推动了农业现代化的发展进程。农村工业发展，有力地促进了农村社会经济的全面发展。乡镇企业来自农村，反哺于农业是其发展初期的目的。乡镇企业通过以工补农、以工促农的方式，为农业发展提供资金支持，极大地改善了农村生产、生活条件。2003 年乡镇企业上缴支农、建农资金 315 亿元，占国家财政支农支出的 10%左右。据农业部乡镇企业局统计，“十五”期间，乡镇企业支农补农以及补助社会性支出累积达到780 亿元，年平均 156 亿元。这些资金不仅提高了农业技术装备水平，而且有力地促进了农业生产从传统农业向规模化、专业化、标准化和优质化方向转化，加快了农业现代化的发展进程。

农村工业发展也加快了国家工业化步伐。作为国家整体工业体系中的重要组成部分，农村工业与城市工业相互补充，共同推动了国家工业化发展。1978 年我国乡镇工业产值占全部工业产值的 9.2%，1991 年占 32.7%。20 世纪 90 年代以后，乡镇企业快速发展，乡镇企业迎来新的发展机遇。农业农村部资料表明，2012 年全国乡镇企业总产值达到 60 万亿元，比上年增长 9%以上，安排就业 1.64 亿人，农民人均纯收入 7917 元中有 2800 元来自乡镇企业，约占农民人均纯收入的 35.4%。乡镇企业在数量不断扩大的同时，还涌现出了一大批叫得响、立得住的大企业和企业集团，目前已有 16 万家企业从事出口，3578 家企业开展了境外投资，形成了4万个企业自主研发中心和近万个工业园区，有力地推动着我国经济的转型升级。乡镇企业的高速度增长对于加快实现农村工业化以及国家工业化发展具有十分重要促进作用。

1.1.4 农村工业的结构与布局

农村产业结构是一个多层次的复合系统，它是指农村这个地域内产业之间、产业内部各层次及其相互关系的结构，包括农村三次产业之间、产业内部各部门之间、部门内部各项目之间、项目中各产品之间的关系。农村第一产业是指农业，即种植业、渔业、畜牧业、林业、水产业等；农村第二产业是指农村的工业和建筑业；农村第三产业是指农村的商业和服务业，包括交通运输、商业、饮食服务、金融、文教、旅游等。

1.1.4.1 我国农村产业结构的发展

根据生产力发展状况，农村产业结构发展大致可以分为五个阶段：第一阶段是原始的农村产业结构，它是建立在农村的生产力和社会分工极不发达的基础之上的。第二阶段是自给、半自给为主的产业结构，它以自给半自给经济和极不发达的商品经济为基础，基本特征是以种植业为主。第三阶段是农村商品经济代替自然经济初期的产业结构。这一时期，农村手工工具逐渐为机器取代，农业的经验逐渐让位于农业科学。这也就是农村工业化、商品化和产业革命阶段。产业结构的基本特征是"农一工"结构，三类产业顺序是第二产业大于第一产业，第一产业大于第三产业。第四阶段是农村商品经济完全代替自然经济的产业结构。这一阶段农业生产力较为发达，社会分工较为深化，专业化、社会化生产已形成为基础，其基本特征是"工一商一农"结构，第二产业大于第三产业，第三产业大于第一产业，农业主体地位进一步下降。第五阶段是高度协调型的农村产业结构。它以生产力发达，社会生产机械化、电气化实现为基础，其基本特征是"商一工一农"结构。第三产业最大，工业次之，农业最小。可见，生产力水平不同，农村产业结构也就不同。目前，我国农村产业结构处于农村产业结构发展的第三阶段。

从1978年和2015年的统计数据来看，我国农村产业结构发展存在以下特征：在农村第一、二、三产业结构中，第一产业所占比例由1978年的68.6%下降到2015年的48%左右，第二产业所占比例变化不明显，由26%上升到约28%，第三产业所占比例由5.4%上升到约23%，初步形成了一、二、三产业协调发展的局面。

在农业内部，改变了长期以来"种植业独撑天下"的局面，农林牧渔业全面发展。种植业比例明显下降，养殖业比例上升。1978—2008年，种植业比例从80.0%下降到48.0%，畜牧业产值所占的比例从15.0%上升到35.9%，渔业从1.6%上升到9.0%。种植业中粮食作物播种面积比例下降，经济作物和其他作物比例明显上升。粮食作物比例从1978年的80.4%下降到2008年的68.3%，经济作物和其他作物所占比例从1978年的19.6%上升到2008年的31.7%。从近期数据来看，2019年，稻谷播种面积和产量持续下降；小麦、玉米种植面积下降，单产及总产增长。三大谷物总消费量达到 6.12 亿 t，较 2018 年增长 0.41%。大豆生产回升，同比增长 13.5%；油菜播种面积和产量继续下降，花生产量持续增加；其他作物产量基本保持稳定；猪肉产量大幅下滑，鸡肉产量增长明显。农产品品种和品质结构有所改善，农产品质量有了一定提高，卫生状况不断改善；在农村经济发展中，乡镇企业异军突起，已经成为推动农村农业结构调整的主要力量和国民经济的重要组成部分。

1.1.4.2　我国农村产业结构的调整

随着乡镇企业的发展壮大，农村工业迅速崛起，已经成为我国农村经济的主导产业，也逐渐撑起我国工业经济的"半壁河山"，是国民经济的一大支柱。但自 90 年代中期以来，农村工业高速增长、整体推进的势头受阻。发展速度明显放慢，出口增长大幅度下降，吸纳农村剩余劳动力的速度减缓甚至下降，农村工业经济效益指标明显下降，亏损企业数量增多，亏损额增加。农村工业困境的原因是多方面的，工业结构的不合理是重要原因之一。

农村工业结构的问题表现在以下方面：

首先是农村工业结构与城市工业的重复率高，农村特色工业少，不能充分发挥农村工业的比较优势。90 年代中期农村工业、交通运输、建筑业、商业服务业的产值结构，与城镇国营、集体经济相应的四大部门的相似系数高达 0.95 以上；乡村工业 33 个行业的产值结构与全国工业相对应的 33 个行业的产值结构，其相似系数为 0.83。农村工业与农业的关联度很低，关联系数只有 0.46%，不能使绝大多数农产品就地加工增值。这也带来了农村工业企业的产品结构不能适应市场竞争要求的问题。

其次是布局结构的分散性。分散布点、遍地开花的状况，不符合工业聚集的基本规律，从而加剧了农村工业化与农村城市化的不协调；使企业规模的扩大受到土地、社区关系等因素的牵制，往往损失了规模经济效益，而且占用了大量耕地，导致了资源的巨大浪费；引发了巨大的外部不经济。企业组织结构不合理。乡镇企业最基本的组织特征之一，是对土地和社区这一传统农业组织的依附，在一定程度上造成了资产流动的封闭性。

而且，农村企业资产结构存在不合理，农村集体工业的传统产权制度，已经不能适应市场竞争的新形势，并导致过高的负债与过低的盈利能力。

很多学者针对上述农村产业结构的问题提出了我国农村产业结构调整的方向，包括以下方面：

调整农村企业组织结构。要打破社区限制，以市场为导向大力促进专业化的发展，在加强城乡工业联系的基础上，要使不同类型、不同规模的各类企业之间，尤其是大、中、小企业之间形成合理的分工协作关系。要彻底克服计划经济体制下形成的城乡之间、企业之间的各种制度与观念壁垒，在市场作用下，进行广泛的专业化分工协作。

调整农村企业产品结构。目前农村工业及我国工业结构的突出矛盾，不是产业之间的矛盾，而是产品结构的矛盾。一方面，技术含量低、质量性能差、附加价值低、不适应市场需求的中低档产品数量严重过剩，并导致大量生产能力闲置；另一方面，国内需要的、高技术、高性能的中高档产品又不能满足需求，不得不大量进口。农村工业的产品结构调整，必须坚持市场多元化战略，要大力开发农村市场和国际市场，通过开发档次不同的系列产品，满足国内外市场不同层次的要求。加大科技投入，引进与培养企业所需的各类人才，对农村企业的产品结构调整至关重要。

调整农村企业产权结构。首先，在较大企业改制方面，存在着较大的资产盘子与有限的社会出资能力之间的矛盾、企业富余人员多与社会接纳能力弱之间的矛盾、乡镇财政收支紧张与较大企业支撑作用之间的矛盾；其次，在改制企业的规范运作方面，符合改革要求的法人治理结构未到位；再次，在推行政府职能转变方面，乡镇政府未找到管理集体资产的有效途径，仍延续过去管理集体企业的办法。

调整农村工业布局结构。发展小城镇是调整农村工业布局结构的关键环节。乡镇企业的过于分散已经成为制约其发展的重要原因，通过发展小城镇，可以促使乡镇企业从分散逐步集中，彻底改变“乡乡点火、村村冒烟”的分散状况，实现连片发展。同时，小城镇建设将加快我国城市化进程，在城乡之间形成统一的产业链条，为我国经济发展提供更大的空间。未来 10 年小城镇的建设，必须与农村工业布局调整和产业结构调整结合起来，必须与城镇建设体制的改革和创新结合起来。

围绕农业办工业。农村工业的发展，要紧紧围绕农业，发展与农业关联度高的产业，着重发展农产品的生产、加工、销售一体化经营，促进农业产业化的发展。通过农村工业的发展，延长农业产业链，使农产品不断增值，从而增加农民收入。

1.2 农村工业污染

1.2.1 农村工业污染概况

改革开放以来，农村工业的迅速发展，不但加快了中国的工业化进程，而且成为整个国民经济增长的主要来源之一。中国农村经济的迅猛发展，得益于大量工业企业进驻到地广人稀、劳动力成本低、环境容量较大的农村地区，但是随着经济不断发展，农村的生态环境遭到大幅度的破坏，严重影响了农村居民的生活和身心健康。由于乡镇企业数量多，规模小，工艺设备落后，技术水平普遍较低，资源和能源消耗大；没有有效的污染防治措施，使污染危害变得更加突出和难以防范。这是我国特有的环境问题，使污染由点到面，由城市向农村蔓延，说明了我国农村工业发展带来的环境污染、生态破坏、资源损失等问题的复杂性和特殊性，也说明了农村环境管理的紧迫性和复杂性。

中国的农村工业在各个区域发展是极其不平衡的，区域间的差异不但表现在增长的快慢上，而且也体现为产业结构的不同。乡镇工业的各个行业在 3 大区域之间的增长和结构分布的差异，最终会体现在对环境污染的程度上。一般认为，如果农村工业的增长主要是低污染行业带来的，那么整个农村工业增长对环境的压力是会改善的。相反，如果增长主要是高度污染行业带来的，则会加大对环境的压力。

1.2.2　农村工业污染的时空分布特征

根据统计，1988—2010 年，污染行业占农村工业比例的平均值为 63.15%，我国农村工业以污染行业为主，工业结构不尽合理，我国农村工业快速发展是以高强度消耗资源和破坏生态环境为代价的。从农村工业结构的演变趋势来看，1988—1996 年农村工业中度和重度污染行业的比例呈现增加的趋势，农村工业环境影响指数增大。1995 年开始，国家对农村工业的环境管理力度明显加强，先后关停了一批污染重、效益差的“十五小”农村工业企业，这使农村工业对生态环境的压力出现了短暂的下降。虽然 2000 年以后农村工业中度和重度污染行业的比例呈现明显下降的趋势，农村工业结构不断优化，但在规模效应的作用下，农村工业环境影响指数又呈现增大的趋势。因此，应该加强对农村工业污染的管理，一方面建立和完善农村工业管理政策体系，重视经济激励机制在农村工业污染管理中作用，综合应用多种政策工具；另一方面通过农村工业发展模式的转变来实现农村社会经济与生态环境的协调发展，将农村工业污染问题纳入经济决策。

从全国农村工业结构分布情况来看，东部地区重污染、中度污染和轻污染行业的比例分别为 20.09%、38.80%和 43.10%。中部地区三类行业的比例分别为 33.43%、43.09%和 23.48%，西部地区三类行业的比例分别为 40.90%、42.01%和 17.08%。将中度污染和重污染视为污染行业，东部、中部和西部的污染行业产值占本地区的产值比例分别为 56.90%、76.52%和 82.92%，可见经济发展水平越高的区域，污染行业所占的比例越少，农村工业结构也趋于合理。随着东部地区经济发展水平的提高，民众对环境品质的需求增大，政府也逐步加强对环境污染的监管，大量污染型产业逐步转移，而经济发展水平较低的中部和西部地区就成为承接产业转移的重要阵地，两方面综合的结果是东部地区农村工业呈现优化的趋势，而中部和西部地区污染行业所占的比例却逐步增多。

从各省的农村工业结构分布情况来看，青海、云南、贵州、山西等省市重污染行业所占的比例都在 50%以上，农村工业结构不尽合理；河北、西藏、广西、陕西等省市重污染行业所占的比例为 40%～50%，中度污染行业所占的比例都在 20%以上。内蒙古、江西、湖南、河南、甘肃、天津、四川、辽宁、宁夏等省市重污染所占的比例为 30%～40%，农村工业结构表现出一定的合理性。吉林、黑龙江、重庆、安徽、湖北、江苏、山东、新疆等省市重污染行业所占的比例在 20%～30%，中度污染行业的比例在 35%以上，轻污染行业所占的比例在 25%～45%，农村工业结构较为合理。海南、浙江、北京、福建、广东、上海等省市重污染行业和中度污染行业所占比例较低，农村工业结构合理，单位产值对生态环境的影响较小。

从农村工业污染区域分异特征来看，东部地区重污染行业和中度污染行业占全国的比例较大，环境影响指数高于中部和西部地区。中部地区农村工业污染也不容忽视，环境影响指数也较大，而西部地区重污染行业和中度污染行业占全国的比例都较小，环境影响指数较小，对生态环境压力不明显。全国各省中，江苏、山东、浙江、山西、河北、河南、广东、辽宁、上海等省市重污染行业占全国重污染行业和中度污染行业的比例较大，农村工业污染环境影响指数较大。

因此，在环境管理实践中不同的地区应实行差别化的管理政策。对于经济发达地区，应利用高新技术和先进适用技术对农村工业进行改造，推进农村工业结构的全面优化升级和技术进步，逐步推动农村工业的适度集中，实现集聚经济和基础设施共享，提高资源的利用效率，减少污染产生量和污染治理成本，并加大对农村工业污染治理的投资力度。对于经济欠发达地区，应抛弃“先污染后治理”的发展理念，在农村工业化的过程中从源头避免农村工业污染的加剧，强化农村工业污染的源头治理，通过结构调整和技术、体制创新，调整优化产业结构和产品结构，并设立严格的行业准入门槛，从根本上改变结构趋同、产品档次不高、低水平重复建设形成的小而散格局。

1.2.3 农村工业污染主要危害

随着城市经济的不断发展，城市内落后产业必然会被迁移或淘汰，城乡发展不平衡，农村经济整体落后，需要相应产业推动当地经济的进步，因此农村地区接纳城市落后产业的进入，使得城市污染转移至农村。另外，随着城镇化进程的不断加快，我国对经济结构作出重要调整，在环境治理成本较高的情况下对城市环境提出了更高的要求，进一步加大了城市工业污染向农村转移的力度和速度，使得农村生态环境破坏更加严重。近年来农村高污染企业数量不断增多，农村环境状况变得更差。1990—2011 年江苏全省农村工业废水与废气排放量呈现上升态势，其中工业废水排放量由 89456 万 t 增加到 134068.72 万 t，增加49.87%，工业废气排放量由 1809 亿标 m^3 增加到 26470 亿标 m^3，增加 13.63 倍。从年均增长率来看，其间，江苏农村工业废水排放量、废气排放量分别为 1.95%、13.63%，均高于全省0.32%、9.65%的增长率水平，这说明江苏农村环境呈现恶化态势。安徽省农村每年约产生工业废水 3 亿 t，废气 15000 亿 m^3，工业固体废弃物 5000 万 t，生活垃圾 2000 万 t，生活污水 6 亿 t。除工业固体废弃物综合利用率达 70%外，其他各种废弃物不经过处理就直接排放到农村环境，对农村环境形成严重威胁。一些河流、湖泊富营养化，饮用水源安全受到威胁，部分土壤遭受有毒物质污染，甚至危害居民健康，引发群体性事件，农村环境保护的任务越来越重。

农村工业污染带来的危害主要表现在水环境污染、大气污染、固体废弃物污染、噪声污染、土壤污染等方面。

1.2.3.1 水环境污染

随着农村城市化进程的加快，乡镇企业迅速发展，以小型乡镇企业为主的经济区域越来越多。特别是近年来，城市对环境污染管控越发严格，许多企业向郊区农村或小城镇转移。这些企业大都规模较小、布局分散、经营粗放，其中相当一部分还属于效益较差、能耗较大、污染严重的企业。部分乡镇企业设备陈旧、技术落后，多采用土法生产，生产过程中会产生大量的废水、废渣。加之一些乡镇企业领导和职工的环境意识淡薄，管理水平落后，工业布局不合理，使农村环境呈现出脏、乱、差的局面。

我国农村乡镇企业以技术水平低的小造纸、制革、印染和冶炼等大耗水企业为主，其中以造纸业排放的废水最多，占总排放量的44.9%。我国乡镇工业废水中主要的污染物为有机污染物，其中造纸、食品加工中的酿造行业、以印染为主的纺织行业、轻工行业中皮革制品制造业等贡献最大。电镀、冶炼等企业生产过程中还会排放包含如酚、铅、镉、氰化物、汞以及其他有毒有害污染物的废水。这些污染物成分在水体中不易被分解，如果未经有效处理直接排入乡村河道以及湖泊，由于水的相对流动性和农村的相对封闭性，污染物将直接严重影响到农村居民的生产和生活。污染物的富集作用会给农村居民的生活质量带来严重的威胁，水的流动性还会将污染扩散到农村以外的环境。农业生产中一旦使用了被工业污染的水对农作物进行灌溉，水体中的有毒有害成分会对农作物的生长产生许多不利条件，严重危害农产品的质量安全；同时，如果用被污染的工业废水喂养牲畜，将会使牲畜患多种疾病，对农民收入和农村经济产生巨大的负面影响。若直接排入土地，将对土壤环境造成不可逆的损害，含有剧毒和致病因素的工业废水渗入地下将对地下水造成严重的污染，有些地方出现居民因长期饮用受污染水而患上地方性疾病。

1.2.3.2　大气污染

由于城市场地的制约和人口密度大，许多水泥工厂和砖瓦工厂以及陶瓷工厂等的厂址都选在乡镇，并且大部分工厂的工艺十分落后，是传统的立窑。乡镇工业中水泥陶瓷等产业排放的二氧化硫会形成酸雨，对周围环境影响巨大，同时也会腐蚀建筑、破坏生态等，其他排放物如烟尘、粉尘等会造成雾霾，污染空气，对人民的身体健康损害十分严重。工厂中的废气对农作物以及畜产品等的危害同样不浅。

农村企业的废气排放一直以来没有得到有效的控制。这些工业废气主要包括二氧化碳、二氧化硫，以及氟化物和氢化物气体。这些废气排放不仅污染空气，降低能见度，还会形成酸雨，对土壤以及农作物和农业环境造成二次污染。

1.2.3.3　固体废弃物污染

农村工业的废渣以及工业有害垃圾，是农村工业企业在农村倾倒的主要固体废弃物。其中污染最严重的就是化工生产的废弃物以及制革处理的污染物，其次是电子工业生产的工业废弃物，再就是矿业冶炼的炉渣和尾渣。这些工业固体废弃物中都含有有害重金属元素。这些污染物在农村地区露天倾倒，随着雨水和地表径流的冲刷，最终又回到农田用水系统，这样通过水的循环导致了污染的扩大化，造成了农作物重金属残留超标，严重影响农业多元化产业结构的构建，同时也对食品卫生安全带来了巨大的影响。这些污染在对农业生产带来影响的同时，也对当地的畜牧业发展造成了巨大的影响，增加了畜牧业产业的生产成本,阻碍了畜牧业的发展。农村工业固体废弃物大多处置不规范。乡镇工业中固体废弃物又占全国总的工业固体废弃物排放量的大多部分,假如固体废弃物和工业废水一起,不经处理而直接进入到水体中,会加重水体流域的污染,水体污染会造成水生态环境的失衡,水生动植物死亡后无法被微生物降解,进一步污染水体,最终使整个地区的生态平衡失调,对人们的生产生活造成严重影响。固体废弃物如果不经处理直接暴露在空气中,固体废弃物中的毒害物质会挥发到空气中,同时也会随着时间的推移逐渐渗入周围土地中,使周围的土地过酸或者过碱,农作物就无法正常地生长。此外,固体废弃物中的有毒有害物质多不能被动植物分解,会随食物链进入人体,在人体中富集,最终对人本身造成危害。

1.2.3.4 噪声污染

近年来,我国大力推动城镇化建设,农村人口的分布在趋势上是由分散到集中,除此之外,由于各地经济发展的需要,交通运输、工业、采掘等噪声污染严重的工程项目在农村地区不断扩张,噪声污染问题也随之从城市向农村不断扩张。再加上人民群众生活基本要求得到满足,对生活质量继续提高的要求不断增加,以往对噪声污染问题并不太关注的农村地区的居民,对噪声污染控制的需求也在不断增加,近些年由于噪声扰民的投诉已不止发生在城市中心区,高速公路噪声扰民、高噪声工业企业噪声扰民等投诉案件也呈逐年递增的态势。因此,农村地区噪声污染问题应给予足够的重视,要制定有效的政策和措施,治理农村地区噪声污染。

1.2.3.5 土壤污染

改革开放以来,我国农村地区的工业化进程在不断加快,但从农村发展的总体情况看,重发展而轻环保的倾向明显,致使农村环境问题逐步显现,部分农村地区环境污染十分严重。农村的环境问题中,生活垃圾和生活污水以及畜禽养殖和空气的污染往往通过人的感觉器官就能发现,容易引起人们的重视,而土壤污染危害却因其具有隐蔽性、潜伏性和滞后性的特点,不易被人们及时觉察和发现,容易被人们所忽视。

工矿企业对农村土壤环境的污染表现在矿山开采过程中对植被的破坏以及噪声、浮尘对周围环境的破坏;生产企业排放的废气对大气的污染;废水对地表、地下水和土壤的污染;废渣等固体废弃物对土壤、植被、农作物带来的重金属和化学元素污染等方面。尽管工业污染防治工作开展多年,但由于农村工业发展水平多处于工业化初级阶段,技术工艺落后,管理粗放,在追求经济发展的迫切愿望驱使下,往往重经济发展而轻视环境保护,污染尤其是土壤污染所引起的后果有一定的滞后期,没有经济利益来得那么快捷、直观、现实。所以农村工业基本上还处于先污染后治理,或先污染不治理的恶性循环当中,生产过程中产生的废水、废气、废渣不经处理或简单处理一下就直接排放的现象普遍存在。工业污染源排出的有毒废气污染面大,对大面积土壤造成严重污染。工业废气的污染大致有两类:气体污染,如二氧化硫、氟化物、臭氧、氮氧化物、碳氢化合物等;气溶胶污染,如粉尘、烟尘等固体粒子及烟雾、雾气等液体粒子，它们通过沉降或降水进入土壤，造成污染。造成有害物质在农作物中积累并通过食物链进入人体，引发各种疾病，最终危害人体健康；影响土壤生态系统的结构和功能，最终将对生态安全构成威胁。土壤污染途径多，原因复杂，控制难度大，成为影响农业生产、群众健康和社会稳定的重要因素。

土壤与人类息息相关，是人类赖以生存的物质基础，土壤有较大的“缓冲”能力，污染不易察觉，一旦污染将难以恢复。因此，防治土壤污染对农业生态环境保护和整个陆地生态平衡都具有极其重要的意义。

1.2.4　农村工业污染特点及成因

1.2.4.1　农村工业污染特点

1.污染源类型多

改革开放以来，农村企业走过了漫长的发展道路，形成了各具特色的经营形式以及门类齐全的经营内容，几乎包含了所有的重污染行业门类及高污染排放行业。如，中小火力发电是高耗能高污染行业，造纸制革是有毒废水的排放重点行业，制砖水泥是有毒气体排放行业；造纸业是废水的排放大户，其排放量占农村工业废水排放量的一半左右，水泥、砖瓦、陶瓷非金属制品业是工业废气的排放大户，煤炭业和矿业是固体废弃物的生产和排放大户。农村工业发展到今天已是一个包括多个大行业以及几百个小行业的农村集体和个体联户组成的中小工业体系，其污染也几乎包含了各种工业污染的行业和类型。更有一些家庭小作坊、小工厂、小养殖场更是随意排放，因其又在居民区，对人居环境的污染更直接影响更大。加上不同地区、不同行业、不同规模的农村工业在技术水平上差距巨大，从而使农村工业的污染更为复杂。

2.重污染占比高

因为对环境污染严重的企业在城市中受到各种严格的限制以及严厉的管控，其发展空间受到严重挤压，随着农村经济改革的深入进行，以及产业结构的调整，又受到资金和基础设施的制约，这些城市中落后的重污染企业正好适合农村的发展模式，所以大量的这类企业转移阵地，落户农村。由于这些企业技术含量低，对人员素质的要求不高，就业门槛儿就低。加之，许多地方政府以发展经济为首要目标，认为促进经济发展、脱贫致富就是最大的功绩。盲目征用农田、对外来投资的建设项目“一路绿灯”去迎接城市转嫁过来的重污染企业，这种情况在广大农村地区普遍存在。

3.污染治理水平低

农村企业规模较小，不能引起人们的重视，所以容易对农村环境造成污染。再加上这些企业资金有限，生产工艺技术落后，环境污染治理不力。农村地区工业行业普遍存在设备简陋、人才匮乏、技术水平低等问题。往往其污染恶果产生于事后，等到发现已经造成了不可挽回的污染结果。很多乡镇工业大部分设备为廉价购进的“二手”设备或“淘汰”产品，环境污染治理力度严重不足，以劳动密集型和资源密集型企业为主，采取的是粗放式、掠夺式的生产经营方式，原材料和能源消耗量大，对自然资源的破坏比较严重。特别是部分乡镇采矿业存在滥采乱挖、采富弃贫的现象，对自然资源的破坏和浪费更为严重。

4.环境监管落后

农村工业的企业一般规模不大，但数量却很多，而且分布极广，因此，农村工业的污染源点多面广。因过于分散而不能形成有效的监管，也不能够建立有效的监管机构。同时，有些经营较小的企业进行短期经营，造成农村污染的旧问题还没及时解决就出现新问题，大多数的乡镇企业对污染的治理不能及时实施对策。农村部分地区与环境保护相关的规定不够严格，农民整体对保护环境的严重性没有充分了解，导致污染性较大的工业在部分农村地区发展壮大，形成当前农村处处有企业，时时冒黑烟的局面，这给当地的政府控污治污工作带来了很大的困难。

1.2.4.2　农村工业污染原因分析

1.技术落后，模式陈旧

目前农村的大部分工业企业都是被淘汰的落后产业，这些企业的管理理念还停留在原来的水平，所以大多采用粗放型和掠夺型的生产模式。这种企业注定在能源和材料的消耗方面很大，也注定了其生产污染物以及废弃物的数量巨大。特别是一些地方乡镇采矿和冶炼企业，只从企业眼前利益出发，乱采滥伐随意排放，对环境的污染以及危害就更大。再加上地方政府从政绩出发，只强调经济效益，对企业的污染状况睁只眼闭只眼，对企业的污染问题能避则避，能掩则掩，只顾眼前利益而忽视长远发展，对企业放任自流，严重纵容了企业对地方环境的污染和损害。而这些企业也以掠夺资源为主，本来就没有长远打算，再加上宽松的环境，更加肆无忌惮，对当地的环境造成不可逆转的污染，贻害了子孙后代。

2.产业转移中环保要求降低，污染转移现象普遍

环境污染的转移是指单位或个人有意或无意向另一方输出不符合环保标准的有害气体、有害废水、生产和生活垃圾、放射性废料等环境污染物的行为，当城市生态环境日趋改善的时候，而农村可能正在为这种短期的量变付出代价，并且有可能导致城市环境状况的改善无法实现质变突破。我国地区发展水平不一，城市与农村发展差距巨大，近年出现的污染转移现象正在成为进一步拉大这一差距并制约发展的诱因，全国工业城市基本上都实行过这种污染下乡的政策。在广大农村，乡镇企业是主要的污染源，其造成了农村生态环境的持续恶化，城市废弃物肆意向农村排放，不仅占用大量农田和耕地，也造成农村生态失衡。特别是城市的一些企业将无法处理的危险废弃物交给根本无力处理的村企业去处理，直接威胁农村的生态安全、经济安全与社会安定，这类污染转嫁的现象，从实质上说是城市间接污染农村的结果；另一方面也是我国农村生态环境恶化，污染转移仍在蔓延的重要原因。从可持续发展角度来看，污染转移存在很大的显现和潜在危害，当代人和后代人对赖以生存和发展

的资源享有相同自由、安全、平等的权利将难以保证；从微观角度看，生态系统服务所提供的生命支持功能不是那些拥有资金、技术优势的企业，而是社会公共物品，环境污染转移将污染的成本转移到了农村，这使得农民在新的竞争环境中又失去了机会，使农村与城市的贫富差距加剧；从宏观角度看，不发达地区处理污染的技术水平、设施比较落后，一旦发生污染事故，排除污染的能力非常有限，可能造成污染由局部地区向外扩散、漂移，威胁进一步加剧。

3.农村环保立法滞后，法律体系不健全

我国城乡二元结构造成了我国农民在政治、经济等方面的不利地位。长期以来，在城乡二元社会结构下，城市长期依赖农村自然资源，城市除了在资源开发利用上获益较多外，还通过向农村地区转移一些污染型产业，城市生产和生活产生的大量废弃物也被运往农村地区处置。我国环境保护法规定了谁污染谁治理、谁污染谁付费的原则，单位和个人都不得将使环境和破坏环境的损失转嫁给社会，而是由受益者来承担保护和治理的成本。国家通过对资源使用者或是污染者收取排污费及资源税等，用于环境补偿和治理，从而保护环境资源的可持续发展。国家日益重视环境保护，国家对环境治理与补偿的投资日益增多，但对于农村的投入却较少，农民的环境权得不到保障，环境公正无法保障。环境公正是指在处理人与自然的关系时要寻求不同利益之间的均衡与协调，要求人类在利用自然资源满足自己利益的过程中要体现自然资源公平分配、环境责任公平承担，环保成果公平共享。环境公正要求对各个主体采取不偏袒的态度，满足人们对环境利益的平等要求。

我国在农村水污染防治问题上存在大量的立法空白，应当从农村水污染防治的监管体制、水污染防治主体的权利义务以及法律责任等方面加以完善。针对农村现在面临的水污染问题，尽快制定《农村环境保护条例》《土壤污染防治法》等法律法规，促进农业废弃物综合利用、有机肥推广使用等有关政策，切实保护农村水环境。以提高农村地区人民饮水健康和水环境质量为目的，保障农村水资源的开发利用与水生态环境保护相协调，制定并实施符合农村特点的水污染防治政策和措施，鼓励并推广有利于农业生产和农村工业发展的水污染防治技术，实现农村经济、社会与水环境的可持续发展。

法律本身的强制性特点决定了法律手段是一种强有力的社会控制手段。新中国成立以来，我国为了改善水环境，逐步制定了以《宪法》为基础，以《水法》《环境保护法》《水污染防治法》《水土保护法》和其他相关法律为主体，以及各种行政法规、大量地方性法规和规章为补充的水污染防治方面的法制体系，并且随着经济和社会的发展，在借鉴国外先进经验的基础上，结合中国的实际不断加以修订和完善。但是，这些规范却缺少了对农业和农村水污染防治的规定，也就是说现行水污染防治法体系中关于农业和农村水污染防治几乎是空白的。2018 年 1 月 1 日起正式施行新修订的《新污染防治法》对农业和农村水污染防治给予了高度关注，将其作为一个单独部分提出，并增加了一些防治农业和农村水污染的规定，但仔细分析，其中仍有许多不尽如人意之处。

4.环保监管体制不健全,监管能力亟待提高

目前农村环境保护管理不完善,管理人员较混杂,有关环保部门没能进行及时地落实管理规定。农村环境保护的监察工作及管理工作得不到认真的实施。而且农村环境的基础设施以及公用的服务设施建设不全面,环境保护的方法过于落后。虽然我国政府曾发布过与其相关的环境保护法则,但总体看来,对于农村目前的实际环境与所相关的规定并不符合,相关的环境保护法则还需继续完善。目前与农村环境治理相关规定的可操作性不大,缺少对环境治理技术工作的介绍。我国目前针对各大城市中的工业污染制定了相关的治理方案,并对其专门创建环境保护专用资金,对相关的企业污染治理设施进行完善等,可对农村环境的污染治理却没有制定相关的对策。农村生活污染及乡镇企业污染等环境问题治理过程中会受到治理设施的建设不全面、经济规模较小等外界因素的影响,从而不能有效地对污染进行控制。

相对城市环境保护和工业污染防治而言,农村工业污染的防治工作力量不足。缺少对乡镇地区工业污染及其特点的追踪,加之乡镇工业污染防治体系的发展滞后于农村现代化进程,导致目前的相应制度和政策在解决乡镇工业污染防治问题上不仅力量薄弱而且适用性不强。目前不少城市的乡镇一级环保机构很不健全,绝大部分乡镇没有建立专门的环保机构和队伍,环境监测和环境监察工作尚未覆盖广大农村地区,存在污染事故无人管、环保咨询无处问的现象。乡镇环保工作牵涉到多个部门,但目前环保、城管、农业、水利、爱卫等相关部门在机构设置、编制核定、人员配备、经费保障、队伍素质、监管水准及考核机制等方面的现状与日益繁重的乡镇工业污染防治工作任务存在诸多不相适应之处,导致在环境整治过程中,所涉部门职能交叉,存在多头管理问题。

农村环保管理和监督体系不健全。我国的环境管理体系是建立在城市和重要点源污染防治上的,对农村环境污染及污染特点重视不够,加之农村环境治理体系的发展滞后于农业现代化进程,导致其在解决农村环境问题上不仅力量薄弱而且适用性不强。一方面,我国农村基层环保机构很不健全。农村最基层的环保系统是县一级环保机构,县级以下政府基本上没有专门的机构和专职环保工作人员,少数乡一级设置有环保办公室、环保助理、环保员等环保机构,但他们在农村的工作仅限于农村工业这一块。农村地区的环境监测、统计和环境监察工作基本处于空白,造成环境污染破坏无人管理,环保技术无处咨询。我国的环境问题与环境保护机构及人员设置的突出矛盾,导致环保法律的实施常常流于形式。另一方面,我国的环境保护职责权限分割,生态环境保护涉及环境保护、国土资源、水利、农业、林业、科技、建设、财政等多个部门,导致在实际工作中经常出现"要么抢着管、要么无人管"的重叠管理或空白管理的现象,影响执法效力。再者,依照我国现行体制,地方环保机构隶属于地方政府,环保机构本身的人、财、物都受地方政府管理,这在很大程度上影响、制约了环保部门严格依法办事,更难以监督地方政府在环境保护方面的不作为、乱作为,易于滋生地方保护主义和部门保护主义。

5.环保意识落后，环保宣传教育不足

部分农民对环保意识的认识能力较差以及文化素质较低，再加上农村环保教育过于短缺，对于农村环境污染问题的危害及治理对策的相关知识了解过少，身上依然存在许多污染环境及破坏生态的不良生活习惯。还有乡镇企业法制观念较少，对环境保护管理方面的工作方式较落后。农村乡镇企业发展的速度较快，农村经济发展带来较大的作用，但由于众多的乡镇企业的法治观念较弱，消极地对待污染环境防治工作，更有行为恶劣的企业拥有处理设备却不使用，而进行偷排漏排。部分乡镇企业存在着分布不合理以及生产技术工艺较差等现象，保护环境的相关设施不完善，都是对环境污染产生的重要因素。还有部分地区的基层领导不能及时地树立正确的发展理念，在处理对环境与经济关系过程中，只看重眼前的利益，从而在制定相关环保规范的时候不惜以牺牲一切代价来获得收益，造成部分农村人员对保护环境的思想认识不足。

由于地方财政的紧张，个别基层干部为了本地区经济利益而置环保法不顾，采取“杀鸡取卵”的策略来发展经济，对环境污染视而不见，缺乏对污染行为的监督，丧失环境法制观念和依法维权意识，对环境造成严重危害。

6.资金缺乏，基础设施建设薄弱

农业污染治理资金不足，特别是用于农村环境污染治理方面的投资投入较少。财政方面对于环境污染治理存在着重城市轻农村的现象。城乡经济发展不均衡，致使城乡环境污染治理不平衡，农村环境治理问题在资金上很难得到充足支持，并且农村生活、生产布局分散，统一治理相对于城市来说难度较大，使得农村环境问题一直得不到有效解决。

与城市较为完善的污水收集、治理管网体系，以及完备的废气处置设施相比，农村地区由于长期的环保建设投入不够等，工业污水、固体废弃物处置等基础设施存在较多短板，一些污染物在外排前未能进行有效的预处理，加剧了农村环境污染。充足的资金投入是保障水污染治理工作顺利进行的重要条件之一。我国目前政府财力有限，难以满足水污染治理的需求。“十一五”期间，环境保护投资占 GDP 的比例达到 1.4%～1.5%，预计投资总额将在 13000 亿元左右，资金缺口较大。由于环境污染治理投资总量少，水污染治理资金就更少。受优先发展城市工业的战略影响，国家对农村的投入明显低于对城市的投入。“九五”以来，城市环境基础设施建设的投资稳步上升，2000 年城市污水集中处理投资占水污染治理投资的比例已经超过了 50%。农村缺少环境监管和治理经费来源，使农村聚居点的上下水、垃圾处理等基础设施难以配套建设，导致中国农村的自来水普及率、污水处理率大大低于城市。农村聚居点的规划和环境保护基础设施建设的滞后不仅对人群健康构成了严重威胁，也造成了农民诸多需求难以满足，这种情况与构建和谐社会的要求有很大差距。

城乡分治战略使城市和农村间存在着严重的不公平现象。具体到环保领域，主要是指城乡地区在获取资源、利益与承担环保责任上严重不协调。长期以来，我国污染防治投资几乎全部投到工业和城市方面，城市环境污染向农村扩散，而农村从政府财政方面却得不到多少污染治理和环境保护建设资金，也难以申请到用于专项治理的排污费用。另外，农村乡镇企业大部分处于初级发展阶段，乡镇企业发展速度较快，固定资产投入较多，加上社会负担较重，不少县(市、区)乡镇企业自有流动资金不足，很难把很多的钱花到治理环境污染上。由于环保投入不足，农村环保基础设施和环保队伍自身建设难以跟上当前形势发展的需要，环境监测、监理设备老化，环保执法工具和装备落后，缺乏有效的手段解决环境污染问题。

第 2 章　农村工业污染综合防治

2.1　农村工业污染防治目标和任务

农村工业污染防治的基本目标是：以建设社会主义新农村为根本出发点，减少农村地区工业污染加剧的趋势，改善农村环境质量，使农村地区工业污染防治取得初步成效，环境监管能力得到加强，公众环保意识提高，农民生活与生产环境有所改善，为构建社会主义和谐社会提供环境安全保障。要实现以上污染防治目标，必须采取一定的措施。

2.1.1　严把审批关，源头控制

加强农村建设项目环境管理，严格执行环境影响评价和“三同时”制度，严格环境准入。坚决制止在农村地区建设“高耗能、高耗水、高污染”项目。严格执行产业政策和环保标准，防止城市污染严重的企业向农村地区转移。

2.1.2　全面排查，加强监管

对农村工业污染情况进行专项调查，全面摸清污染现状与特点。结合近年来环保部门清理整顿环保违法建设项目等多种专项行动，加强对农村地区工业企业的监督管理，建立完善农村工业污染源稳定达标排放的监督管理机制，严厉打击违法排污行为，促进乡镇工业污染源稳定达标排放。严厉打击污染农村地表水、地下水的工业企业，并对于违法严重、属淘汰落后产能的企业进行了取缔关闭。淘汰污染严重的生产项目、工艺、设备，逐步开展对农村工业污染源的综合整治工作。

2.1.3　建立科学严谨的农村工业污染防控体系

采取措施加强农村工业污染防治工作，建立全方位的污染防控体系。加强对农村工业污染源统计方法和手段的创新，适时建立农村工业污染源调查和抽查机制。强化农村工业企业污染减排监管，严格执行工业企业污染物达标排放和污染物排放总量控制制度。推进污染集中治理举措，根据区域环境承载能力和生产力布局，调整优化农村工业布局，引导企业向小城镇、工业小区适当集中，对污染实行集中控制。

2.1.4 建立农村工业污染防治长效机制

坚持主要领导负责制，建立健全农村环境保护目标责任制和责任追究制，将农村环保工作纳入各地环保目标考核和领导干部政绩考核的重要内容，作为干部选拔任用和奖惩的重要依据。要进一步加大对农村地区环境保护的投入，逐步建立多渠道的环境保护投入机制。加快技术革新，开展农村环境污染防治技术研究与试点，探索农村治污的新途径和新方法，研究制订农村环境污染防治规划。加强农村地区环境保护能力建设。

2.1.5 加强农村地区工业的统筹规划，合理布局，科学管理

在充分考虑乡镇当地的生产和生活的前提下，制定科学合理的规划，严格按照生态功能或环境要素，进行功能区划分，对不同区域实行相应的环境标准并严格监管。合理布局工业企业，严格执行环境影响评价，建设工业集聚区对工业污染源进行集中生产、集中治理和集中监管。统筹建设工业废水、生活污水集中处理系统和农村生活垃圾处理设施，保护农村饮用水质卫生安全和农村环境卫生。

2.1.6 加大资金投入，加强对农村环境的综合管理和整治力度

加大对环保资金的投入，解决农村地区环保基础设施建设落后、环保队伍建设难以跟上形势需要的矛盾。实施有效的手段解决环境污染问题，突出以水污染治理、饮用水源保护、固体废弃物治理和综合利用等工作为重点，编制环境综合整治工作计划，明确综合整治任务。对现有污染企业，要加强督促检查，巩固达标排放成果；对重点污染企业要建立更为严格的监控制度。逐步加强对农村地区企业发展布局进行调整，以便污染集中治理。

2.1.7 提高农村地区环保准入门槛，防止污染工业向乡镇地区转移

在农村地区严格建设项目环保管理，严把建设项目环保准入关，提高产业发展环保准入门槛，环保部门将协同有关部门根据环境容量制订区域产业发展目录，加强产业引导，对不符合产业政策、不符合有关规划、不符合重要生态功能区要求、不符合清洁生产要求、达不到排放标准和总量控制目标的项目，一律不予批准建设。对超过总量控制指标的地区，暂停审批新增污染物排放总量的建设项目，或实行区域环保限批。采取切实有效的措施，严格防范污染工业向乡镇地区转移。

2.1.8 加强环保法制宣传，提高农村地区环保意识

加强乡镇干部、乡镇企业负责人以及群众的环保教育工作，使乡镇领导干部树立科学的

发展观，正确处理经济发展与环境保护的关系，充分发挥政府的主导作用；促使乡镇企业负责人正确处理企业利益与社会利益的关系，明确责任，自觉减少、控制污染。通过组织各种群众喜闻乐见的科普宣传和活动，广泛宣传环保知识，让群众提高环保意识，掌握基本的环境保护法律法规。

2.2　农村工业污染综合防治措施

当前社会主义新农村建设正在全国广大农村地区持续推进之中，在这一过程中，诸多农村新型环境问题也逐渐显现。在农村传统环境问题和新型环境问题相互交织的时代背景下，加强农村环境保护成为必然的要求，因此，从这个方面来说，现行环境管理体制进行战略转型亦成为必然。农村环境管理体制是一个动态的概念，它的构建和发展与农村环境问题、国家环境管理体制现状、有关环境和经济政策，以及相关理论研究有着重要的关联。农村环境管理体制的完善不可能一蹴而就，任重而道远。限于篇幅，本节主要阐述未来我国农村环境管理体系需要完善的几个主要方面。

2.2.1　完善相关法律法规，健全农村环境管理制度体系

环境管理是现代政府的基本职责之一，乡镇政府履行环境管理职责也应当在法治的框架下进行。迄今为止，我国已制定出了 4 部环境法律、8 部资源管理法律、20 多项环境资源管理行政法规和 260 多项环境标准，初步形成了环境资源保护的法律、法规体系。我国农村环境保护工作起步相对较晚，基础相对薄弱，适应农村环保实际需要的法律法规体系还不是很健全，有的法规操作性也不强。针对农村环境问题中的防治畜禽养殖污染、防治面源污染、防治土壤污染等方面的立法一度是空白，农村环境保护缺乏针对性法律约束管理。因此，农村环境管理体制的完善也应回归法律制度本身，从法律制定的角度出发，厘清现有管理体制的立法体系，在此基础上对农村环境管理体制方面的法律规定加以完善。

鉴于农村环境保护对于实施可持续发展战略和社会主义新农村建设的重大意义，国家和地方立法机关应当通过法律的形式对各级环境主管部门参与决策予以明确的授权。同时，还应在决策的内容、程序和方式上予以明确的规定，确保在决策过程中将农村环境保护的要求纳入有关的发展政策、规划和计划中。此外，根据我国当前的实际情况，决定了农村环境管理体制改革的渐进性，不可能一蹴而就。农村环境管理体制的完善应在对农村环境管理主体之间有关的组织结构、权力配置结构、权力运行机制等问题有清楚、科学的辨识和界定。其次，应当在法治的框架下，在综合体制法的指导下，将各单行立法中与农村环境管理体制有关的规定具体化，明确落实途径。在此基础上，制定科学合理的农村环保法规和政

策体系。要狠抓相关法律的执行和落实，确保农村环境保护法律法规的权威性和有效性，这项工作仍然任重道远。

2.2.2 探索农村环境区域性环境管理方式

农村环境问题的区域性早已超出了基于现行行政区划的地方政府的环境管理范围，因此，农村环境问题的区域性与以行政区划为特征的管理机构设置在某种程度上存在着一定的矛盾：一方面，环境资源被行政区划分割为不同的管辖范围，另一方面环境生态系统并不因为行政区划而改变其发展规律。从历史的角度上看，以行政区划为特征的环境管理机构设置过去确实起到了一定的作用，但对于今天农村环境管理工作的开展往往是不够的，甚至在某种程度上加剧了农村环境恶化的态势，助长了地方保护主义的滋生。可见，现代农村环境问题不仅仅是单个农村个体性的，有时亦表现出很强的区域性特征，需要在一定程度上打破现行环境管理机构按行政区划设置的僵化模式，探索建立符合农村环境管理的区域性环境管理机构。目前，在区域性环境管理机构建设方面，已有相关的实践。如：国家层面有由水法所确立的流域管理模式，长江水利委员会等 7 个流域水行政管理机构在新水法版本实施后，其法律地位得以明确，流域管理机构的职责更加清晰，水行政执法的主体地位得以加强；地方层面，浙江、吉林等省则根据国家环境保护总局生态功能保护区评审管理办法、生态功能区划暂行规程等规定，对省际生态区域划分以及生态经济建设示范区机构设置进行了尝试。这些经验都可以为农村区域性环境行政管理机构的设置提供有益的借鉴。因此，农村环境管理体制设计应当破除条块分割、各自为政的分散局面，探索建立符合农村环境管理的区域性环境管理机构，可以按照统一管理的目标与要求，实行中央的垂直管理，按照自然资源的生态属性，确立区域管理机构，按照一定的原则，确立集权与分权的协调与处理机制，保证管理体制的顺利运行。

2.2.3 逐步建立农村环境质量监测技术体系

为适应国家农村环境保护和管理需求，自 2009 年起中国环境监测总站组织全国除港澳台外的 31 个省（自治区、直辖市）及新疆生产建设兵团环境监测中心（站）开展农村“以奖促治”村庄环境质量试点监测工作，并连续三年编制了《全国农村环境质量试点监测报告》。2009—2011 年，在全国共监测了 364 个典型村庄环境质量状况，累计监测试点村庄 712 村次。按照环保部要求，2012 年试点村庄监测范围进一步扩大，每个省份至少选择 12 个环境问题突出、群众反映强烈的村庄开展环境质量监测，其中连片整治示范省（区、市）至少选择 10％的整治村庄进行监测。

农村环境质量试点监测工作的持续推进，不仅摸清了试点村庄环境质量状况，掌握了部分农村环境质量的基本情况，同时总结出了存在于我国农村的一些突出环境问题，还在一定程度上反映出了“以奖促治”政策下农村连片综合整治的成效，为农村环境保护和管理工作提供了重要技术支撑。

我国农村地区地域分布广、环境特点差异大，各地自然地理条件、经济情况和生产生活特征等各个方面均存在明显差异，虽然每年都在扩大监测村庄的数量，但相较于我国 60 多万个行政村，监测村庄覆盖面过窄，代表性不强，无法全面、系统地反映我国农村环境质量状况。因此，应针对我国农村量大面广的特点，分区域、分类型地构建适合我国农村特点的环境质量监测技术体系。

农村环境监测工作涉及空气、饮用水、地表水和土壤等多要素、多项目的采样、分析、综合评价等工作，目前主要由各省级和地市级监测站承担，任务繁重，经费也十分缺乏。2010 年共安排农村试点监测补助经费 38.4 万元，完成了 274 个试点村庄的环境质量监测工作，平均每个村 2000 元。2011 年试点村庄监测补助经费增加到 192 万元，但每个省份监测试点村庄的数量增加到 9 个，平均每个村庄监测经费不足 7000 万元。因此，建议加大对农村环境监测的支持力度，特别要加强县级环境监测站的能力建设，使其具备基本的空气、水、土壤等各要素的采样能力和基本项目的分析能力，逐步实现县级监测站能承担农村环境监测任务。应将农村环境监测经费纳入国家环境监测网络运行经费和地方环境监测网络运行经费之中，切实保障农村环境监测的顺利运行。

总之，我国农村环境监测工作刚刚起步，农村环境质量监测体系也尚未建立。农村环境状况底子不清、情况不明仍然是客观事实，目前还不能满足农村环境保护和管理决策需求。因此，要切实加强农村环境监测，以全面掌握我国农村环境的真实状况，推进农村环境保护工作。

2.2.4　引入环境信息手段

农村污染物排放主体数量众多，治理农村环境污染，必须改变目前政府孤军奋战的环境治理格局，实现农村环境保护的“社会化”。仅依靠国家政府的力量难以及时有效地治理农村环境污染，在农村环境污染防治上必须依靠全民的共同努力。环境信息手段是以环境污染控制信息公开为目的，环境管理部门、企业与公众共同参与的社会制衡类环境政策的一种形式。在政府管制手段的基础上，引入农民和舆论参与污染控制，有利于农民行使自己的知情权，改善企业与农民之间的关系，协调利益冲突，加强农民参与环境监督管理，更好地促进企业控制污染，改善环境质量。

环境信息公开在污染控制方面提供了一条新的途径，在政府管制手段的基础上，引入市场和公众参与污染控制，其目的是以政府管理为主导、市场和公众积极参与为辅，创新政府管理制度，在增强政府在环境管理职能的同时，积极发挥市场在资源配置中的作用以及公众的参与和监督作用。通过环境信息的传递与交流，政府、市场与公众相互之间形成了一种互相影响的关系，形成一个强大的“三位一体”式的互动“信息网络”。环境管理信息则是从环境管理体系的活动中表现出来的各种不同特性的客观反映。在环境管理体系中，充分、准确的信息有利于政府进行合理、科学的环境管理决策，有利于市场对生产者的“环境调节”，有利于公众对管理对象的环境行为的识别与监督，从而促使污染者实行改善环境的行为。

2.3 农村工业企业的产业结构调整

2.3.1 产业结构调整指导目录

产业结构调整包括产业结构合理化和高级化两个方面。产业结构合理化是指各产业之间相互协调，有较强的产业结构转换能力和良好的适应性，能适应市场需求变化，并带来最佳效益的产业结构，具体表现为产业之间的数量比例关系、经济技术联系和相互作用关系趋向协调平衡的过程；产业结构高级化，又称为产业结构升级，是指产业结构系统从较低级形式向较高级形式的转化过程。产业结构的高级化一般遵循产业结构演变规律，由低级到高级演进。

《产业结构调整指导目录》由国家发改委发布，其目的是加快建设现代化经济体系，推动产业高质量发展。该目录由鼓励类、限制类、淘汰类三个类别组成。鼓励类主要是对经济社会发展有重要促进作用，有利于满足人民美好生活需要和推动高质量发展的技术、装备、产品、行业。限制类主要是工艺技术落后，不符合行业准入条件和有关规定，禁止新建扩建和需要督促改造的生产能力、工艺技术、装备及产品。淘汰类主要是不符合有关法律法规规定，不具备安全生产条件，严重浪费资源、污染环境，需要淘汰的落后工艺、技术、装备及产品。对不属于鼓励类、限制类和淘汰类，且符合国家有关法律、法规和政策规定的，为允许类。

对鼓励类投资项目，按照国家有关投资管理规定进行审批、核准或备案；各金融机构应按照信贷原则提供信贷支持；在投资总额内进口的自用设备，除财政部发布的《国内投资项目不予免税的进口商品目录(2017 年修订)》所列商品外，继续免征关税和进口环节增值税，在国家出台不予免税的投资项目目录等新规定后，按新规定执行。对鼓励类产业项目的其他优惠政策，按照国家有关规定执行。

对属于限制类的新建项目，禁止投资。投资管理部门不予审批、核准或备案，各金融机构不得发放贷款，土地管理、城市规划和建设、环境保护、质检、消防、海关、工商等部门不得办理有关手续。凡违反规定进行投融资建设的，要追究有关单位和人员的责任。

对属于限制类的现有生产能力，允许企业在一定期限内采取措施改造升级，金融机构按信贷原则继续给予支持。国家有关部门要根据产业结构优化升级的要求，遵循优胜劣汰的原则，实行分类指导。

淘汰类项目，禁止投资。各金融机构应停止各种形式的授信支持，并采取措施收回已发放的贷款；各地区、各部门和有关企业要采取有力措施，按规定限期淘汰。在淘汰期限内国家价格主管部门可提高供电价格。对国家明令淘汰的生产工艺技术、装备和产品，一律不得进口、转移、生产、销售、使用和采用。

对不按期淘汰该类生产工艺技术、装备和产品的企业，地方各级人民政府及有关部门要依据国家有关法律法规责令其停产或予以关闭，并采取妥善措施安置企业人员、保全金融机构信贷资产安全等；其产品属实行生产许可证管理的，有关部门要依法吊销生产许可证；工商行政管理部门要督促其依法办理变更登记或注销登记；环境保护管理部门要吊销其排污许可证；电力供应企业要依法停止供电。对违反规定者，要依法追究直接责任人和有关领导者的责任。

目前国家发改委已完成最新版《产业结构调整指导目录》的修订，正向全社会公开征求意见。这次修订坚持稳中求进的工作总基调，坚持新发展理念，坚持推动高质量发展，坚持以供给侧结构性改革为主线，把发展经济的着力点放在实体经济上，促进农村一、二、三产业融合发展，推动乡村振兴；顺应新一轮世界科技革命和产业变革，支持传统产业优化升级，加快发展先进制造业和现代服务业，促进制造业数字化、网络化、智能化升级，推动先进制造业和现代服务业深度融合；运用市场化、法治化手段，大力破除无效供给。

2.3.2　国家规定明令取缔关停的小企业

国家规定命令关停的“十五小”“新五小”企业是指其中明令取缔关停的十五种重污染小企业，以及原国家经贸委、国家发改委限期淘汰和关闭的破坏资源、污染环境、产品质量低劣、技术装备落后、不符合安全生产条件的企业。根据《国务院关于加强环境保护若干问题的决定》，在 1996 年 9 月 30 日以前，对现有年产 5000t 以下的造纸厂、年产折牛皮 3 万张以下的制革厂、年产 500t 以下的染料厂，以及采用“坑式”“萍乡式”“天地罐”和“敞开式”等落后方式炼焦、炼硫的企业，由县级以上人民政府责令取缔；对土法炼砷、炼汞、炼铅锌、炼油、选金和农药、漂染、电镀以及生产石棉制品、放射性制品等企业，由县级以上地方人民政府责令其关闭或停产。对逾期未按规定取缔、关闭或停产的，要追究有关地方人民政府主要领导人及有关企业负责人的责任。

2.3.2.1 “十五小”企业

1.小造纸企业

小造纸企业是指年产5000t以下造纸厂；具有年生产能力小于1.7万t的化学制浆生产线的企业。

2.小制革企业

小制革企业是指年加工皮革3万张(折牛皮标张)以下的制革厂(注:2张猪皮折1张牛皮、6张羊皮折1张牛皮)。

3.小染料企业

小染料企业是指年产500t以下的染料厂,包括500t以下的染料生产企业、500t以下的染料中间体生产企业、染料和染料中间体总生产能力不超过500t的企业。

4.土炼焦企业

土炼焦企业采用“坑式”“萍乡式”“天地罐”和“敞开式”等落后方式炼焦。

5.土炼硫企业

土炼硫企业采用“坑式”“萍乡式”“天地罐”和“敞开式”等落后方式炼硫。

6.土炼砷企业

土炼砷企业是指年产砷(或氧化砷制品含量)100t以下的土法(采用土坑炉或坩埚炉焙烧,简易冷凝设施收尘等落后方式炼制氧化砷或金属砷制品)生产企业。

7.土炼汞企业

土炼汞企业是指年产10t以下汞的土法(采用土铁锅和土灶、蒸馏罐、坩埚炉及简易冷凝收尘设施等落后方式炼汞)生产企业。

8.土炼铅锌企业

土炼铅锌企业是指年产2000t以下铅锌的土法(采用土烧结盘、简易土高炉等落后方式炼铅,用土制横罐、马弗炉、马槽炉、小竖罐等进行焙烧、简易冷凝设施进行收尘等落后方式炼锌或氧化锌制品)生产企业。

9.土炼油企业

土炼油企业包括:未经国家审批未经国务院批准,盲目建设的小炼油厂和土法炼油设施;未经国家正式批准,不具备炼油设计资格的设计单位设计的非法炼油装置;无合法资源配置,通过非法手段获得原油资源,造成石油资源浪费,产品质量低劣且污染环境,扰乱油品市场的炼油企业;生产过程不是在密闭系统的炼油装置中或属于釜式蒸馏的炼油企业;无任何环境保护措施和污染治理手段的炼油企业;不符合国家职业安全卫生标准的炼油企业。

10.土选金企业

土选金企业的生产方式包括小混汞、溜槽、小氰化池、小堆浸等。

11.小农药企业

小农药企业是指无生产许可证、无正规设计，土法生产的(产品无一定结构成分，没有通过技术鉴定，没有产品技术标准，没有正常安全生产必需的厂房、设备和工艺操作标准，没有必要检测手段)小型农药原药生产或制剂加工企业。

12.小电镀企业

小电镀企业包含氰电镀企业，是指无正规设计、工艺落后，电镀废液不能或基本不能达标的电镀企业。

13.土法生产石棉制品企业

土法生产石棉制品企业是指手工生产石棉制品的企业。

14.土法生产放射性制品企业

土法生产放射性制品企业是指未经国家或行业主管部门批准列入规划、计划，未取得建设、运行和产品销售许可证，没有较完整的立项、可行性研究报告及经过国家或行业主管部门批准的环境影响报告书和“三同时”验收报告，没有健全的防护措施和监测计划、设施的炼铀等放射性产品生产企业。

15.小漂染企业

小漂染企业是指年产 1000 万 m 以下布的生产企业。所排废水每百米布大于 2.8t。

2.3.2.2 “新五小”企业

1.小水泥企业

小水泥企业是指依靠直径 1.83m 以下熟料粉磨站；窑径 2.2m 以下(年产 4.4 万 t 以下)机立窑；窑径 2.5m 及以下干法中空窑进行生产的企业。

2.小火电企业

小火电企业是指依靠单机容量 5 万 kW 及以下常规小火电机组进行生产的企业。

3.小炼油企业

小炼油企业是指 100 万 t 以下的原经审批的炼油厂。

4.小煤矿企业

小煤矿是指不具备基本安全生产条件，无四证(采矿证、生产证、矿长资格证、营业执照)小煤矿；单井井型低于年产 9 万 t 以下的煤矿。

5.小钢铁企业

小钢铁企业采用平炉、10t 及以下电炉、1.5 万 m^2 及以下鼓风炉、100m^3 及以下高炉、15t

及以下转炉进行钢铁生产。

2.4 农村工业场地污染治理

2.4.1 污染场地

污染场地是指因从事生产、经营、使用、贮存、堆放有毒有害物质，或者处理、处置有毒有害废物，或者因有毒有害物质迁移、突发事故，造成了土壤和地下水污染，并已产生健康、生态风险或危害的地块。污染场地环境范围更广，可以包括场地内部环境及周边可能影响到的环境，涉及场地内部的土壤和地下水、车间墙体和设备、各种废弃物，场地周边的土壤、地表水、空气、生物体及居民住地等。

随着不符合产业政策的小工厂的关改搬转，农村地区遗留了大量的、多种多样的、复杂的污染场地，涉及土壤污染、地下水污染及废弃物污染等诸多十分突出的问题，产生了大量污染场地（又称为"棕色地块"）。这些污染场地的存在带来了环境和健康的风险，阻碍了地方经济发展。

污染场地通常在工矿业活动与发展过程中产生。我国污染场地类型多且复杂，与矿业、行业及其建设时间、生产历史等有关。在现有的污染场地中，有历史（甚至是解放前）遗留的，也有改革开放后新产生的；有的由国有企业带来，有的由乡镇企业造成，也有的来自合资或私营企业。农村污染场一般分布在居住、商业和公共娱乐活动用地相邻或附近的乡镇，以及生态敏感区等。

矿业活动和行业生产过程是造成场地污染的主要途径。因此，矿区和污染行业往往是污染场地的集中分布地，例如有色金属、黑色金属矿区和化工、石化、冶炼及电镀、制药、机械制造、印染等行业。其他的污染场地有填埋场、金属矿渣堆场、加油站、废旧物资回收加工区或电子垃圾处置场地等。不同的矿业活动和行业生产过程会产生不同的毒害污染物，包括无机类、有机类或有机—无机类污染物，并且常常出现与化学品生产或使用、产业过程相关的特征污染物。

我国污染场地中主要污染物有重金属（如铬、镉、汞、砷、铅、铜、锌、镍等）、农药（如滴滴涕、六六六、三氯杀螨醇等）、石油烃，持久性有机污染物（如多氯联苯、灭蚁灵、多环芳烃等），挥发性或溶剂类有机污染物（如三氯乙烯、二氯乙烷、四氯化碳、苯系物等）、有机—金属类污染物（如有机胂、有机锡、代森锰锌等）等，有的场地还存在酸污染或碱污染，大部分场地处于复合混合污染状态。除了化学性污染外，有的场地还存在病原性的生物污染和建筑垃圾类的物理性污染，这给污染场地的治理和修复增加了难度。

多数污染场地的土壤和地下水同步受到污染，这是污染物下渗迁移或管道泄漏造成的。在场地土壤或地下水中污染物含量的空间变异性明显，有的污染区污染物成团连片分布，另外的可能是分散的点状分布，这与企业生产、储存、处理、处置方式方法，以及污染物性质和迁移性等有关。场地污染深度可达 10 多米，污染程度以中、重度比例居多。例如，焦化厂土壤中强致癌化合物苯并芘、农药厂土壤中持久性有机污染物滴滴涕、铬渣堆放场地土壤铬含量及地下水中六价铬等浓度可以超标上千倍，甚至万余倍，这与通常发生在表层轻度污染的农田土壤污染状况有明显不同。另一个特点是挥发性或溶剂类污染物存在的污染场地，这些污染物的浓度动态变化，迁移性强，容易迁出场外，还会挥发，污染空气，危及健康，因而需要及时阻断控制。

近年来，我国场地污染问题逐步凸显，对生态环境、食品安全和人体健康构成严重威胁；全国各地陆续开展了污染场地修复工程，以确保环境质量和人居健康。国家和地方越来越重视场地监管和污染场地修复，相继出台场地相关政策、行动计划等；但现有法律法规和标准体系尚不健全，且多为原则性规定，缺少详细、可操作的具体内容。其中，场地遗留、调查、修复、流转、再开发等污染场地监管法规制度的缺失在一定程度上制约了场地污染防治工作的开展和修复行业的发展。

我国北京、杭州等多地已先后发生数起污染场地修复工程二次污染控制不到位造成的环境污染事件，公众关注度较高，产生了不良社会影响。这些事件对正在蓬勃发展的污染场地修复行业敲响了警钟：在开展污染场地修复工程的同时，不能忽视修复工程本身对生态、环境和健康带来的影响和危害。

2014 年，环保部发布了污染场地相关技术导则和工作指南，其中明确了污染场地调查、修复、验收等工作程序、内容，同时提出了污染场地修复工程环境监理概念，但未详细阐述二次污染防治工作的具体内容。2015 年 4 月，最新发布的《建设项目环境影响评价分类管理名录》首次将“污染场地治理修复工程”纳入“城镇基础设施及房地产”类别，明确需要开展环境影响评价，旨在通过分析污染场地修复工程实施可能对环境产生的影响，提出污染防治对策和措施。

2.4.2　场地修复程序

污染场地的修复是一项系统工程，具体工作程序包括选择修复策略、筛选与评估修复技术、修复技术方案比选与确定、制定环境管理计划、编制修复技术方案等。

2.4.2.1　选择修复策略

选择修复策略主要包括细化场地概念模型、确认场地修复总体目标、确定修复策略等。

细化场地概念模型是进一步结合场地水文地质条件、污染物的理化参数、空间分布及其潜在运移途径、风险评估结果等因素，以文字、图、表等方式描述污染介质与受体的相对位置关系、污染物的迁移过程以及受体的关键暴露途径，用以指导修复策略制定，筛选合适的修复技术并提出潜在可行的修复技术备选方案。修复技术方案制定的过程中，应根据所制定的修复技术方案，动态地更新场地概念模型，用以评估不同修复技术方案的实施效果。

确认场地修复总体目标是指要确定场地土壤与地下水达到某种使用功能的目标。对于涉及地下水等修复周期较长的场地，必要时可将地下水修复总体目标划分为近期、中期和长期不同阶段的修复目标并明确实施各个时期目标的时间要求，这对于修复策略的选择具有重要影响。

修复策略是指以风险管理为核心，将污染造成的健康和生态风险控制在可接受范围内的场地总体修复思路。修复策略包括：污染源处理技术、工程控制技术、制度控制技术 3 种修复方式中的任意一种或其组合。确定修复策略应遵循的原则有，应考虑场地未来的用地发展规划、开发方式、时间进度安排；应综合考虑近期、中期和长期目标的要求，以及修复技术的可行性、成本、周期、民众可接受程度等因素；污染场地风险评估可作为采取不同修复策略是否可以达到修复目标的评估工具；应尽量选择绿色的、可持续的修复策略，从而使修复行为的净环境效益最大化；在确定修复策略后，应明确各种修复方式的修复介质、范围和污染物及其修复目标值。

场地修复策略制定见表 2-1。

表 2-1　场地修复策略制定举例

污染介质	风险管控目标 （依据场地风险评估结果）	可选修复策略 （针对所有风险管控目标）
土壤	依据健康风险评估： ①防止摄入/直接接触存在风险的土壤中的非致癌物质； ②防止直接接触/摄入存在风险的土壤中的致癌物质； ③防止呼吸/摄入存在风险的土壤中的致癌物	不采取任何修复措施或采取制度控制技术： —不采取任何修复措施 —进入许可限制（制度控制） 工程控制技术： —阻隔技术 挖掘/处理技术： —挖掘/处理/处置 —原位处理 —挖掘处置
	依据生态风险评估： ④防止污染物的迁移（土壤污染若进行迁移将导致地下水污染）	

续表

污染介质	风险管控目标 （依据场地风险评估结果）	可选修复策略 （针对所有风险管控目标）
地下水	依据健康风险评估： ⑤防止直接饮用存在风险的地下水中的致癌物质； ⑥防止直接饮用存在风险的地下水中的非致癌物质	不采取任何措施或采取制度控制措施： —不采取任何措施 —饮用水源监测 工程控制技术： —阻隔技术 地下水收集/处理技术： —地下水收集/处置/原位修复 —单独的室内水处理系统
	依据生态风险评估： ⑦恢复地下水含水层的污染物浓度达到其本底值	

2.4.2.2　筛选与评估修复技术

筛选与评估修复技术主要包括修复技术初步筛选、修复技术详细筛选、技术可行性评估、修复技术定量评估等过程。其中技术可行性评估根据试验目的和手段的不同，又分为筛选性试验和选择性试验。

修复技术初步筛选首先应参考场地特征，依据受污染的介质不同，将土壤和地下水分别进行筛选；其次需确认污染物类型和污染物特性，根据上一阶段确定的修复策略、修复方式，依据修复技术类型（污染源处理技术范畴的原位生物、原位物理、原位化学、异位生物、异位物理、异位化学；工程控制技术、其他技术等）和具体技术工艺（例如异位生物技术类型按工艺又可细分为异位生物堆技术、异位堆肥法技术、异位泥浆态生物处理技术等），利用文献调研和应用案例分析，从技术可行性角度进行考虑，初步筛选出潜在可行的修复技术。

修复技术详细筛选是对初步筛选出的潜在可行修复技术，进一步通过文献调研和应用案例分析，从技术的修复效果、可实施性（包括技术上的可实施性及管理部门的接受性）、成本等角度定性比较，进一步排除不适合的技术，缩小潜在可行技术的数量。

技术可行性评估的目的是进一步确定各潜在可行技术是否适用于特定的目标场地。根据可行性评估目的和手段的不同，其可分为筛选性试验和选择性试验。当效率、时间、成本等数据足够（例如，要研究的特定目标场地与已有案例的场地特征条件、水文地质条件、目标污染物完全相符时），能够证明或确定技术可行时，可跳过可行性评估过程直接进入技术定量评估阶段。但是当数据不够证明各潜在可行技术能够用于特定的目标场地或缺少前期基础、文献或应用案例时，则首先需要进入筛选性试验阶段。

筛选性试验的目的是通过实验室小试规模的试验，判断技术是否适用于特定目标场地，即评估技术是否有效，能否达到修复目标。筛选性试验所获得的设计参数很少，不能作为修

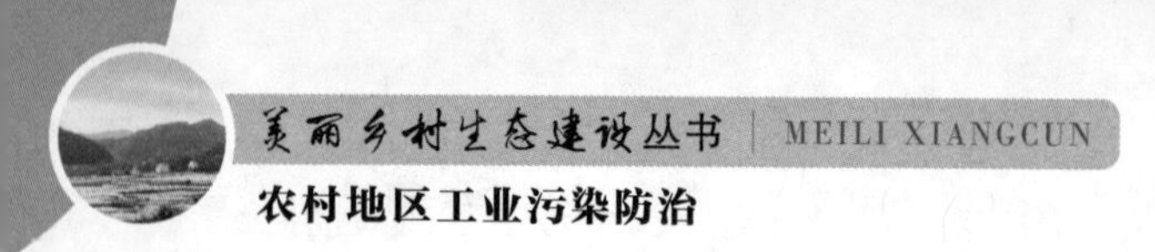

复技术选择的唯一依据。如果所有进行筛选性试验的技术均难以达到试验目标(均不符合目标),应考虑回到制定修复策略阶段对其进行适当调整。对于已经经过大量应用案例证明了的可以处理某种污染物的技术,可跳过筛选性试验。

常用修复技术见表2-2。

表 2-2　常用修复技术举例

目标污染物	污染介质	常用技术
VOCs (包括石油烃)	土壤	土壤气相抽提(需符合质地松散、水分含量低于50%的土壤特性)
		热脱附(需符合水分含量低于30%的土壤特性)
		焚烧
		生物修复(仅针对石油烃)
		开挖/异位处理
	地下水	常温脱附 抽提—处理(或者后续联合颗粒活性炭净化系统)
		曝气吹脱
		化学/紫外氧化
		空气注射(针对地下水位以下以内的地下水)
		生物修复(仅针对石油烃)
SVOCs	土壤	焚烧
		热脱附
		开挖/异位处理
	地下水	抽提—处理(或者后续联合液相吸附方法)
		化学/紫外氧化
PCBs和农药	土壤	热脱附(浓度小于500ppm)
		焚烧(浓度大于500ppm)
	地下水	开挖/异位处理(浓度为50～100ppm无需处理可直接填埋)
		抽提—处理(或者后续联合颗粒活性炭净化系统)
重金属	土壤	固化/稳定化
		开挖/异位处理
	地下水	抽提—处理(或者后续联合化学沉淀,或者联合离子交换/吸附方法)

2.4.2.3　修复技术备选方案与方案比选

形成修复技术备选方案与方案比选主要包括形成修复技术备选方案和方案比选2个过程。

进一步综合考虑场地总体修复目标、修复策略、环境管理要求、污染现状、场地特征条件、水文地质条件、修复技术筛选与评估结果,对各种可行技术进行合理组合,形成若干能够实现修复总体目标、潜在可行的修复技术备选方案。大型污染场地修复技术方案中的可行技术一般不止一种。修复技术方案可以是多个可行技术的"串联"，也可以是多个可行技术的"并行"。可行技术的"串联"中，每个可行技术的应用具有先后顺序；而可行技术的"并行"则没有先后顺序，可行技术可以同时在污染场地上开展修复工程。形成的潜在可行修复技术方案需包括详细的修复目标、修复技术方案设计、总费用估算、周期估算等内容。

方案的比选必须充分考虑技术、经济、环境、社会等层面的诸多因素，应建立修复技术方案比选指标体系，利用所建立的比选指标体系，对各潜在可行修复技术方案进行详细分析，对于修复技术方案的最终选择，推荐采用专家评分的方式，选择得分最高的方案作为场地修复技术方案。详情见表 2-3。

表 2-3　　修复技术方案比选指标体系举例

准则层	指标层	考虑因素
①技术指标	可操作性	建设和运转可操作性，技术可靠性，必要的设备和资源的可获得性； 必要的原材料、服务、存储与倾倒等支撑条件，是否易于执行其他修复措施，是否可处理潜在的其他污染问题； 与场地再利用方式或后续建设工程匹配性相关的可操作性指标，包括修复后场地的建设方案及其时间要求、土方平衡方面的可操作性
	污染物去除率	有害物质消除或处理的数量
	修复周期	达到修复目标时间、所有遗留风险消除时间
②经济指标	设备投资	原材料、人员、设备、设备、安置附近居民、处理费用等直接投资； 工程设计、许可、启动、意外事故费用等间接投资
	运行费用	人员工资、培训、福利等费用；水电费；采样、检测费用；剩余物倾倒；后处理费用；维修和应急等费用；保险、税务、执照等
	后期费用	日常管理、周期监测等费用(后期)
③环境指标	残余风险	剩余污染物或二次产物的类型、数量、特征、风险，以及风险处理的难度和不确定性
	长期效果	毒性、迁移性或数量的减少程度；处理效果的不可逆性；预期环境影响(占地、气味、外观等)；是否存在潜在的其他污染问题；需要长期管理的类型和程度；长期操作和维护可能面临的困难；技术更新/更换的潜在需要性
	健康影响	修复期间和之后需要应对的健康风险；怎样减少风险
④社会指标	管理上可接受程度	区域适宜性；法规、相关标准和规范符合性； 需要与政府部门配合的必要性(如异位处理)
	公众可接受程度	施工期影响；长期的健康风险影响

场地修复技术的分类方法有多种:根据修复处理工程的位置不同,可以分为原位修复技术与异位修复技术;根据修复介质的不同,可分为污染源修复技术(污染场地的土壤、污泥、沉积物、非水相液体和固体废弃物等)和地下水修复技术;根据修复原理可分为物理技术、化学技术、热处理技术、生物技术、自然衰减和其他技术等;根据修复方式可分为对污染源的处理技术和对污染源的封装技术。

2.4.2.4 制定环境管理计划

环境管理计划主要包括:修复过程中的污染防治、人员安全保护措施、场地环境监测计划、场地修复验收计划、环境应急安全预案等。

第 3 章　农产品加工业污染防治

3.1　农产品加工业产业政策

产业兴旺是乡村振兴的重要基础。乡村振兴战略要求各地依据自身基础，有序开发优势特色资源，做大做强优势特色产业，建设特色农产品标准化生产基地、加工基地、仓储物流基地，形成特色农业产业集群。农业农村部在《2019 年乡村产业工作要点》的文件中指出，应加强一、二、三产业融合发展，聚焦重点产业，大力发展农产品精深加工，促进加工装备升级，加强精深加工基地建设，推进副产物综合利用。

农产品泛指农业中收获的一切产品，包括粮食、油料、水果、蔬菜、棉花、茶叶，以及各个地区土特产等。国家规定初级农产品是指农业活动中获得的植物、动物及其产品，不包括经过加工的各类产品。

农产品加工是农产品生产、销售、消费之间一个非常重要的环节。绝大多数农产品只有经过加工处理才能成为食品或原料。农产品加工的重要性不仅仅是因为人类赖以生存的食物绝大多数来自农产品，还因为农产品加工是农业的延伸和发展，是解决农产品出路的主要途径，也是解决农村剩余劳动力就业的重要途径。在国际化、现代化、信息化飞速发展的今天，农产品加工业的规模化、贸易的国际化、加工技术的现代化的产业特征越来越突出。大力发展采用现代高新技术、现代产业发展模式的农产品加工业是必然趋势。

近年来，国家给予农产品加工业的扶持政策逐年在增加，农产品加工已经成为农村创业者的新风口。比如农业部办公厅发布《农产品产地初加工补助政策补助设施目录及技术方案的通知》，对农产品产地初加工设施项目或者技术方案实施 1 万～100 万元的资金补助。

2016 年 11 月，农业部关于印发《全国农产品加工业与农村一二三产业融合发展规划(2016—2020 年)》规划，提出了专用原料基地建设、农产品加工业转型升级、休闲农业和乡村旅游提升、产业融合试点示范四项重大工程。

2016 年 12 月，国务院办公厅印发《关于进一步促进农产品加工业发展的意见》(国办发〔2016〕93 号)，提出的目标是到 2020 年，农产品加工转化率达到 68%，加工业主营业务收入年均增长 6%以上，农产品加工业与农业总产值比达到 2.4∶1。到 2025 年，农产品加工转化率达到 75%，农产品加工业与农业总产值比进一步提高，基本接近发达国家农产品加工业发展水平。该文件提出从优化结构布局、推进多种业态发展、加快产业转型升级、完善相关政策措施四个方面的部署，推进农产品加工业发展。

根据中央财政扶持农产品加工产业政策补助项目及标准，国家重点资助农产品产地初加工项目、国家农业综合开发产业化经营项目、国家扶贫开发资金扶持项目、国家现代农业发展资金项目、主食加工业示范企业、农产品加工专项补助项目、农村一二三产业融合发展项目、开发性金融支持农产品加工业重点项目等，涉及粮油加工、果蔬加工、畜产品加工、水产品加工、乳制品加工、农作物加工副产品饲料化开发，以及特色产品加工等多个领域。

根据农业农村部2018年农产品产地初加工补助项目申报指南，从2012年起中央财政每年专项转移支付资金，启动实施农产品产地初加工补助项目。农产品产地初加工项目针对种植业，主要是扶持马铃薯及蔬菜水果等种植类企业，企业初加工设施建设时可申请此项资金扶持。采取"先建后补"方式，具体主要扶持农产品储藏、保鲜、烘干等初加工设施的建设，重点扶持马铃薯主产区，同时兼顾水果蔬菜等优势产区；项目实施区域和扶持对象逐步向现代农业示范区、新型经营主体倾斜，推进集中连片建设；通过资金补助、技术指导和培训服务等措施，鼓励和引导农民专业合作社和农户出资，自主建设农产品初加工设施。

2019年，国家扶持农产品加工业的产业政策继续加码。农业农村部等15部门近日发布促进农产品精深加工高质量发展若干政策措施，明确提出，支持符合条件的农产品精深加工企业申请发行农村产业融合发展专项债券，申请上市、新三板等挂牌融资。由此可以看出，基于当地农业特点和特色产物的农产品加工业是未来我国农村产业发展的重要方向。

3.2 米面制品加工污染防治

3.2.1 稻谷制米

我国稻谷产量据世界之首，全国约有2/3的人以大米为主要食粮。大米含有大量淀粉、脂肪、蛋白质、纤维素、钙、磷等无机物及各种维生素。新鲜正常的稻谷，色泽鲜黄色或金黄色，富有光泽，无不良气味。主要化学成分：水分、蛋白质、脂肪、淀粉、粗纤维、矿物质和维生素等，各种成分的含量，因品种及生长条件的不同而异。稻谷的结构包括：

稻壳：含大量纤维素、木质素、矿物质，质地坚硬；

皮层：含纤维素较多，蛋白质、维生素、脂肪和矿物质含量也较多，食用品质差；

糊粉层：富含脂肪、蛋白质、维生素等，具有较高营养价值，但细胞壁较厚，不易消化；

胚乳：除含淀粉外，还含蛋白质、脂肪、矿物质和维生素，是稻谷籽粒中最有利用价值的部分；

胚：含有较多的脂肪，蛋白质、矿物质、维生素，营养价值极高，但其中脂肪容易酸败变质，使大米不耐贮藏。

稻谷制米是指稻谷经过清理、砻谷脱壳、碾去皮层、制成大米的工业生产过程。过程中，碾除的部位主要是稻壳、皮层、糊粉层和胚，保留胚乳，即食用的大米。

3.2.1.1 稻谷制米工艺及其产污节点

稻谷制米工艺及其产污节点如图 3-1 所示。

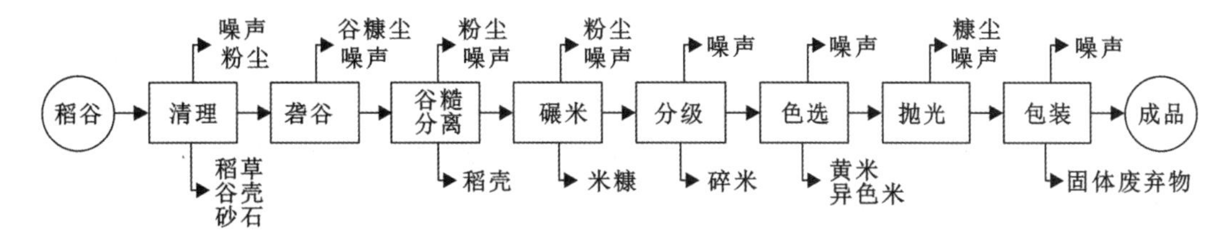

图 3-1 稻谷制米工艺及产污节点

1.初清筛选

初清筛选主要是去除稻谷中的稻草等较大的杂质,以方便加工和减少对加工机械的磨损,初清筛选后的稻谷进入原粮仓。此工序产生粉尘、噪声以及稻草谷壳等杂质,原粮仓内的稻谷由传送带输送进入加工生产线。稻谷在收割和晾晒过程中会混入一些石沙等质地较硬的颗粒杂质,如果不除去,将会对加工机械产生很大的磨损,因此第一步要对稻谷进行筛分。筛分分二级:上层筛分出大颗粒石子,中间层筛出稻谷,去除小颗粒的石子。此工序产生粉尘、噪声以及砂石等颗粒物。

2.砻谷

稻谷剥掉谷壳的过程称为“砻谷”,由砻谷机对稻谷进行剥壳。稻谷剥开谷壳的米粒叫“糙米”,糙米为淡棕色,砻谷过程不可能百分之百获得糙米,谷粒和糙米混合在一起称为“谷糙混合物”。此工序产生谷糠、粉尘和噪声。

3.谷糙分离

去除杂质后的稻谷通过砻谷机剥壳,形成的谷糙混合物进入谷糙分离机进行分离,分离出的谷粒返回至砻谷机重新剥壳,分离出的糙米则进入下一个工段。砻谷过程产生的稻壳被分离出来,进入粉碎机粉碎成糠。此工序产生粉尘和噪声。

4.碾米

借助旋转的砂辊使米粒与碾白室构件及米粒与米粒之间产生相互碰撞、摩擦及翻滚等运动,通过碾削及摩擦等作用将米粒表皮部分或全部去除,除去淡棕色层(皮层和胚芽)后糙米变成白色的米粒“白米”,碾下的淡棕色的米皮称为“糠粉”。此工序产生米糠、粉尘和噪声。

5.白米分级精选

通过白米分级机筛选出整米、大颗粒米以及小颗粒碎米。其中,小颗粒碎米被分离出来,整米和大颗粒米进入下一级工序。此工序产生小碎米和噪声。

6.光电色选

白米分级精选产生的整米和大颗粒米,因为大米中含有黄米、异色米等,其粒度和密度与白米相差无几,所以分级以后要利用光电色选机将其去除。此工序产生黄米和异色米以及噪声。

7.抛光

将色选后的白米打磨成光亮的米粒。此工序产生糠粉和噪声。

8.袋装

整米进入米仓,待米粒冷却后进行包装,米粒由输送带输送进入包装机进行袋装。包装机前装有磁选机,用于除去大米中的磁性杂质,提高大米质量。此工序产生磁性固体废弃物、破损包装袋、粉尘以及噪声。

3.2.1.2 稻谷制米工艺污染因子及治理措施

1.粉尘

稻谷存储粉尘。一般企业建设有原粮仓,作为临时贮存场所。粮食在倒仓过程中,运输摩擦,搬运操作等过程中均会产生尘灰及粉尘,产生的粉尘量与风力、风速、稻谷自身含水率等多种因素有关。对于这类无组织排放的粉尘应加强原粮仓的作业管理,加强通风,做好操作人员的个人防护,并设置合理的卫生防护距离。

原粮清理粉尘。原粮清理包括稻谷的风选、圆筒初清筛、振动清理、筛选清理等过程。这类工艺过程产生废气的主要污染因子为粉尘。如前所述,根据《工业污染源产排污系数手册》中谷物磨制排污系数表,稻谷加工过程中粉尘排放量为 0.015kg/t 原料。一般原粮清理阶段粉尘产生量占整个加工过程中粉尘产生量的 50%～60%。一般谷物加工项目物料流转宜采用封闭式生产,各生产环节均采用管道式连接方式,以尽量避免粉尘散逸在车间内。可通过袋式除尘器收集该过程的废气,粉尘可收集至袋式除尘器中,除尘效率一般可高于 98%。根据标准要求,净化后的废气应通过 15m 高排气筒排放,粉尘排放浓度应满足《大气污染物综合排放标准》(GB 16297—1996)表 2 中的二级标准中的浓度要求。

加工过程中的粉尘。加工生产过程主要包括去石、谷糙分离、碾米、抛光、色选、白米分级等加工工序。加工生产过程中产生的废气主要为粉尘及麸皮,粉尘排放量为 0.015kg/t 原料。项目可配套设置离心风机,将产生的粉尘由加工段沿粉尘收集管鼓吹至集中式袋式除尘器收集。

烘干过程中的粉尘。如果稻谷含水率过高,则需要进行烘干。在清理工序、烘干工序会产生粉尘,一般产生量约 10kg/t 稻谷,主要通过无组织形式排放。

2.燃料燃烧过程中的废气

稻谷制米工艺过程中有烘干过程,其热量主要来自燃料燃烧。燃料燃烧废气主要污染因子为烟尘、SO_2 和 NOx。以秸秆、锯末、甘蔗渣、稻糠等生物质燃料为例,污染物产生量和排放量按以下公式计算:

(1)烟气量的计算

$$V_0 = 8.89(C_y + 0.375S_y) + 2.65H_y - 3.33O_y$$

$$V_y = 1.04Q_L/4187 + 0.77 + 1.0161(a-1)V_0$$

式中：V_y——烟气量，m^3/kg；

V_0——理论空气需要量，m^3/kg；

Q_L——燃料低位发热值(收到基)，kJ/kg，；

a——过剩空气系数，取 1.4；

C_y、S_y、H_y、O_y——燃料中炭、硫、氢、氧元素百分含量(收到基)。

典型生物质燃料成分数据见表 3-1。

表 3-1　成型生物质颗粒成分分析一览表

低位发热量	碳含量	氢含量	氧含量	可燃硫含量	氮含量	收到基灰分
12650kJ/kg	40.25%	5.557%	29.187%	0.0439%	0.847%	16.92%

(2)SO_2排放量

$$M_{SO_2} = 2B_g(1-\eta_{s1}) \times (1-q_4) \times (1-\eta s_2) \times S_y \times K$$

式中：M_{SO_2}——SO_2排放量，t/h；

B_g——连续最大出力工况时的燃料量，t/h；

η_{s1}——生物质燃料锅炉的自身脱硫效率，主要考虑生物质燃料中碱土金属等对 SO_2的吸附作用，一般低于 10%；

q_4——未完全燃烧的热损失，%，与炉型和燃料等有关；

η_{s2}——烟气脱硫装置的脱硫效率，%；

S_y——燃料收到基可燃硫含量，%；

K——燃料中的硫燃烧后氧化成二氧化硫的份额，一般取 0.8～0.85。

(3)NOx 排放量

$$M_{NOx} = 1.63B(\beta \times n + 10 - 6V_y \times C_{NOx})$$

式中：M_{NOx}——NOx 排放量，kg/h；

β——燃烧氮向燃料型 NO 的转变率，%，一般取 15%；

n——燃料中氮的含量，%；

V_y——烟气量，Nm^3/kg；

C_{NOx}——燃烧时生成的热力型 NO 的浓度，通常取 70ppm，即 93.8mg/m^3。

(4)烟尘排放量

$$M_A = B_g(1-\eta_c) \times (A_{ar} + q_4QL/33870) \times d_{fh}$$

式中：M_A——烟尘排放量，t/h；

B_g——连续最大出力工况时的燃料消耗量，t/h；

η_c——除尘效率；

q_4——未完全燃烧的热损失，%；

A_{ar}——燃料收到基灰分；

d_{fh}——烟气中烟尘占灰分量的百分量，其值与燃烧方式有关。

3.废水

稻谷制米项目用水主要为生产用水和生活用水。生产中用水如大米湿式抛光会使用少量自来水，抛光处理用水量一般为3L/t大米。该部分水一部分进入产品中，另一部分损耗挥发。因此，整个稻谷制米项目生产工艺中一般无生产废水排放。

4.噪声

噪声主要为设备运行噪声，稻谷制米工艺可能使用到的设备噪声源强如表3-2所示。项目在正常生产情况下，噪声经厂房隔声以及距离衰减后，厂界噪声值一般能够满足《工业企业厂界环境噪声排放标准》(GB 12348—2008)中的2类区标准。如果有噪声超标情况，应检查产生噪声设备的完好情况，进行维修维护，必要时采用隔振、消声器等方式进一步降低噪声源强。

表3-2　常见稻谷制米设备噪声源强一览表

设备名称	等效噪声值/dB(A)
振动清理筛	80～85
胶辊砻谷机	75～80
双筛体谷糙分离筛	85～90
碾米机	78～82
平板白米分级筛	75～80
抛光机	80～85
大米色选机	80～85

5.固体废弃物

稻谷制米项目的固体废弃物主要为稻谷初加工时收集的杂质，如草棒、稻叶等，去石机选出的碎石块，筛选与色选过程中选出的碎米与色米，除尘系统收集的粉尘，各种废弃的包装材料，以及职工生活垃圾。如果企业有生物质锅炉，则还有生物质颗粒燃烧产生的灰渣。

初加工收集的杂质及碎石块的产生量根据稻谷原料的质量不同而有显著差异，一般情况下约占原粮的1.5‰。这类废弃物可经收集后交由环卫部门统一处理。生产过程中产生的稻壳、谷糠等渣料可袋装后暂存于副产品库，定期外售作为牲畜饲料；磁选工艺产生的磁性固体废弃物也可统一收集，外售综合利用。除尘系统收集的粉尘、生物质锅炉灰渣可作为农肥进行综合利用。职工生活垃圾可按每人每天产生量0.5kg计算，应统一进行分类收集，交由环卫部门统一清运处理。对于破损废弃的包装材料，也可统一回收，综合利用。

稻谷制米项目固体废弃物处理处置方式如表3-3所示。

表3-3　　稻谷制米工艺固体废弃物处理处置方式一览表

固体废弃物名称	处置措施
稻壳渣料	袋装后存放于副产品库，定期外售
谷糠	
除尘器粉尘	
磁性固体废弃物	统一回收，外售综合利用
破损包装袋	统一回收，综合利用
杂质及碎石块	统一回收，委托环卫人员日常清运
生活垃圾	

3.2.1.3　其他污染防控措施

企业应严格执行“三同时”制度，重视环境保护工作，配备环保管理员，负责企业的环境管理、环境统计、污染源的治理工作及长效管理，并做好安全防范应急措施。有条件的企业应在厂区及厂界加强绿化，注意乔、灌、草相结合，可减少粉尘、噪声对环境的影响；应优先选择优质低噪设备，合理布局噪声设备位置；健全固体废弃物收集设施，按规定进行处理处置；企业还应做好防火措施，在厂区及各仓库内外均应安装一定量的消防系统，并设置事故应急池。

3.2.2　年糕制品加工

水磨年糕是采用优质大米和水，经深加工而成的优质食品，具有悠久的历史传统。由于其口感特殊（软、滑、爽、糯），营养丰富，老少皆宜。不仅在国内有巨大市场，在东南亚一带华人社会亦很受欢迎。年糕品类有多种，其主要原料为大米，加工工艺稍有区别。本书选择最常见的水磨年糕和韩式年糕进行工艺及污染防控的介绍。

3.2.2.1　年糕加工工艺及产污节点

年糕使用大米或糯米为原材料，通过清洗、浸泡发酵、磨浆、压滤、粉碎、蒸煮糊化、成型、返生、老化、切片包装等工序而制成。其典型工艺流程图如图3-2所示。其中，年糕产品1为水磨年糕产品，年糕产品2为韩式年糕产品。两类产品既可单独生产，也可将前半部分工艺合并为一条生产线。

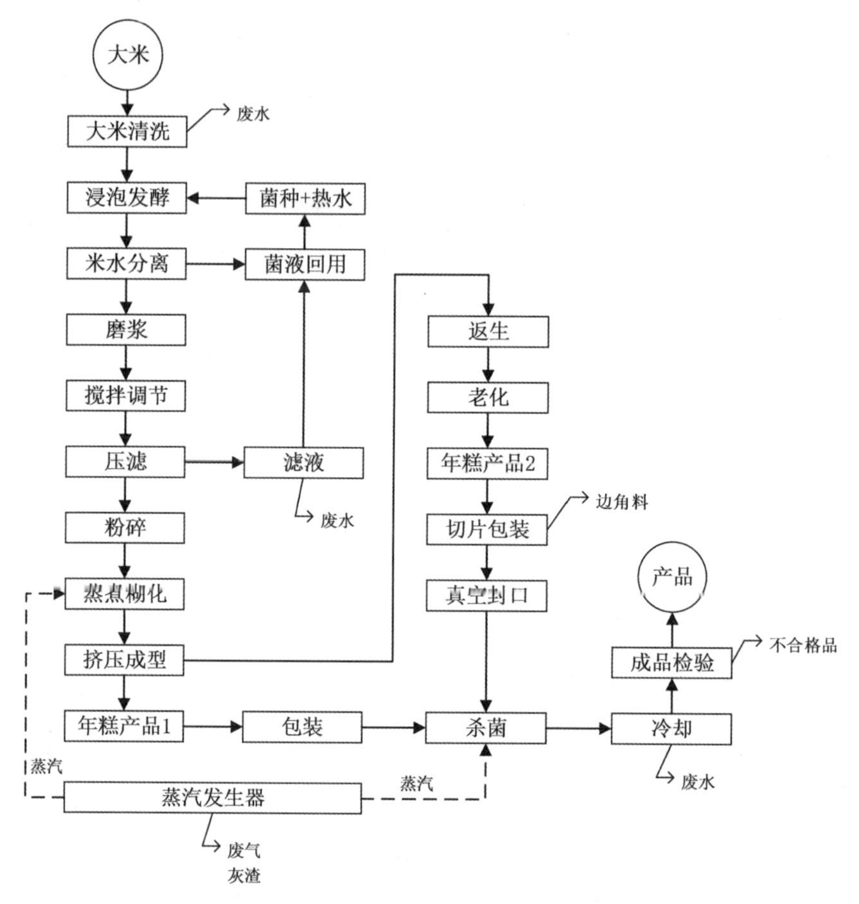

图 3-2　年糕生产工艺流程及产污节点

工艺简介：

1.大米清洗

将大米用洗米机进行清洗。

2.浸泡保温发酵

往清洗后的大米中加水，加水量没过大米后不小于 20cm，加热至 25～36℃，保持恒温，加入乳酸菌类菌种，搅拌混匀，菌种加入量与大米的重量比为 0.5～2∶10000，上盖，密封发酵，发酵至 pH 值为 4.0～4.2。

3.米水分离

发酵结束后用冷却水中止发酵，然后过滤，将米水分离，发酵液经提纯后回用，不外排。一般采用加热法提纯，由于浸泡发酵時间较短，属浅度发酵，发酵液中含有较多未转化的淀粉、米蛋白和其他胶体物质等，此时需及时中止发酵并将乳液予以提纯，一般将乳液加热至80℃左右，使蛋白质产生热变性凝固，淀粉糊化凝聚，胶体水解。使发酵液黏度降低，再通过上浮液澄清微孔膜过滤，即可得较纯的乳酸液。

4.磨浆

分离后的大米进入磨浆机进行磨浆，磨浆过程中加入纯净水，控制米水重量比小于1，控制磨浆后米浆细度80%以上通过80目筛。

5.搅拌调节

搅拌调节米浆pH值为4.0～4.4，得到合格的米浆。

6.压滤

将米浆注入板框压滤机，压滤后的粉饼含水量在40%～45%，滤液提成后60%回用，40%排放，进入污水处理站进行处理。

7.粉碎

将压滤得到的粉饼进行粉碎，使粉碎后的粒径为1～6mm。

8.蒸煮糊化

将粉碎后的米粉进行蒸煮糊化，时间5～7min；蒸煮热源一般为蒸汽。

9.挤压成型

蒸煮糊化结束后，进行挤压成型，模具视产品要求而定，操作上防止过度发热糊化，防止中心出现美拉德反应。

10.返生

将成型后的年糕置于PP板上或PE周转箱内，推入冷库，库温2～10℃。

11.老化

将年糕推入老化库，库温12～15℃，相对湿度≤60%，静置8～12h。

12.切片、包装

根据产品类别、要求，进行切片包装。

13.真空封口

采用真空封口机对产品包装进行真空封口，控制真空度为−0.2MPa，延时≥10s。

14.杀菌、冷却

年糕排列整齐，放入热水中杀菌，水温93℃±1℃，时间70～80min，采用自来水对杀菌后的年糕冷却，使年糕冷却≤25℃。

15.成品检验

成品检验是否破袋、漏气、畸形，色泽洁白，平整，检查净含量是否符合要求，各指标合格方可上市销售。

3.2.2.2 年糕制品工艺污染因子及治理措施

年糕制品工艺中主要的污染工序如表3-4所示。

表 3-4 典型年糕制品工艺污染工序一览表

污染类型	污染物名称	产生工序	主要污染因子
废气	锅炉废气	锅炉	烟尘、SO_2、NOx
	恶臭气体	污水处理站	氨、硫化氢
废水	生产废水	清洗、浸泡、压滤、冷却废水等	COD、NH_3-N 等
	保洁废水	保洁	COD、NH_3-N、SS 等
	浓缩废水	软水制备	COD、SS 等
	生活污水	办公生活区	COD、NH_3-N、SS 等
噪声	噪声	设备运行	噪声
固体废弃物	边角料及不合格产品	切边、挤出等生产工序	边角料及不合格产品
	废包装材料	原材料、包装	废包装材料
	灰渣	蒸汽发生器	灰渣
	沉渣	水膜除尘器	沉渣
	污泥	污水处理站	污泥
	生活垃圾	人员活动	生活垃圾

1.废气及治理措施

锅炉废气。年糕在蒸煮糊化工段需要使用大量热能，一般企业使用锅炉提供蒸汽进行蒸煮和杀菌。目前大中城市均已禁止使用燃煤和生物质锅炉，而改用燃气锅炉或电锅炉。农村地区因其地理位置和能源结构的关系，生物质燃料来源广泛且性价比较高，因此很多企业均采用生物质锅炉。

生物质锅炉使用生物质成型燃料，废气中污染因子主要是烟尘、NO_X 和 SO_2，应通过 15m 高或以上的烟囱排放。生物质成型燃料（BMF）是应用农林废弃物（锯末、秸秆、枝丫等）作为原材料，经过粉碎、烘干、挤压等工艺，制成成型颗粒，可在锅炉中直接燃烧的新型清洁燃料。生物质成型燃料 BMF 成分由可燃质、无机物和水分组成，典型 BMF 的指标参数如表 3-5 所示。

表 3-5 生物质燃料指标参数表

项目	发热量	固定碳	挥发分	碳	氧	氢	硫	氮	灰分	水分
指标	17.02MJ/kg	15.99%	74.29%	46.88%	37.94%	5.27%	0.028%	0.14%	1.81%	9.91%

生物质锅炉废气中的主要污染物是 SO_2、烟尘和 NOx，根据《第一次全国污染源普查工业污染源产排污系数手册（2010 年修订）·下册》中给出的产排污系数表预测其产生量，产污系数表详见表 3-6。

表 3-6　　生物质锅炉产污系数表

产品名称	原料名称	污染物指标	单位	产污系数
蒸汽	生物质	工业废气量	标 m^3/t 原料	6240.28
		二氧化硫	kg/t 原料	17S①
		烟尘	kg/t 原料	0.5
		氮氧化物	kg/t 原料	1.02

注:①二氧化硫的产排污系数是以含硫量(S%)的形式表示的,其中含硫量(S%)是指生物质收到基硫分含量,以质量百分数的形式表示。例如生物质中含硫量(S%)为 0.028%,则 S=0.028。

以 4 台 150kg/h 的生物质锅炉为例,年工作 300d,每天工作 4h,燃料年用量约为 645t。采用水膜除尘工艺,则污染物排放情况见表 3-7。

表 3-7　　典型生物质锅炉废气产生及排放情况一览表

污染源名称	废气量/万 m^3/a	污染物名称	产生情况			治理措施	去除率/%	排放情况			排放源参数			排放方式
			浓度/mg/m^3	速率/kg/h	产生量/t/a			浓度/mg/m^3	速率/kg/h	排放量/t/a	高度/m	内径/m	温度/℃	
锅炉	402.5	烟尘	80.12	0.269	0.323	水膜除尘	85	12.02	0.04	0.048	20	0.2	60	高空排放
		SO_2	76.28	0.256	0.307		0	76.28	0.256	0.307				
		NO_x	163.45	0.548	0.658		0	163.45	0.548	0.658				

生物质燃料锅炉燃烧粉尘量很大。生物质燃烧后的灰渣比在(10∶0~8∶2),渣分少,灰分多,因此烟气初始含尘浓度较高,飞灰颗粒粒径小、比电阻较大。另外,生物质不能在炉内完全燃烧,在烟道里也由于氧含量不够不能再次燃烧,较大粉尘烟气热交换时间很短,会保持着燃烧温度,一旦在氧条件具备,比如放置于空气中会再次燃烧。燃烧后灰分含有焦油等物质,设备一旦温度降低,就可能结焦,造成堵塞现象。

综合上述因素来看,农村地区生物质锅炉比较适宜的除尘工艺有布袋除尘、水膜除尘等。采用布袋除尘工艺应在布袋除尘器前设置阻火器,防止未充分燃烧的细小块状物和碳化物进入除尘器产生二次燃烧,损伤布袋。比较合适的滤袋采用氟美斯(FMS)覆膜滤料,并应经过防水、防油、阻燃处理。水膜除尘器在除尘同时,也有一定气体净化效果,且杜绝了烟气中未燃尽颗粒再燃的可能性,但除尘效率稍逊于布袋除尘。同时,水膜除尘产生的废水需要处理。电除尘效果好,但成本较高,有条件的企业也可考虑。

污水处理站恶臭气体。一般大米加工制品企业污水处理站采用“厌氧+好氧生物接触氧化”污水处理工艺,厂区污水处理站运营产生恶臭气体,主要成分可分为三大类:含硫的化合物(硫化氢、甲硫醇、甲硫醚等);含氮化合物(氨气);低级醇、有机酸等。如果污水处理设施规模不大,通过合理布局、加强污水站运营管理等方式,所产生的少量恶臭气体一般影响较小。如果需要对恶臭气体排放进行遏制,可考虑采用弹性填料进行生物膜法脱除臭气,在反应器内臭气与喷淋水溶液逆流接触,气体中的臭气成分转入水中,被生物膜吸附、氧化、净化后,从反应器上端排出。

2.废水及污水处理

年糕制品加工企业的废水主要为生产废水，包括清洗废水、浸泡废水、压滤废水、冷却水，以及生活污水、水膜除尘循环水等。

清洗废水。清洗废水指清洗大米、杂粮及工器具等清洗时产生的废水。根据不同企业的差别，1t 原料（大米和杂粮）需要 0.5～0.8m^3 水清洗，0.2m^3 水随原料进入下个工序，其他成为废水；设备清洁每次用水量约 3m^3，每日可能清洗 1 次到数次不等。清洗废水中含有许多淀粉等多糖类污浊物质，悬浮物中 SS、BOD_5 和 COD 等浓度较高。

浸泡废水。根据行业资料，大米浸泡料水比例为 1∶1.5，浸泡过程约有 50%水分被大米吸收，其余 50%为浸泡废水。浸泡废水中含有大量的有机物、悬浮物、糖分。

压滤废水。水磨年糕在压滤工序前需磨浆，磨浆过程中需要加一定量的水，1t 大米需要补充数量约 0.5m^3 水，米粉经压滤后含水率为 40%～45%，滤液回用量一般可达 50%，其余外排。废水中含有大量的有机物、悬浮物、糖分。

冷却水。企业工艺过程中需要用到冷却水，一般为直接冷却水，可循环使用，损耗量约15%。冷却废水主要污染物为有机物、悬浮物、糖分。

清洗废水、浸泡废水、压滤废水及直接冷却水等生产废水混排，根据类比同类行业以及咨询相关专家，其水中 COD 约 1600mg/L，氨氮约 70mg/L、BOD_5 约 850mg/L、SS 约 800mg/L、色度约 150。

生活污水。根据《建筑给水排水设计规范》规定，职工日用水量约 50L/（人・d），部分节水宣传不足的企业可能达 80L/（人・d），排水系数一般按 0.8 计算。生活污水各污染物产生浓度约为 COD300mg/L，$BOD_5$200mg/L、NH_3-N25mg/L，SS250mg/L。

锅炉废水。锅炉及除尘排放的废水包括软水制备排水和除尘废水。

米粉蒸煮和成品杀菌均采用蒸汽，以 4 台 150kg/h 的生物质锅炉为例，年工作 300d，每天工作 4h，年运行时间约 1200h，蒸汽年最大生产量为 720m^3（2.4m^3/d），蒸汽发生器用水为软水，来源于软水制备水。蒸汽发生器蒸汽全部损耗，年损耗量为 720m^3（2.4m^3/d）。软水站一般采用二级反渗透软水设备，其水源为自来水，软水制备率为 85%，则软水制备过程中需要自来水 847t/a（2.82t/d），产生浓缩废水 127t/a（0.42t/d）。这部分废水属于为酸碱废水，主要污染物为 SS200mg/L、COD60mg/L，收集后可统一排入厂区污水处理站处理。

水膜除尘器用水按照 0.5L/m^3 烟气计算，根据锅炉烟气量可核算出除尘用水量，一般除尘废水可循环多次使用。除尘用水有一部分水分由烟气带走，约 15%，其余进入沉灰池。除尘废水应定期加碱调节 pH 值到弱碱性，废水经沉灰池沉淀后循环利用，无废水排放。水膜除尘器仅补充损耗水量。

年糕制品加工业废水复杂程度不高，一般常规污水处理工艺均适用。以“厌氧＋好氧生物接触氧化”工艺为例，其工艺流程见图 3-3。该工艺是目前国内外广泛运用的污水处理工艺方法，它对高浓度有机废水处理效果尤为显著。生物接触氧化法是一种介于活性污泥法与生物滤池之间的生物膜法。接触氧化池内设有填料，一部分微生物以生物膜的形式附着生长在填料表面，一部分则呈絮状悬浮状生长于水中。生产废水通过管网收集后自流进入集水调节池，调节水质水量，再泵入厌氧池，厌氧池将污水汇总大分子有机物分解为小分子有机物，不可生化的物质转化为可生化物质，提高废水的可生化性，废水中的 COD、BOD_5、NH_3-N 进一步得到去除，有利于后续生化单元的处理。厌氧池后设置初沉池，沉淀后的污泥回至厌氧池，以避免厌氧池的污泥流失，剩余污泥排入污泥浓缩池进行浓缩处理。初沉池出水进入生物接触氧化池进行好氧处理。好氧处理可去除大部分的 SS、COD、BOD_5、NH_3-N，生物接触氧化处理后流入二沉池进入流水分离。二沉池出水再经过化学絮凝后排放。

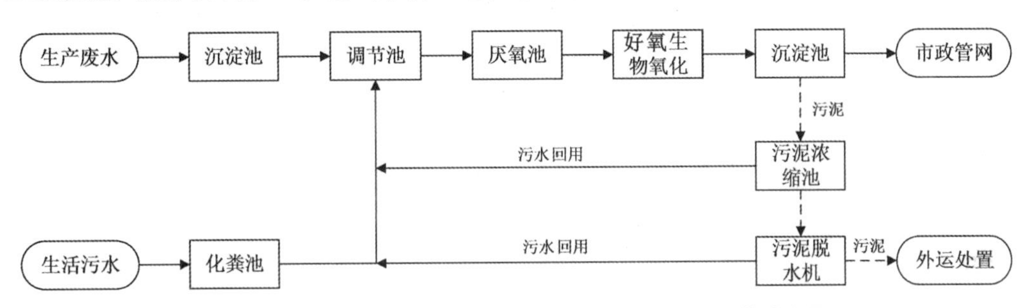

图 3-3　典型“厌氧＋好氧生物接触氧化”污水处理工艺流程图

3.噪声防治

年糕生产过程中噪声主要来源于设备日常运行产生的噪声，噪声源主要为磨浆机、浓浆泵、压滤机、空压机等设备，噪声源强见表 3-8。

表 3-8　　年糕生产主要设备噪声源强

设备名称	单台设备噪声声压级/dB(A)	距离设备距离/m
洗米机	70～75	5
磨米机	70～75	
磨浆机	70～75	
压滤机	70～75	
粉碎机	70～75	
成型机	70～75	
韩式年糕机	70～75	
芝士年糕机	70～75	
真空包装机	70～75	
松粉机	65～70	
浓浆泵	75～80	
封口机	65～70	
喷码机	65～70	
冷冻库制冷机组	80～85	
空压机	80～85	

企业必须重视设备噪声治理、减振工程的设计及施工质量，对于高噪声设备可考虑设置减震垫、消声器或独立隔间，确保厂界噪声达标。

4.固体废弃物的处理处置

生产过程中不合格产品及成型、年糕切片等工序产生的边角料可统一收集后出售，用于牲畜饲料。锅炉灰渣集中收集后可由附近农户运走用作农肥使用。除尘器沉渣池废水经中和为中性后可清理出来，集中收集后可由附近农户用作农肥。包装废料应进行回收，交给相关企业再利用。生活垃圾应收集后全部由环卫部门统一处理处置。年糕制品加工的废水不含有毒有害物质，因此企业的污水处理站污泥可以定期清掏，优先作为农肥使用，不能利用部分送往生活垃圾填埋场进行处置。固体废弃物处置情况一览表可见表 3-9。

表 3-9　　年糕生产工艺固体废弃物产生及处理一览表

名称	来源	存放地点	类别及代码	拟采取处置方法
不合格产品及边角料	检验、挤出成型、切片	生产车间	一般废物	卖出售相关公司喂养牲畜
灰渣	蒸汽发生器	锅炉房旁边封闭堆场	一般废物	由附近农户运走用作农肥
沉渣(含水率 80%)	水膜除尘器沉灰池	专门设施	一般废物	
生活垃圾	职工生活	垃圾收集点处单独存放	一般废物	环卫部门卫生处置
污水处理站污泥(含水率 85%)	污水处理站	污泥浓缩池	一般废物	
废包装材料	原料包装、成品包装	生产车间	一般废物	出售相关企业再利用

3.2.2.3　挂面生产

面制品是以小麦粉为主要原料的一类食品。根据加工方式不同，大体可以分为焙烤类食品，如面包、饼干、糕点等，以及蒸煮类食品，如挂面、方便面等。其中挂面是我国各类大型面制品加工企业中最典型的产品。

1.挂面生产工艺及其产污节点

挂面生产使用优质小麦粉为主要原材料，通过调粉、和面、熟化、压片成型、烘干、切段装袋等程序，得到产品。典型工艺流程如图 3-4 所示。

1)调粉工序。

面粉经自动供粉生产线系统处理后输送至储料仓，根据实际生产需求添加相应的辅料和添加剂，混合均匀之后输送至和面机。

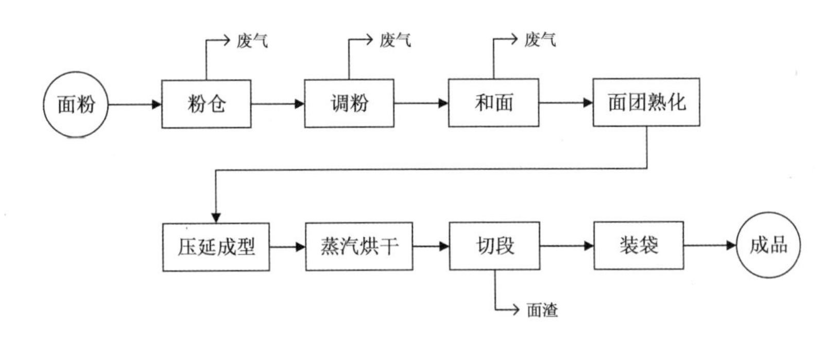

图 3-4　典型挂面生产工艺流程及产污节点

2)和面工序。

和面的主要目的是使面粉中非溶性蛋白质吸水膨胀,逐步形成具有韧性、弹性、黏性、伸延性和可塑性的湿面筋质。同时,面粉中的淀粉也吸水湿润,使不可塑面粉成为可塑的有延伸性的“熟粉”,为压片、切条准备条件。良好的和面效果必须使料坯呈散豆腐渣状的松散颗粒,并且干潮适当,色泽均匀,不含生粉,以手握能成团,轻轻揉搓仍能保持松散呈小颗粒为宜。

工艺过程中,一般在自动和面机中加入适量的盐水,经约 15min 的搅拌使小麦粉中蛋白质吸水膨胀,形成具有韧性、弹性、黏性、伸延性的湿面筋质,加入碱进一步渗透蛋白质内部,形成湿面筋质网络。其中水的配比占 20%～30%,盐投加量约为 1%,碱投加量约 1‰。

3)面团熟化。

熟化主要是个静置过程,将和好的料坯放在熟化机内 10～15min,要求面团的温度、水分不能与和面后相差过大。熟化是为了消除面团在搅拌过程中产生的内应力,使水分子最大限度地渗透到蛋白质胶体粒子的内部,进一步形成面筋的网络组织,熟化时间的长短关系到熟化的效果,熟化的时间越长,面筋网络形成得越好。

4)压片成型工序。

由熟化机、复合压延机、切条机、给杆机、调条上杆机、剪齐机组成。和好的料坯经熟化、搅拌使面粒充分吸水、膨化形成湿面筋网络,送入复合机同时制成 2 张面片,压合成一张,然后经合理的压延比对辊逐步压薄到 0.8～2mm,形成细密的面筋网络组织。通过切面刀切成不同规格的面条,由自动给杆机切成 2400～2600mm 长的面条,经调条机提升到上架平行链上后,再提升到烘干房运行的出发点。尾端剪齐机装在烘干的出发点,剪下来的面条尾端可随时回收使用。

5)蒸汽烘干程序。

干燥是挂面生产工艺过程中的重要环节,它是决定产品质量的最后一关,也关系到挂面成本、节约能源的问题。挂面干燥一般在烘房内进行,按挂面干燥方式,烘房主要分为三类:多排隧道式,挂面以多排并列移行的形式在烘房内烘干;单排移行式,即挂面仅以一排按一定路线在烘房内迂回移行;静置式,即把挂面静置,干燥过程间歇完成。目前较多使用多排隧道式干燥，典型的烘干设备是烘干运行主动钢丝绳吊挂装置，由钢结构、散热调风扇、排潮系统、加热管等组成。

挂面干燥的方法有：蒸汽干燥、烟道气干燥、电热干燥、远红外线干燥、高频电干燥等。根据挂面干燥机理，一般把烘干过程分为预干燥、主干燥和终干燥 3 个阶段。预干燥阶段一般不加温，只吹冷风，适当排潮，以自然蒸发为主，其作用是使面条外层水分缓缓蒸发，逐步从可塑体向弹性体转化，使湿面条强度增加，初步定型，同时还可以防止面条在干燥初期悬挂移行时由于自重作用而伸长、截面变小产生断条，此段阶也称为冷风定条阶段，烘房内温度控制在 30℃之内，干燥时间占总干燥时间的 15%左右。主干燥阶段分前后两期，前期为内蒸发阶段，俗称“保潮出汗”阶段，控制烘房内温度为 35～45℃，相对湿度 80%～85%，使外扩散与内扩散速度基本平衡，面条内部水分缓慢扩散到表面蒸发，干燥时间为总干燥时间的 25%；后期为全蒸发阶段，又称升温降潮阶段，通过升高干燥介质温度，降低其湿度的办法来加速表面水分的去除，此阶段烘房内的温度为 45～50℃，相对湿度为 5%～60%，干燥时间占总干燥时间的 30%。终干燥阶段又称降温散热阶段，在经过以上三个阶段之后，面条中的大部分水分已被蒸发。因此，在此阶段一般不加温，只通风，借助主干燥的余温，除去部分水分。比较理想的降温速度为 0.5℃/min。干燥时间占总干燥时间的 30%。

6)切断装袋产品工序。

下架切断包装是挂面生产的最后工序。目的是利用锚链将长条状的挂面从吊钩取下，送入切面机，切成长度 160～300mm 的产品形态，经计量包装成优美、经济实惠的商品。

2.挂面生产工艺污染因子及治理措施

挂面生产过程中主要污染工序及污染源一览表见表 3-10。

表 3-10　　挂面生产工艺主要污染工序及污染因子

类别	污染工序及污染源		主要污染因子
废气	粉仓	粉仓粉尘	粉尘
	调粉工序	调粉废气	粉尘
	和面工序	和面废气	粉尘
废水	厂内设备	清洗废水	COD_{Cr}、SS
	办公及职工生活	生活废水	COD_{Cr}、氨氮
固体废弃物	切段工序	面团边角料	面渣
	除尘器	除尘粉尘	面粉
	原料仓	废气包装袋	编织袋和麻袋
	办公及职工生活	生活垃圾	生活垃圾
噪声	机械设备	机械噪声	等效 A 声级

粉仓粉尘。粉仓的面粉在处理的过程中会有粉尘产生，由于整个粉仓都是密闭的，同时

面粉在输送过程中也是密闭的，粉仓产生的粉尘可以考虑完全收集。根据《环境工程统计手册》数据，一般粒径范围的给料粉尘产生系数为0.06%。比如某项目面粉原料使用量为60000t/a，则粉仓粉仓产生量约为36t/a。一般推荐企业采取脉冲布袋除尘器对粉尘进行收集处理，这类除尘器处理效率可达99%。假设除尘器风机风量为4000m^3/h，处理后的废气经15m高排气筒排放，则粉仓粉尘排放量为0.36t/a。

调粉废气。面粉在配方调制过程中会有少量粉尘产生，由于配方调制过程全程是在密闭过程中进行的，可考虑将粉尘完全收集。调粉粉尘产生量以原料用量的0.01%计，假设项目面粉原料使用量为60000t/a，则调粉粉尘产生量约为6.0t/a。该处粉尘同样可以纳入脉冲布袋除尘器进行收集处理。

和面废气。根据工艺分析，挂面生产中和面过程会产生少量散逸的粉尘，由于和面过程会加入少量盐水，产生的粉尘量较少，可以不进行处理。

清洗废水。企业生产过程中生产工艺用水主要用于和面，此部分水量最终大部蒸发，少部分进入产品，无工艺废水产生。但根据食品行业的特点，设备会定期进行清洗，清洗废水主要来自车间地面清洗和设备清洗。清洗废水的量根据企业规模和清洗频率不同而不同，一般该废水的污染物浓度为COD_{Cr}200mg/L、SS160mg/L。清洗废水可以与企业的生活污水一起收集，纳入污水管网。

挂面生产工艺简单，废水污染因子也较简单，企业清洗废水可进行沉淀池预处理后，与生活污水排入污水入管网，进入集中式污水处理厂处理后排放。

设备噪声。生产中噪声主要来自和面机、蒸面机和包装机、风机等机械噪声，这些机械设备的单机噪声(正常工作时5m处)一般为70～90dB(A)，见表3-11。

表3-11　　挂面生产典型设备噪声源强

设备名称	典型噪声级/dB(A)
供粉机	85
和面机	75
风冷机	75
包装机	80
鼓风机	80
引风机	90

对于厂内设备运行的噪声，一般可以通过以下方式进行控制，促使厂界噪声达标：合理布局，噪声高的设备尽量安排在车间中部，增加与厂界的距离；选用低噪声设备并采取有效的隔音降噪及防振措施；加强对各种机械设备的维修与保养，对机器主要磨损部位添加润滑油，确保设备正常运行。

固体废弃物。企业生产过程中产生的固体废弃物绝大部分是面制品的边角料或粉料，因此可以外售作为饲料加以综合利用。废包装袋和生活垃圾一般均采取环卫部门统一清运的方式处理。固体废弃物处理处置方式一览表见表 3-12。

表 3-12　　挂面生产工艺固体废弃物处理处置方式一览表

固体废弃物名称	产生工序	形态	属性	处理处置方式
面团边角料	切段工序	固态	一般固体废弃物	外售综合利用
除尘粉尘	除尘器	固态	一般固体废弃物	外售综合利用
废气包装袋	原料仓	固态	一般固体废弃物	环卫部门清运
生活垃圾	办公及职工生活	固态	一般固体废弃物	环卫部门清运

3.2.2.4　面包糕点类食品生产

1.面包糕点类食品生产工艺及其产污节点

面包糕点生产工艺流程及产污节点如图 3-5 所示。

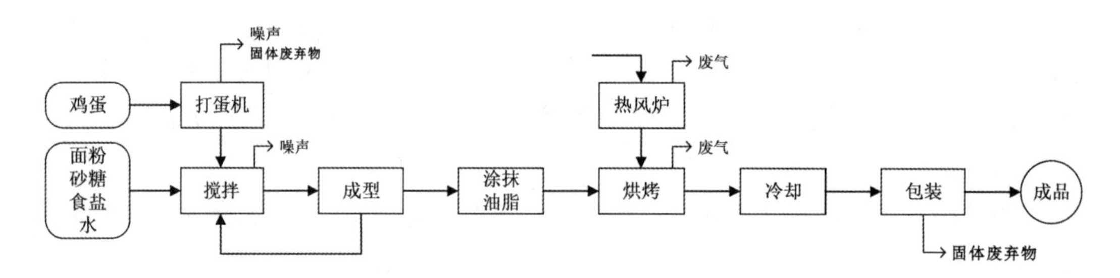

图 3-5　面包糕点生产工艺流程及产污节点

典型蛋糕生产工艺包括：

打蛋：人工对鸡蛋外壳进行清洗，然后将鸡蛋破壳后搅拌，形成鸡蛋液。

配料：通过电子秤将面粉、白砂糖、酵母、油物料等按照一定的比例进行称量配料。

灌糊：使用蛋糕填充机将配好的物料、水、鸡蛋液等调制好，先投放液态物料再投放固态物料，并注入事先刷好植物油的模具内。

烘烤：将已填充好的模具送入烤箱内进行烘烤，烘烤温度为 150～180℃，烘烤时间为 10～15min。

冷却：将烘烤好的蛋糕从模具内取出并送入冷却室内，在 10℃ 的温度下冷却 10～15min。

检验：工人对蛋糕外观进行检验，合格产品送入自动包装机内进行包装。

包装入库：将检验合格的蛋糕送入自动包装机内进行内包装，包装过程中由制氮机将氮气充入包装袋内后封口，再将包装好的面包用纸箱进行外包装，包装好后可入库。

污染物包括：

废气：配料粉尘、天然气燃烧产生的废气，以及烘烤产生的废气。

废水：洗蛋产生的废水。

噪声：和面产生的噪声。

固体废弃物：蛋壳、次品。

2.面包糕点类食品生产工艺污染因子及治理措施

（1）废水

面包、蛋糕、月饼等糕点生产过程中产生的废水主要为生产废水和生活污水。生产废水包括设备清洗废水、地面清洁废水、洗蛋废水、工衣清洗废水。生活污水主要为员工生活污水和食堂废水。

设备清洗用排水。根据卫生要求，食品生产企业设备一般每天应进行清洗，根据相关企业资料，设备清洗废水用水量依企业而不同，排污系数可按照0.9计，参考《糕点行业废水处理技术剖析与工程实践》（中国环保产业，2012年12期）并类比同类型面包工厂的运营情况，设备冲洗废水污染物产生浓度为COD2000mg/L、$BOD_5$900mg/L、NH_3-N40mg/、SS1500mg/L，动植物油100mg/L、LAS阴离子表面活性剂20mg/L。

地面清洁用排水。地面清洁废水排污系数按照0.9计，废水污染物产生浓度为COD300mg/L、SS500mg/L。

洗蛋排水。清洗可采用人工清洗或自动清洗的方式，排水系数按0.9计，废水污染物产生浓度为COD500mg/L、SS800mg/L。

员工清洗用排水。员工工衣定期清洗，根据《室外给水设计规范》（GB 50013—2006），每千克干衣清洗用水量40～80L，排污系数按照0.8计，清洗废水污染物产生浓度分别为COD500mg/L、BOD300mg/L、SS100mg/L、NH_3-N25mg/L、LAS阴离子表面活性剂70mg/L。

员工生活污水。一般住宿员工用水量按150L/（人·d）计，非住宿员工按100L/（人·d）计，食堂用水按15L/（人·次）计，排污系数按0.8计，生活污水污染物产生浓度一般为COD500mg、$BOD_5$300mg/L、氨氮35mg/L、SS300mg/L。

食堂污水。食堂用水按15L/（人·次）计，排污系数按0.8计，食堂废水污染物产生浓度为COD500mg/L、$BOD_5$300mg/L、氨氮35mg/L、SS300mg/L、动植物油100mg/L。

（2）废气

根据工艺流程，该类企业的大气污染源为面粉等固体粉末在筛选和搅拌时产生的粉尘、燃气烤炉和油炸机等产生的天然气燃烧废气、烘烤废气、油炸废气、食堂油烟等。

粉尘。面粉在筛分机上筛选以及配料好搅拌混合过程中会产生少量粉尘，筛分机是在密闭房间内进行筛分的，筛分时间按照1每天1h计算，面粉通过料斗口缓慢投入，搅拌混合投放原则是液体物料后为固体物料，这样所产生的粉尘量较少，类比同类型面包生产企业，粉尘产生量约为原料的0.01％。

在筛分机上方设置有过滤装置，90％的粉尘通过过滤装置能将粉尘过滤掉，过滤装置截留的粉尘，回用于生产中。剩余10%无组织排放，在筛分机附近自然沉降于地面上，地面上沉降的粉尘当废料处理，不回用。

锅炉燃烧废气。以天然气燃气烤炉为例，可参照《第一次全国污染源普查工业污染源产排污系数手册》及《煤、天然气燃烧的污染物产生系数》中相关产排污系数计算，主要污染因子为 SO_2、NOx、烟尘。

烘烤废气。面团在烘烤过程中会产生烘烤废气，废气主要成分为水蒸气及面包糕点的挥发物，挥发物主要为各种蛋白质受热分解、氧化产生的氨基酸等，废气污染特征以异味臭气为主。烘烤废气密闭的管道引至厂房屋顶高空排放，生产车间通过加强通风排放。

油炸废气。面包、糕点在油炸过程中，植物油在高温状态下会产生油烟废气，其成分较复杂，有饱和脂肪酸、不饱和脂肪酸，氧化裂解后多种短链醋、酣、酸、醇等，具有刺激性味道，烟气中油烟含量按耗油量的3%计算，排放浓度应满足《饮食业油烟排放标准(试行)》(GB 18483—2001)中的标准限值。

食堂油烟。食堂耗油量按30g/(人·次)计，所排油烟气中油烟含量可按耗油量的2.5%计。食堂油烟应通过油烟净化器处理后引至屋顶排放，油烟净化器处理效率一般为90%，排放浓度应满足上述《饮食业油烟排放标准(试行)》的标准限值。

(3)噪声

一般面包糕点生产企业主要设备的噪声源强如表3-13所示。

表3-13　面包糕点生产企业主要设备的噪声源强

设备类型	源强/dB(A)	运行特征	降噪措施
搅拌机	80	间断	建筑隔声、基础减震
和面机	80	间断	建筑隔声、基础减震
空气压缩机	85	间断	建筑隔声、基础减震
制氮机	85	间断	建筑隔声、基础减震
空气净化器	85	连续	建筑隔声、基础减震

(4)固体废弃物

一般工业固体废弃物。蛋壳：产生量约为原料的2%，可交由环卫部门统一收集处理；废弃炸制油：主要为油炸锅更换的废油，按照油炸锅用油量的90%计，需要交由有资质的单位收集处理；次品：产生量约为成品的0.5%，一般企业自行处置；废包装袋：产生量约为原料的0.2%，可外售给资源回收公司。

生活垃圾。职工产生的生活垃圾按照0.5kg/(人·d)计算，垃圾集中收集后交由环卫部门统一处理。

餐厨垃圾。餐厨垃圾按照0.1kg/(人·d)计算，餐厨垃圾应交由有资质的单位集中处理。

3.3　油脂加工业污染防治

3.3.1　食用油制品生产工艺及产物节点

3.3.1.1　茶油生产工艺及产污节点

茶油粗制工艺流程及产污节点见图 3-6。

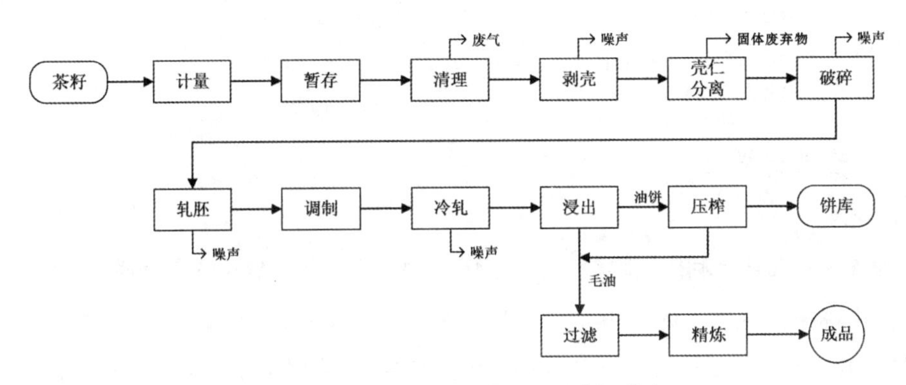

图 3-6　茶油粗制工艺流程及产污节点

图 3-7 为茶油精炼工艺流程及产污节点。

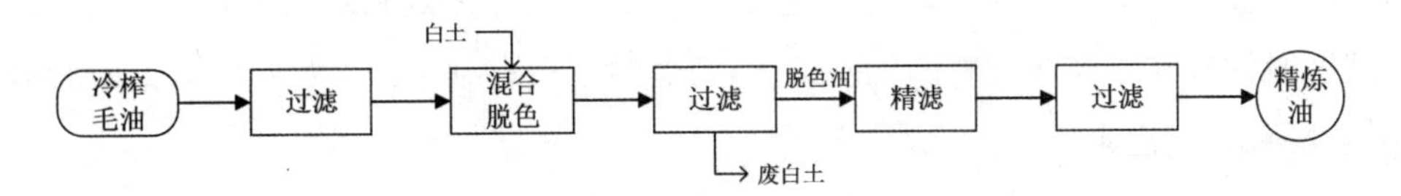

图 3-7　茶油精炼工艺流程及产污节点

3.3.1.2　菜油生产工艺及产污节点

菜油粗制工艺流程及产污节点见图 3-8。

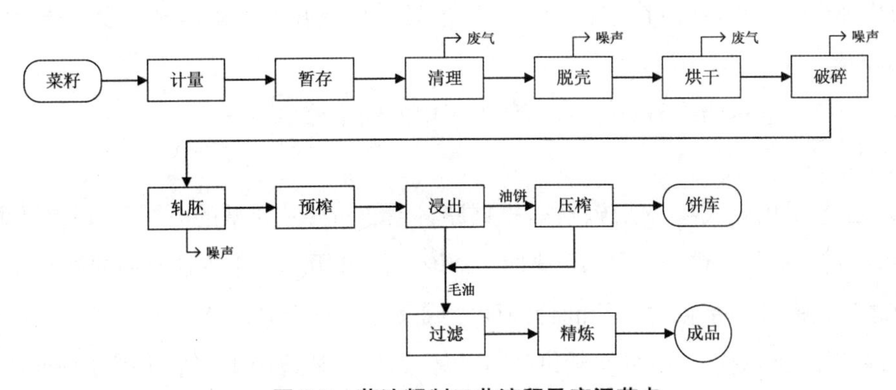

图 3-8　菜油粗制工艺流程及产污节点

图 3-9 为菜油精炼工艺流程及产污节点。

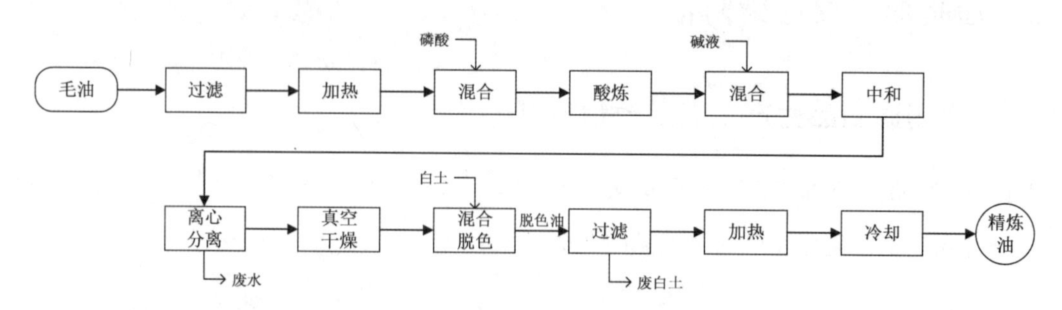

图 3-9　菜油精炼工艺流程及产污节点

3.3.1.3　工艺过程描述

1.毛油制取

筛选和破碎。筛选是利用油料与杂质之间粒度的差别，借助筛孔分离杂质的方法，破碎时用机械的方法，将油料粒度变小。其对于预榨饼来说，是使饼块大小适中，为浸出或第一次压榨创造良好的出油条件。该工段将产生初筛废气，主要污染物为颗粒物，以及初筛废渣泥尘。

软化。软化是调节油料的水分和温度，使其变软，使轧胚效果达到要求，对于含水分较少的油菜籽，软化是不可缺少的，未经软化就进行轧胚，往往难以达到要求。

轧胚。轧胚亦称为“压片”“轧片”，它是利用机械的作用，将油料由粒状压成薄片的过程。轧胚的目的，在于破坏油料的细胞组织，为蒸炒创造有利条件，以便在压榨或浸出时，使油脂能够顺利分离出来。

蒸炒。蒸炒是制油工艺过程中重要的工序之一。因为烘干可以借助水分和温度的作用，使油料内部的结构发生很大变化，例如细胞受到进一步的破坏，蛋白质发生凝固变性，磷脂和棉酚的离析与结合等。而这些变化不仅有利于油脂从油料中比较容易地分离出来，而且有利于毛油质量的提高。油料烘干是指生胚经过湿润、加热、蒸胚和炒胚等处理，使之发生一定的物理化学变化，并使其内部的结构改变，转变成熟胚的过程。该工段将产生蒸炒废气，无油烟产生。

压榨。压榨是通过物理碾磨的方法，使油料中的油脂榨出。

2.成品油精炼

碱炼。工艺采用碟式离心机连续法，根据原料毛油品种及质量的不同，可以灵活调整加工流程（物理精炼和化学精炼两种方法均可）。该工段采用真空干燥法进行碱炼油的干燥。油与碱液之间在最佳的接触时间和混合强度完成反应。整个系统除油干燥外，均在压力下加工，可有效地防止空气进入，从而避免产品氧化，这种工艺适用于几乎所有植物油脂（除蓖麻油外），以及鱼油和其他动物油脂。

脱色。油经加热器加热后，与白土定量机计量输出的白土在真空脱色塔内充分混合、脱色（白土直接加入法），脱色后的油与白土混合物输入立式叶片过滤机过滤，再经袋式过滤机精滤，除去油中残留的白土，得到去除色素、残皂和金属氧化物等的脱色油，再经过加热冷却即为精炼油。

3.3.2　食用油制品主要污染物及治理措施

3.3.2.1　废水

油脂加工废水主要来自生产废水、地面冲洗水和生活污水等。

项目生产废水量一般较少，可以混同生活废水经过隔油、沉砂池后再进入化粪池处理。由于此类废水量较少，经化粪池处理可以达到《农田灌溉水质标准》中旱作类标准，用于农作物的浇灌及厂区绿化用水，不外排。地面冲洗水可经沉淀后循环使用。

3.3.2.2　废气

车间废气主要是油料初清（项目筛选、烘干过程中的粉尘）含尘尾气，此类废气的净化可采用脉冲袋式除尘器除尘，这一除尘方法在国内外油脂加工厂油料初清中普遍应用。技术成熟可靠，处理效率一般高于90%。尾气中颗粒物浓度一般可控在100mg/L以下，净化后废气应经15m高排气筒排放。

油脂厂因用能需求，一般均配套建设有蒸汽锅炉。常见的锅炉形式有电锅炉、天然气锅炉或生物质锅炉等。以6t/h的生物质锅炉为例，燃料可选用厂区周边的各类农林废弃物，年燃烧量约为2000t。根据《第一次全国污染源普查工业污染源产排污系数手册》中的数据，燃烧木材、木屑等产生的烟尘量约37.6kg/t，氮氧化物1.02kg/t，二氧化硫1.7kg/t，烟气量为6300m^3/t。污染物产生浓度约为：烟尘1500mg/m^3、二氧化硫180mg/m^3、氮氧化物150mg/m^3。

锅炉烟气可采用水膜除尘或文丘里除尘器净化，一般能满足《锅炉大气污染物排放标准》要求。以文丘里除尘器为例，该类型除尘器是一种高效湿式洗涤除尘器。文丘里除尘器大体由三部分组成，即喷雾装置、文丘里本体及旋风洗涤器。其净化过程分为雾化、凝聚和脱水三步。文丘里除尘器除尘效果优异，除尘效率一般不低于90%，且对气态污染物有一定净化作用，一次性投资较低，运行费用稍高。因此采用文丘里除尘器净化后，尾气中污染物浓度为：烟尘小于150mg/m^3，二氧化硫小于180mg/m^3，氮氧化物小于150mg/m^3。净化后的尾气应经不低于15m的烟囱排放。

食堂油烟一般采用油烟净化装置净化，去除率达60%以上，排放废气应能满足《饮食业油烟排放标准》的相关要求，油烟经净化处理后通过屋顶高空排放，可减少对周边环境的影响。

3.3.2.3　噪声

噪声主要来源于生产车间各类设备的运行噪声，食用油生产涉及的主要设备噪声源强见表 3-14。

表 3-14　　食用油生产工艺主要设备噪声源强

设备类型	噪声源强/dB(A)
电加热炒料机	45～60
螺旋榨油机	60～80
连续炼油机	50～70
精炼机	60～70
过滤器	40～50
灌装机	50～60

设备噪声若采用消声装置，消音后噪声可降低约 10dB(A)，设备置于室内，车间墙壁隔音效果约 15dB(A)。因此该类企业正常生产条件下，厂界噪声一般均能达标。

3.3.2.4　固体废弃物

固体废弃物主要为生活垃圾、废机油及含油抹布、生产垃圾(油菜籽、杂质、隔油少量沉淀物、油脚，除尘器收集尘灰)、包装垃圾、废白土及锅炉废渣等。

生活垃圾产生量约为 1kg/(人·d)，经厂区的垃圾桶集中分类收集，由当地环卫部门统一定期清运。

设备定期保养，或出现故障修理时会产生一定量的废机油及含油废抹布，应统一收集后，送有资质的单位进行处理。

油菜籽杂质和油脚类固体废弃物是饲料加工的上好原材料和良好的有机肥，可经收集后交由饲料加工企业或绿化景观用肥。隔油池和沉砂池少量的沉淀物定期清理后，由当地环卫部门统一收集处理。湿式除尘器除尘后产生的淤泥应进行填埋处置。

包装垃圾主要为原材料包装垃圾及成品包装过程中产生的包装垃圾，如废纸板、编织袋等，其中废纸板及编织袋属可回收利用类垃圾，可交由废品收购站处置。

提炼后的废白土含有油脂，一般含有 20%～40%的油脂，属于危险固体废弃物，应暂存于危废暂存间，并设置专门的容器进行暂存，定期送有资质的单位进行有效处理和综合利用，不得外排，不得与其他固体废弃物和生活垃圾一并处理。危废暂存间应作防渗漏处理。

锅炉灰渣产生量约为燃料的 3%，如果每年使用生物质燃料 2000t，则锅炉每年灰渣产生量约 60t。该类废物可外售给回收公司用于建筑行业，如水泥、砖和混凝土等建筑材料的制作。建设单位应在锅炉房旁设置专用半封闭式堆场，定期交由相关有资质企业回收处理。

3.4　果蔬制品加工污染防治

3.4.1　果蔬制品生产工艺及产物节点

3.4.1.1　油炸果蔬食品加工工艺及产污节点

油炸果蔬食品加工工艺及产污节点如图 3-10 所示。

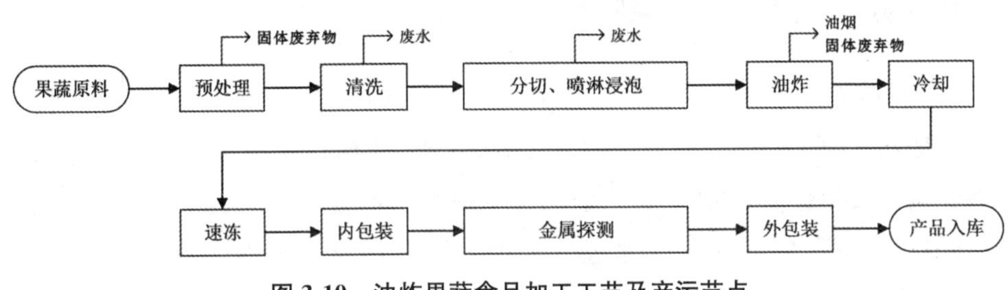

图 3-10　油炸果蔬食品加工工艺及产污节点

采购的新鲜果蔬原料需先通过毛刷清洗，部分原料可能需要经脱皮机清洗预处理。处理后的果蔬原料经切块机切块，并喷淋浸泡，再经过高温油炸机油炸。油炸机一般为电加热，所用油品为棕榈油等食用油。油炸工序完成后，使用吹风机对原料进行冷却，再经速冻后的果蔬按配比依次进行内包装、金属探测及外包装，成为成品，进入冷库保存。

工艺中的废水主要来自清洗蔬菜产生的清洗废水，喷淋浸泡产生的废水；固体废弃物来自果蔬预处理产生的果蔬边角料，油炸环节产生的废油脂等；废气主要来自油炸产生的油烟；噪声主要为各类生产设备的运行噪声。

3.4.1.2　真空果蔬干加工工艺及产污节点

真空果蔬干加工工艺及产污节点见图 3-11。

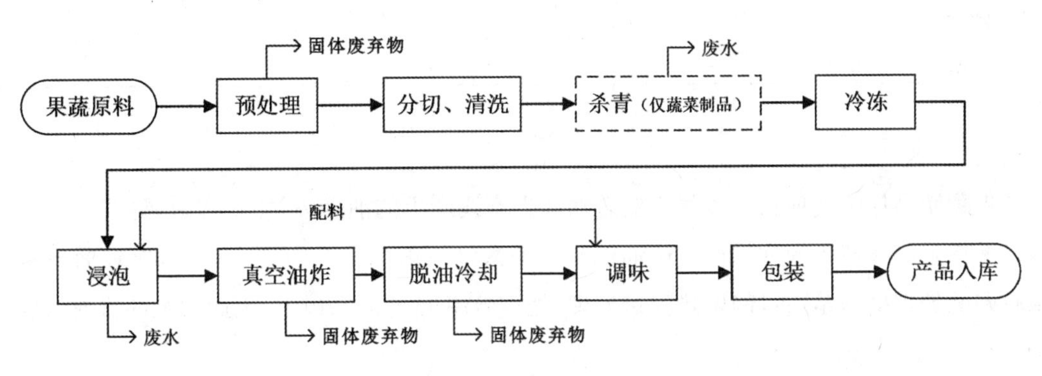

图 3-11　真空果蔬干加工工艺及产污节点

采购的果蔬原料先进行预处理，去除杂质及边角料。预处理后的原料经切块机切块并清洗，水果直接进行半成品包装送入冷库保鲜，蔬菜需杀青后送入冷库保鲜，冷冻后的果蔬需用配料浸泡后，送入真空油炸机进行脱水油炸，真空油炸后的果蔬需先脱油、冷却，再进行调味，随后进入包装间包装。

工艺中的废水来自清洗果蔬产生的废水、浸泡产生的废水、杀青机产生的废水；固体废弃物来自预处理产生的果蔬废料、真空油炸及脱油产生的废油脂；噪声主要为各类生产设备的运行噪声。

3.4.2 果蔬制品生产工艺污染物产排及治理

3.4.2.1 生活污水

职工生活用水取水量一般为120～150L/(人·d)，生活污水排水系数按80%计。生活污水一般经过三级化粪池处理后，进行农田灌溉或与生产废水一起送至厂区污水处理站统一处理后外排。根据经验，生活污水经化粪池处理后污染物浓度大致为COD350mg/L、$BOD_5$170mg/L、SS180mg/L、氨氮25mg/L。

3.4.2.2 生产废水

果蔬清洗废水：一般1t果蔬清洗用水约1.2t，排水系数按90%计；

漂烫杀青废水：漂烫杀青用水量约0.5t/t蔬菜，排水系数按85%计；

喷淋浸泡废水：喷淋浸泡用水量约为0.35t/t果蔬，排水系数按85%计；

循环冷却废水：冷却塔冷却用水循环使用不外排，损失系数约10%。

生产废水经厂区污水管道汇集到企业污水处理站，统一处理后外排。根据某果蔬制品加工企业的生产废水处理前后监测统计，上述生产废水的产排情况可参见表3-15。

表3-15 果蔬制品企业生产废水污染物产排统计

统计项目	单位	COD	BOD_5	SS	氨氮	余氯	动植物油
处理前浓度	mg/L	2200	1000	700	15	0.5	200
去除率	%	98	98	99	98	80	99
处理后浓度	mg/L	44	20	7.0	0.3	0.1	2.0

3.4.2.3 废气

果蔬制品加工类项目的废气主要有油炸生产线产生的油烟废气、食堂油烟。

油炸生产线产生的油烟废气中油烟颗粒的浓度一般为3.0～6.0mg/m^3，比较通行且效果较好的处理措施是通过静电除油机处理，处理效率可达95%以上，因此油烟的排放浓度约为0.15～0.3mg/m^3。

食堂油烟一般采用油烟净化装置净化，去除率达60%以上，排放废气应能满足《饮食业油烟排放标准》的相关要求，油烟经净化处理后通过屋顶高空排放，可减少对周边环境的影响。

3.4.2.4 固体废弃物

果蔬制品加工类项目固体废弃物主要为生活垃圾、蔬菜废料及不合格品、油炸产生的废油脂及污水处理站污泥。

生活垃圾产生量的估算，对于不住厂职工生活垃圾取 0.5kg/(人·d)，住厂职工生活垃圾取 1.0kg/(人·d)，生活垃圾经厂区垃圾桶统一分类收集后，交由环卫部门统一清运。

蔬菜废料及不合格品产生量依据原料品质不同而有差异，一般为原料总量的 5%。此类固体废弃物可进行对废处理，或交由饲料加工企业进行回收。

油炸产生的废油脂产生量依据不同企业而差异较大。该类废弃物应交由有资质的企业进行统一回收处置，不得随意抛弃。

污水处理站污泥经压滤机脱水后外运。机械脱水后的污泥含水率约为 70%。

3.5 制糖工业污染防治

3.5.1 制糖业发展概况

食糖作为人们生活中不可或缺的原料，与人们的生活息息相关。制糖业是利用甘蔗或甜菜等农作物为原料，生产原糖和成品食糖及对食糖进行精加工的工业行业。糖料一般春季生长，10 月开始收获。制糖企业每年从 10 月、11 月开榨，到第二年 3 月、4 月停榨，整个阶段为一个生产周期，称为一个榨季。原料采购和生产呈现季节性和阶段性，而销售则是全年进行。

中国是世界上人均食糖消费量最少的国家之一，远低于全世界人均消费食糖水平，仅占世界人均年消费食糖量的三分之一，属于世界食糖消费“低下水平”的行列。随着全球性健康问题的重视，未来十年世界食糖的生产和消费总趋势将趋于缓慢增长甚至有所下滑，而其中的发展中国家食糖消费将出现明显增长趋势，中国是世界食糖最大的潜在市场。

世界上产糖国家和地区有 107 个(欧盟 15 国作为一个地区统计)，其中年产糖量在 50 万 t以上的国家和地区有 31 个，在产糖大国中，只有中国、美国、日本、埃及、西班牙、阿根廷和巴基斯坦既产甘蔗糖又产甜菜糖。甘蔗糖分布地区很广，主要在南美洲、加勒比海地区、大洋洲、亚洲、非洲的大多数发展中国家和少数发达国家；甜菜糖主要分布技术发达的欧洲，少量在北美和亚洲等地。世界前十位产糖国家和地区为巴西、欧盟、印度、中国、美国、泰国、澳大利亚、墨西哥、古巴和巴基斯坦。这十个国家和地区产糖量大约占世界食糖总产量的 70%。美国农业部公布的最新数据显示，2017 年全球食糖的产量达到 179636 万 t，结束了连续 3 年的下跌，较 2016 年增长 6.1%，为 2012 年以来的最大增幅。根据美国农业部公布的最新数据显示，2017 年中国食糖的产量达到 1050.0 万 t，结束了近 5 年的下跌趋势，较 2016 年增长 27.6%。而 2017 年中国食糖的国内消费量为 1580.0 万 t，较 2016 年下滑 11.2%。

从我国食糖的供需平衡来看，食糖的市场供给一定程度上依赖于进口市场。中国糖业协会对全国重点制糖企业(集团)报送的数据统计，截至 2017 年 12 月底，重点制糖企业(集团)累计加工糖料 1760.02 万 t、累计产糖量为 205.33 万 t，累计销售食糖 86.35 万 t，累计销糖率 42.06%；成品白糖累计平均销售价格 6342 元/t。从地区产量来看，2017 年全国各省份成品糖产量呈正增长趋势。2017 年成品糖产量排名前十的地区分别是：广西、云南、广东、辽宁、新疆、内蒙古、河北、海南、贵州以及黑龙江。其中，广西以年产量 935.96 万 t 位居全国各省、市成品糖产量排行榜榜首，云南以 227.13 万 t 排名第二。

从整个行业来看，制糖业有以下基本特点：

季节性强。制糖业是利用甘蔗或甜菜等农作物为原料，生产原糖和成品食糖及对食糖进行精加工的工业行业。如前所述，原料采购和生产呈现季节性和阶段性，而销售则是全年进行的。

周期性强。糖价波动明显，蔗糖主要是作为食品、饮料等厂商的生产原料使用，用于终端消费的比例很小。作为大宗生产原料性商品，蔗糖的价格极易受供求关系的影响而发生波动。而蔗糖的生产也极易受原料供应和市场价格波动等因素的影响，呈现出较强的周期性。例如，短期内的供不应求会导致糖价上涨，厂家有利可图，往往会争购原料扩大生产，引起原料价格上涨，农民在涨价中受益后种植糖料的积极性提高，第二年往往会大面积扩种，结果导致原料供应充足和蔗糖产量上升，进而造成糖价的走低。

全球范围内生产和消费不均衡。全球的食糖生产和消费很不均衡，生产相对集中，且多数是第三世界国家，这些主要产糖国大量出口；而大的消费国生产不能自给，需要进口。研究世界食糖市场，从出口国来看，主要是巴西、欧盟、印度、澳大利亚、泰国、古巴，其中巴西是世界糖市的晴雨表；主要进口国是俄罗斯和美国，我国也是食糖的净进口国。

3.5.2 制糖业产业政策

国内的食糖主要是作为食品、饮料、医药等厂商的生产原料使用，直接用于家庭等零售终端消费的比例很小。对制糖企业而言，其上游主要包括生产甘蔗、甜菜、原糖等原材料相关行业，以及提供煤、电、石灰石等能源和辅助材料以及运输等生产过程中所需资源的相关行业。其中，甘蔗、甜菜等含糖原料是制糖企业最为重要的，也是采购最多的生产原料。制糖行业整体利润率较低，糖料的质量和获取成本直接决定食糖的生产成本，亦直接决定制糖企业盈亏与否。一方面，糖料作物的产量变化或导致制糖企业无法获得稳定的原料进行生产，进而导致食糖价格产生波动；另一方面，食糖价格的波动也会反作用于糖料作物的收购价格，进而影响糖料作物的播种面积。

国内制糖企业的原材料供给主要包括两个来源：农作物(包括甘蔗和甜菜)和进口半成品原糖。糖料作物甘蔗和甜菜的种植对气候要求较高，甘蔗的产区主要分布在广西、云南、海南等地区，甜菜的产区主要分布在黑龙江、内蒙古、新疆等地区，一般企业会选择距离糖料原产地较近的地区办厂以降低运输成本，故制糖企业的分布具有地域性。

长期以来，国内制糖企业与大多数农产品加工企业类似，大多处于粗放式经营阶段，企业规模小导致抗风险能力严重不足。2014 年制糖行业 90%以上企业亏损，全行业亏损高达 97.6 亿元。

鉴于国内农业的特点，2015 年中央一号文件《关于加大改革创新力度加快农业现代化建设的若干意见》提出“做强农业，必须尽快从主要追求产量和依赖资源消耗的粗放经营转到数量质量效益并重、注重提高竞争力、注重农业科技创新、注重可持续的集约发展上来”。《制糖行业“十二五”规划》里也要求“鼓励和支持食糖主产省区的骨干制糖企业实施强强联合、跨地区兼并重组，提高产业集中度”，同时“逐步淘汰开工率不足 50%，日处理甘蔗能力小于 1000t，日处理甜菜能力小于 800t 的制糖企业”。

在最新的《产业结构调整指导目录》中，“原糖加工项目及日处理甘蔗 5000t(云南地区 3000t)、日处理甜菜 3000t 以下的新建项目”被列入了限制类，高于上述产能的项目则不受限制。

3.5.3 制糖工艺流程及产污节点

3.5.3.1 甘蔗制糖工艺

1.甘蔗制糖工艺概述

甘蔗制糖生产工艺过程包括：甘蔗经破碎预处理后，提取蔗汁，通过清净处理去除非蔗糖物质，蒸发浓缩为一定浓度的糖浆，糖浆进一步浓缩至蔗糖晶体析出，通过调节适当的温度和过饱和度，使晶体逐渐增大至符合要求的粒度，最后用离心机将母液与晶体分离，获得结晶糖，再经干燥、筛分，成品糖包装出厂。

典型亚硫酸法甘蔗制糖工艺过程及污染物产生节点如图 3-12 所示。

典型碳酸法甘蔗制糖工艺过程及污染物产生节点如图 3-13 所示。

2.甘蔗制糖工艺产污环节

废水主要由清净、蒸发和煮糖结晶等工序产生，包括洗罐水、洗滤布水等，主要污染物为化学需氧量(COD_{Cr})、五日生化需氧量(BOD_5)、悬浮物(SS)、氨氮、总氮和总磷，进入污水处理站处理后排放。

冷却水来自提汁工序产生的压榨机轴承冷却。冷却水经冷却降温后可直接循环使用。

由蒸发、煮糖结晶工序产生的冷凝水经冷却降温后也可直接循环使用，或循环、循序用于其他工序。

废气主要由清净、石灰装卸及加料等工序产生，包括装卸料废气、运转废气、石灰消和机加料废气。主要污染物为颗粒物。滤泥发酵、蔗渣堆场发酵和污水处理站产生的臭气通常无组织排放。

固体废弃物由提汁、清净、分蜜工序产生，包括提汁工序产生的蔗渣，清净工序产生的滤泥，分蜜工序产生的糖蜜，以及废水处理产生的污泥等。

噪声主要源自鼓风机、空气压缩机、泵、汽轮发电机组等设备的运转噪声。

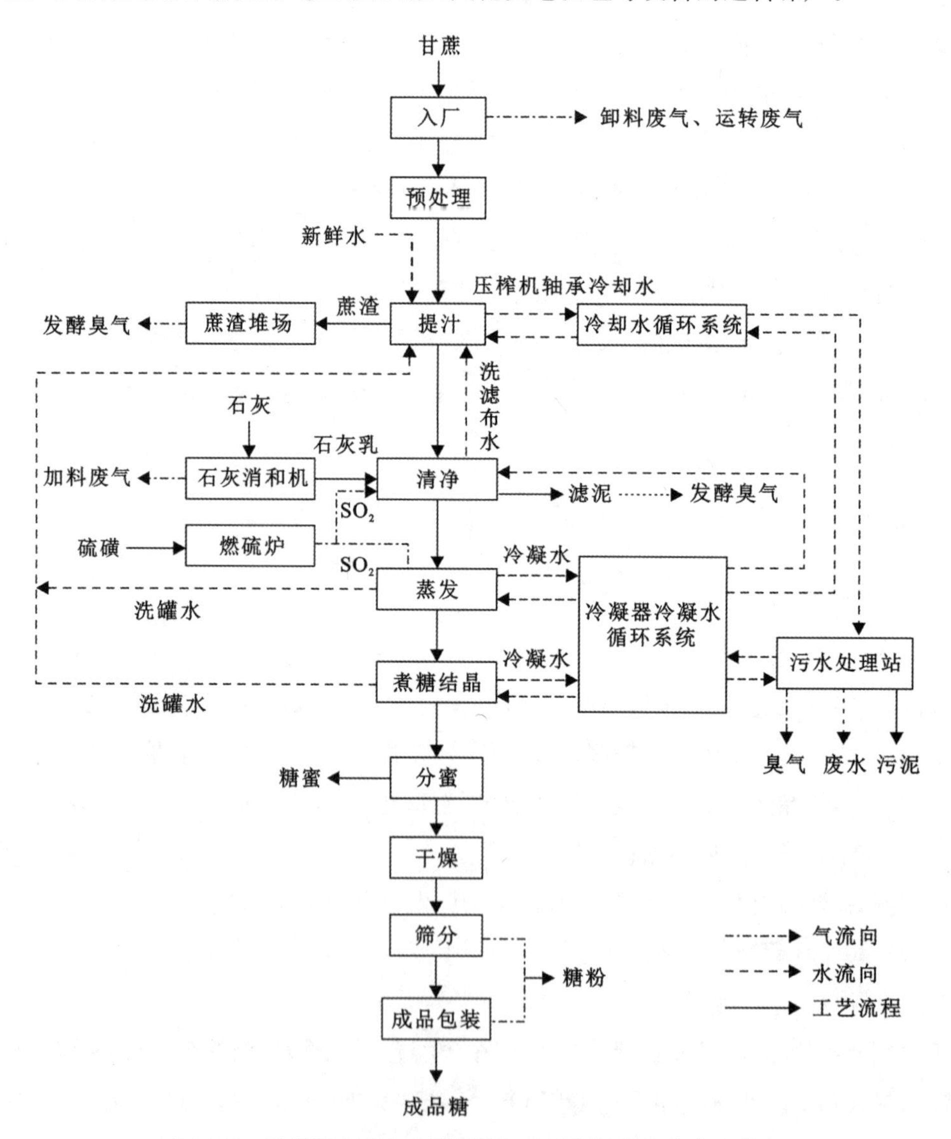

图 3-12　典型亚硫酸法甘蔗制糖工艺过程及污染物产生节点

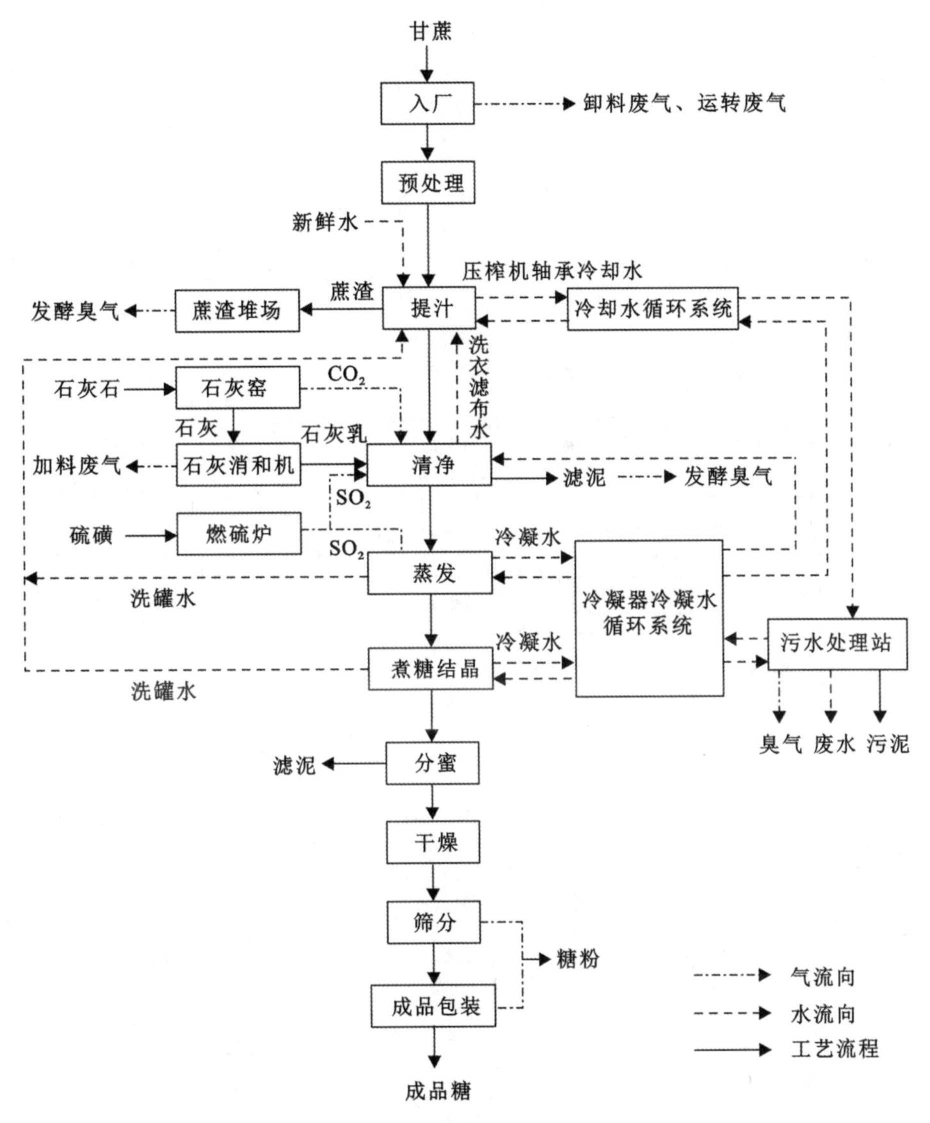

图 3-13　典型碳酸法甘蔗制糖工艺过程及污染物产生节点

3.5.3.2　甜菜制糖工艺

1.甜菜制糖工艺概述

甜菜制糖生产工艺过程:将甜菜从甜菜窖输送到车间,经除杂、洗涤等预处理后切丝送入渗出器,渗出汁经清净处理去除非糖物质,清净后的糖汁经硫漂脱色后,送至多效蒸发器浓缩成糖浆,糖浆再经煮糖、结晶、分蜜、干燥、筛分,成品糖包装出厂。

典型碳酸法甜菜制糖工艺过程及污染物产生节点如图 3-14 所示。

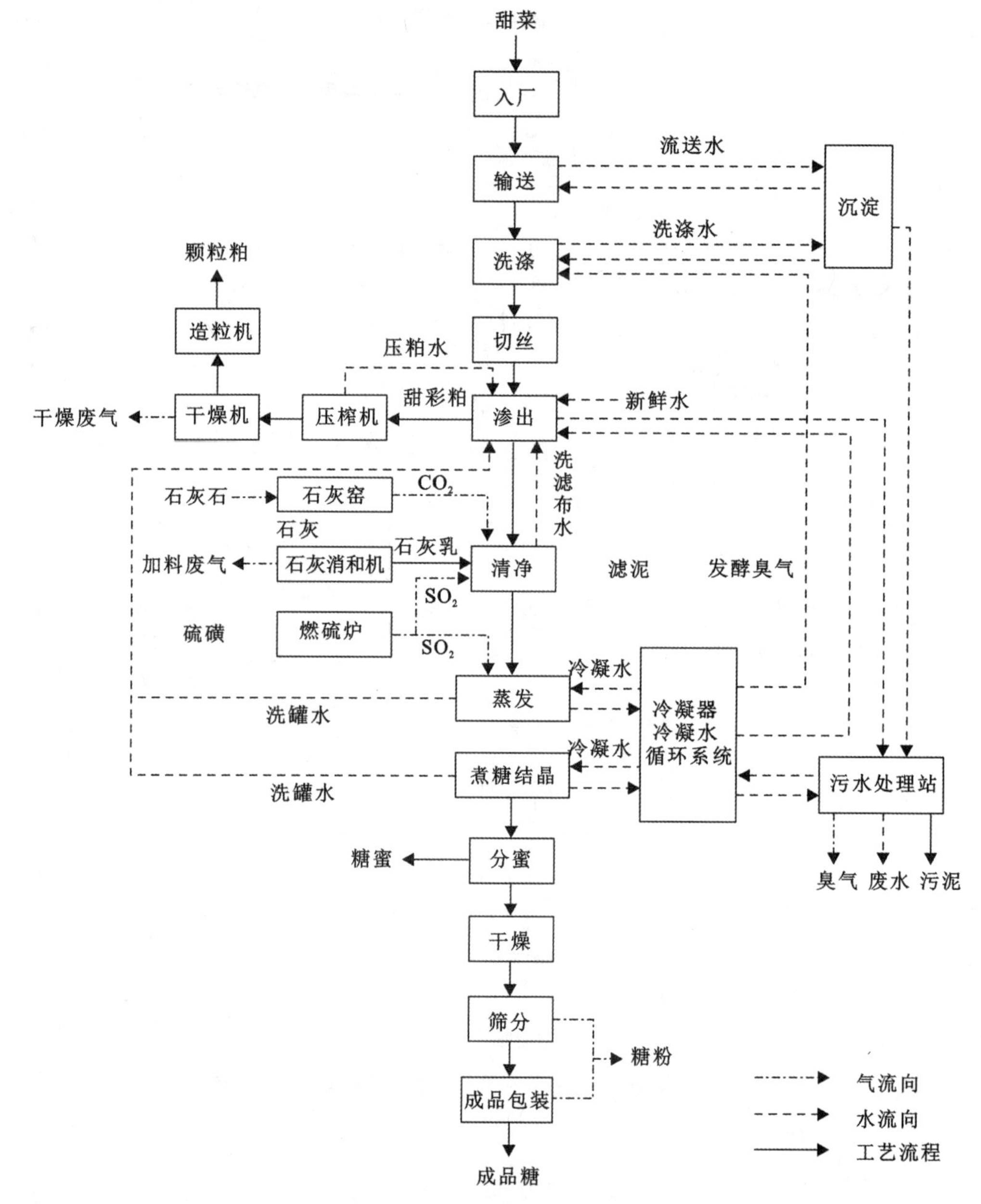

图 3-14　典型碳酸法甜菜制糖工艺过程及产污节点

2.甜菜制糖工艺产污环节

废水主要由清净、蒸发和煮糖结晶等工序产生，主要包括洗罐水、洗滤布水等。主要污染物为 COD_{Cr}、BOD_5、SS、氨氮、总氮和总磷，进入污水处理站处理后排放。

由流送、洗涤和渗出工序产生的洗涤水、流送水和压粕水经处理后直接循环使用；由蒸发、煮糖结晶工序产生的冷凝水经冷却降温后直接循环使用或为其他工序循环使用。

废气主要由清净、石灰装卸及加料等工序产生，包括装卸料废气、运转废气、石灰消和机加料废气。主要污染物为颗粒物。滤泥发酵和污水处理站产生的臭气通常无组织排放。

固体废弃物由渗出、清净、分蜜等工序产生，包括渗出工序产生的甜菜粕、清净工序产生的滤泥、分蜜工序产生的糖蜜，以及废水处理产生的污泥等。

噪声主要源自鼓风机、空气压缩机、泵、汽轮发电机组等设备的运转噪声。

3.5.4　制糖企业污染防治及清洁生产工艺

3.5.4.1　制糖工艺污染治理技术

1.废水治理

制糖各生产工序产生的废水汇集排入污水处理站，一般采用一级处理加二级处理后可达到行业排放要求。

一级处理主要去除制糖废水中的悬浮物和泥沙，包括格栅、调节池和沉淀池。制糖废水经格栅去除悬浮物后进入调节池，在调节池中均和调节水质水量后进入沉淀池，在沉淀池中借助重力自然沉降去除密度比废水大的悬浮物。废水在调节池中的停留时间可根据进水水质和水量确定，出水水质需满足后续二级处理稳定运行要求。

制糖废水一级处理采用的沉淀池包括竖流式、平流式、辐流式和斜管（板）沉淀池，废水量较大时宜采用辐流式沉淀池。废水竖流、平流、辐流式沉淀池表面水力负荷一般为 1.5～3.0$m^3/(m^2 \cdot h)$，斜管（板）沉淀池表面水力负荷一般为 2.5～5.0$m^3/(m^2 \cdot h)$。通过沉淀，制糖废水中 COD_{Cr}、BOD_5、总氮、总磷的去除率一般为 10%～25%，SS 去除率一般为 40%～70%。

二级处理主要去除制糖废水中的有机物，包括厌氧生物处理和好氧生物处理两类。厌氧生物处理技术主要有水解酸化处理技术和升流式厌氧污泥床处理技术。好氧生物处理技术主要有常规活性污泥法、序批式活性污泥法、氧化沟、生物接触氧化法和生物转盘法等。当制糖废水中 COD_{Cr} 浓度小于 500mg/L 时，二级处理一般采用好氧生物处理技术；当 COD_{Cr} 浓度为 500～1500mg/L 时，一般采用水解酸化＋好氧生物处理技术；当 COD_{Cr} 浓度大于 1500mg/L 时，二级处理一般采用升流式厌氧污泥床＋好氧生物处理技术。

（1）厌氧生物处理技术

1）水解酸化处理技术。

该技术利用厌氧或兼性菌在水解和酸化阶段的作用，将制糖废水中不溶性大分子有机物水解为溶解性有机物，对制糖废水中 COD_{Cr} 的去除率不一定很高，但可显著提高废水的可生化性。当进水 COD_{Cr} 浓度为 500～1500mg/L，水力停留时间为 3～6h，采用该技术处理制

糖废水 COD_{Cr} 去除率为20%～40%、BOD_5 去除率为20%～40%。

2)升流式厌氧污泥床。

该技术通过布水装置使高浓度制糖废水依次进入污泥床底部的污泥层和中上部污泥悬浮区，在污泥床中厌氧微生物的作用下，高浓度有机废物降解生成沼气，废水中 COD_{Cr} 和 BOD_5 大幅度降低，满足后续好氧生物处理技术进水要求。不同温度下升流式厌氧污泥床容积负荷差别较大，当温度为35～40℃时，COD_{Cr} 容积负荷为5～10kg/(m³·d)，常温条件下 COD_{Cr} 容积负荷为3～5kg/(m³·d)。当进水 COD_{Cr} 浓度大于1500mg/L，进水 BOD_5/COD_{Cr} 大于0.3，SS含量小于1000mg/L时，采用该技术处理制糖废水 COD_{Cr} 去除率可达80%～90%、BOD_5 去除率可达70%～80%、SS去除率可达30%～50%。

(2)好氧生物处理技术

1)常规活性污泥法。

该技术适合处理净化程度和稳定性要求较高的低浓度制糖废水，其工艺稳定，有机物去除率高，可有效去除制糖废水中的有机污染物。当进水 COD_{Cr} 浓度小于500mg/L，废水中污泥浓度为2～4g/L，水力停留时间为6～20h时，采用该技术处理制糖废水 COD_{Cr} 去除率可达80%～90%、BOD_5 去除率可达70%～80%、SS去除率为30%～50%。

2)序批式活性污泥法。

该技术适合处理水质、水量波动较大的制糖废水，可有效去除制糖废水中的有机污染物，同时具有较好的脱氮除磷效果，其主要变形工艺包括周期循环式活性污泥工艺、连续和间歇曝气工艺、交替式内循环活性污泥工艺等。当进水 COD_{Cr} 浓度小于500mg/L，BOD_5/COD_{Cr} 大于0.3，污泥浓度为3～5g/L，水力停留时间为8～20h时，采用该技术处理制糖废水 COD_{Cr} 去除率可达80%～95%、BOD_5 去除率可达80%～90%、SS去除率可达70%～90%、氨氮去除率可达85%～95%、总氮去除率可达60%～85%、总磷去除率可达50%～85%。

3)氧化沟。

该技术处理制糖废水效果稳定、耐冲击负荷能力强，可实现生物脱氮。其主要工艺包括单槽氧化沟、双槽氧化沟、三槽氧化沟、竖轴表曝机氧化沟和同心圆向心流氧化沟，变形工艺包括一体氧化沟、微孔曝气氧化沟。当进水 COD_{Cr} 小于500mg/L，BOD_5/COD_{Cr} 大于0.3，污泥浓度为2～4.5g/L，水力停留时间为4～20h时，采用该技术处理制糖废水 COD_{Cr} 去除率可达80%～90%、BOD_5 去除率可达80%～95%、SS去除率可达70%～90%、氨氮去除率可达85%～95%、总氮去除率可达55%～85%、总磷去除率可达50%～75%。

4)生物接触氧化法。

该技术适用于在较低负荷下处理出水指标要求较高的低浓度制糖废水。采用该技术处理制糖废水 COD_{Cr} 去除率较高，氨氮硝化作用较强，对于难降解有机物也有一定的处理效果。当进水 COD_{Cr} 小于500mg/L，BOD_5/COD_{Cr} 大于0.3，SS小于500mg/L，填料区水力停留时间为4～12h时，采用该技术处理制糖废水 COD_{Cr} 去除率可达80%～90%、BOD_5 去除率可达80%～95%、SS去除率可达70%～90%、氨氮去除率可达60%～90%、总氮去除率可达50%～80%。

5)生物转盘法。

该技术处理制糖废水不需要曝气和污泥回流，工艺流程简单，易于操作。当进水 COD_{Cr} 小于500mg/L，BOD_5/COD_{Cr} 大于0.3，生物转盘边缘线速度约为20m/min，水力停留时间为0.6～3h时，采用该技术处理制糖废水 COD_{Cr} 去除率可达70%～85%、BOD_5 去除率可达70%～90%、SS去除率可达70%～90%。

2.废气治理

原料场装卸料废气、卸蔗系统转运废气可采用洒水抑尘、原料场出口配备车轮清洗(扫)装置、设置防尘网等防治措施。

石灰窑和石灰消和机加料废气可采用喷水除尘、加强密封、集中收集处理后排放等处理措施。

蔗渣发酵臭气可采用在堆场周围设置挡水墙、顶部设挡雨棚防止日晒雨淋，地面采取排水、硬化防渗等防治措施。

滤泥发酵臭气可采用及时清运、减少堆放量和堆放时间、防止日晒雨淋、加强通风等防治措施。

结晶分蜜以及包装废气可加强装备密封，废气中糖粉集中收集后回溶。

污水处理废气可通过在产臭区域投放除臭剂、集中收集至生物脱臭装置(干法生物滤池)处理、设置喷淋塔除臭等治理措施。

3.固体废弃物处理处置

可资源化利用的固体废弃物包括：蔗渣可用作锅炉燃料、造纸原料，也可用作其他产品的原料；甜菜粕可用于生产饲料；亚硫酸法制糖产生的滤泥可外售，做肥料或还田；糖蜜可外售，用于生产酵母、酒精等产品。

应进行安全处置的固体废弃物主要为污水处理产生的污泥。污泥应减量化安全处置，碳酸法制糖产生的滤泥应经减量化后安全填埋。

4.噪声防治

噪声有由鼓风机、空气压缩机、泵、汽轮发电机组等设备运转引起的机械噪声，以及锅炉间、汽轮机偶尔排气的噪声，通常采取减振、隔声措施，如对设备加装减振垫、隔声罩以及加强生产管理等。企业规划布局应使噪声源远离厂界和噪声敏感点。

3.5.4.2 甘蔗制糖清洁生产工艺

1.压榨机轴承冷却水循环回用

压榨机轴承冷却水循环回用技术适用于提汁工序。压榨车间配套建设隔油沉淀池，收集压榨机轴承冷却水，经隔油、沉淀、降温后循环回用，水循环利用率可达95%以上。该技术可提高企业工业水重复利用率，减少新鲜水用量及废水排放量。

2.冷凝器冷凝水循环回用

冷凝器冷凝水循环回用技术适用于蒸发、煮糖工序。蒸发煮糖车间配套循环冷却塔、冷却池，将蒸发、煮糖工序的冷凝器冷凝水冷却降温后循环使用或作为工艺用水。部分冷凝水不需要降温可直接回用于生产工艺，剩余的冷凝水经降温后循环回用。该技术可将此环节水循环利用率提高到95%以上，减少新鲜水用量。

3.喷射雾化式真空冷凝技术

喷射雾化式真空冷凝技术适用于蒸发、煮糖工序。改进蒸发煮糖车间传统的冷凝器，在具有喷射抽吸功能的喷射喷嘴上增加具有雾化冷凝效果的喷雾喷嘴。该技术可提高冷凝器的冷凝效率，减少新鲜水用量25%以上。

4.无滤布真空吸滤技术

无滤布真空吸滤技术适用于亚硫酸法制糖清净工序。采用无滤布真空吸滤机替代有滤布真空吸滤机，使用不锈钢网代替传统滤布作为过滤介质，在真空作用下实现固液分离。该技术不使用滤布，不产生洗滤布水，可减少企业新鲜水用量30%以上，减少滤布清洗废水有机污染负荷70%以上。

3.5.4.3 甜菜制糖清洁生产工艺

1.流洗水循环利用

流洗水循环利用技术适用于流送洗涤工序。在流送洗涤工序后设置辐流式沉淀池，流洗水（流送水和洗涤水）经沉淀泥沙后循环利用。该技术可减少新鲜水补充量。流洗水循环利用率可达60%以上，流洗水量可控制5～7t/t甜菜。

2.真空泵隔板冷凝技术

真空泵隔板冷凝技术适用于蒸发、煮糖工序。在蒸发、煮糖工序配套干式逆流的隔板式冷凝器和高效真空泵，利用隔板式冷凝器将蒸汽冷凝成水，再用高效真空泵将不凝气体抽走。该技术冷凝效果较好，真空度较高且稳定，可减少新鲜水用量 20%以上。

3.压粕水回用技术

压粕水回用技术适用于甜菜粕压榨工序。压粕水首先进入一级处理水箱进行初步沉淀，去除其中的粗杂质，再由水泵打入旋流除渣器进一步去除碎粕等杂物，出水与新鲜的渗出水通过计量装置按比例分配至渗出器，替代部分新鲜水。压粕水产率可达甜菜量的 45%～65%。整个过程全封闭运行，压粕水回用率可达 100%。

第4章　制浆造纸业污染防治

4.1　制浆造纸业概况

4.1.1　制浆造纸业发展概况

造纸术是中国四大发明之一，也是人类文明史上的一座里程碑。纸张不仅承担着记录、传播文化的重任，同样也是不可或缺的重要物品，在包装、卫生、货币、装饰、餐饮等领域发挥着无法替代的作用。从用途上看，纸品可分为：包装用纸、印刷用纸、工业用纸、文化用纸、生活用纸和特种纸等类，每一类中又有许多品种，具备不同的特性，提供不同的用途，在人们生活中发挥着其独特的功能。造纸工业也因此成为世界上各个国家工业体系中非常重要的组成部分。随着世界科技、文化、教育的发展，纸的功能不断拓展，世界造纸工业仍将持续稳定发展，被公认为“永不衰竭”的行业。

据中国造纸协会调查资料，2013 年全国纸及纸板生产企业约 3400 家，全国纸及纸板生产量 10110 万 t，消费量 9782 万 t。2004—2013 年，纸及纸板生产量年均增长 8.26%，消费量年均增长 6.74%，见图 4-1。

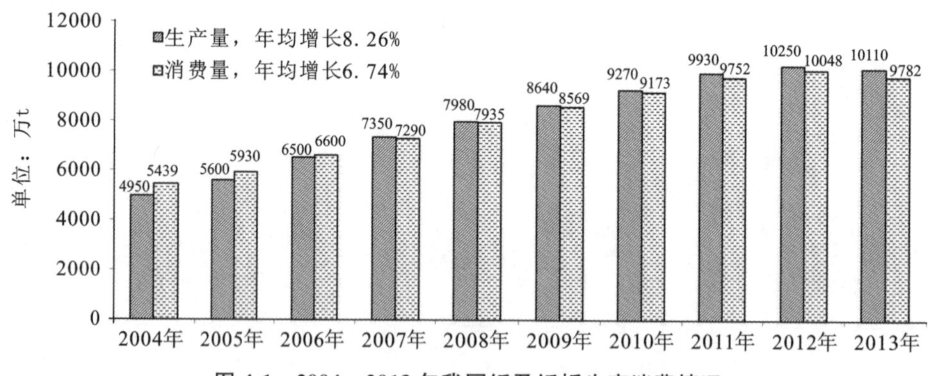

图 4-1　2004—2013 年我国纸及纸板生产消费情况

纸浆是纸张产品的原材料。联合国粮食及农业组织（FAO）数据显示，2015 年全球纸浆产量达 1.81 亿 t。纸浆产量最大的前 5 位国家分别为美国（4840.5 万 t）、巴西（1722.6 万 t）、加拿大（1700 万 t）、中国（1683.3 万 t）和瑞典（1108.7 万 t），这 5 个国家占全球纸浆总产量比例高达 61.2%。从产品类别来看，产量最大的纸浆为化学木浆，产量达 1.34 亿 t，占总产量的 74.31%；其次分别为机械木浆（2534.2 万 t，14.01%），化机浆（899.5 万 t，4.97%）和其他纤维浆(1214.5 万 t,6.71%)。

随着我国经济、社会的发展,文化、包装、居民生活中对纸品的品质和用量的需求也在不断提高。我国是全球造纸行业最重要的成长型市场,2017 年我国纸及纸板的生产量和消费量均居全球第一,约占全球总量的四分之一。国内纸浆产量不能满足消费需求,因此我国也是全球纸浆进口规模最大的国家。中国造纸协会数据显示,2016 年我国纸浆总产量 7925 万 t。其中,木浆总产量为 1005 万 t,废纸浆总产量为 6329 万 t,非木浆总产量 591 万 t;进口木浆总量为 1881 万 t,进口依赖度较高。同年,我国纸浆消耗总量 9797 万 t,较上年增长 0.68%。木浆消耗中 1005 万 t 为国产,1881 万 t 为进口,占比 65.07%;废纸浆中,国产废纸制浆 4021 万 t,进口废纸原料制浆 2308 万 t,占比 36.47%。

4.1.2 制浆造纸业产业政策

受行业政策以及下游需求变化的影响,2016 年我国各主要纸种产量增减不一。在近年来供给侧改革、淘汰落后产能的背景下,大量中小纸厂落后产能被关停,大型造纸企业则稳步扩大产能,提高产量。受下游需求行业增速差异影响,不同纸种产量变化迥异:生活用纸、白卡纸、箱板纸、白板纸产量上升,而双胶纸、双铜纸、瓦楞纸产量小幅下降。

2016 年中国纸及纸板生产量 12319.2 万 t,是世界上最大的纸及纸板生产国,占世界总生产量的四分之一以上。在巨大的生产量背后,是对原料的巨大需求。以双胶纸、双铜纸、生活用纸、白卡纸这四种以木浆为主要原料的纸种为例,其 2016 年产量分别为 803.7 万 t、458.3 万 t、927.9 万 t、690 万 t,结合前述原料构成,可计算出 2016 年这四种主要纸种所需木浆量达 2563.7 万 t,远远超过 2016 年国内1005 万 t的木浆生产量,如此庞大的原料缺口,直接导致木浆进口依赖度居高不下。

2018 年 1 月 12 日,环保部公示 2018 年第三批固体废弃物原料进口许可证获批名单。此轮名单一共获批 7 家废纸利用企业,总核定废纸进口量约 46.6 万 t。进口固体废弃物政策调整对于我国废纸进口量产生了重大影响。此外,2018 年 1 月 7 日,财政部、国家发展改革委、环境保护部、国家海洋局四部门联合下发《关于停征排污费等行政事业性收费有关事项的通知》,正式停征 VOCs 排污收费。从国家和地方公布的政策来看,未来排污"一证式"管理将成为造纸行业环保工作的重点。因此,我国造纸行业未来发展的重点是推进污染防治和废纸回收利用,加大废纸进口限制力度。

2016 年以来,我国连续发布了多项政策力促造纸行业可持续发展。这些政策集中在造纸污染防治、废纸回收利用、废纸进口限制等方面。

在国家环保政策的引导下,2017 年各地纷纷结合实际情况加大了造纸行业污染治理的力度。根据国家最新的《产业结构调整指导目录》,国家鼓励以下工程的建设:①单条化学木浆 30 万 t/a 及以上、化学机械木浆 10 万 t/a 及以上、化学竹浆 10 万 t/a 及以上的林纸一体化生产线及相应配套的纸及纸板生产线(新闻纸、铜版纸除外)建设,采用清洁生产工艺、以非木纤维为原料、单条10万t/a及以上的纸浆生产线建设；②先进制浆、造纸设备开发与制造；③无元素氯(ECF)和全无氯(TCF)的化学纸浆漂白工艺开发及应用。

国家限制在缺水地区、国家生态脆弱区开展纸浆原料林基地建设。而对于以下工程及设备，国家实行淘汰制度，包括：①严重缺水地区建设灌溉型造纸原料林基地；②石灰法地池制浆设备；③单条1万t/a及以下、以废纸为原料的制浆生产线；④幅宽在1.76m及以下并且车速为120m/min以下的文化纸生产线，幅宽在2m及以下并且车速为80m/min以下的白板纸、箱板纸及瓦楞纸生产线；⑤YX01、YX02、YX03型系列压纸型机，HX01、HX02、HX03、HX04型系列烘纸型机。

4.2 制浆造纸原材料及工艺

4.2.1 制浆造纸业原材料

纸浆是以植物纤维为原料，经不同加工方式加工制成的纤维状物质，其依照原料来源、加工方式、加工程度等可以分为很多细分品种，并可广泛应用于造纸、人造纤维、塑料、化工等领域。

纸浆依照原料来源主要分为木浆、废纸浆和非木浆。木浆分为两大类，分别是针叶浆(包括马尾松、落叶松、红松、云杉等树种的木浆)和阔叶浆(包括桦木、杨木、椴木、桉木、枫木等树种的木浆)，一般针叶浆具有比阔叶浆更强的韧度与可拉伸性，因此在木浆的使用中通常会掺入一定比例的针叶浆以增强纸张韧性；废纸浆是废纸在回收后经过分类筛选，温水浸涨，被重新打成纸浆以期再次利用的纸浆；非木浆主要有三类：禾科纤维原料浆(如稻草、麦草、芦苇、竹、甘蔗渣等)，韧皮纤维原料浆(如大麻、红麻、亚麻、桑皮、棉杆皮等)和种毛纤维原料浆(如棉纤维等)。

纸浆按照加工工艺分为机械制浆、化学制浆、半化学制浆(表4-1)。机械制浆是指单纯利用机械磨解作用，将纤维原料(主要是木材)制成纸浆的方法，其产品统称为机械浆；化学制浆是指用化学药剂对原料进行处理而制造纸浆的方法，其产品统称为化学浆；半化学制浆又称化学机械制浆。

表4-1　制浆造纸工艺分类

分类标准	主要类别	特征
原料来源	木浆/非木浆/废纸浆	木浆主要分为针叶浆和阔叶浆，一般针叶浆比阔叶浆具有更强的韧度和可拉伸性
加工工艺	机械浆/化学浆/化学机械浆	无论机械法还是化学法，都需要使用一定量的化学品作为蒸煮剂或其他工艺中的辅料
加工程度	精制浆/漂白浆/半漂浆及本色浆	不同白度的纸浆可应用于不同纸品的制造，比如精制浆用于高档印刷纸、本色浆常用于半透明纸等

纸浆作为最重要的造纸原料，下游造纸业的发展情况直接决定了纸浆行业的需求。根据纸种的不同用途，其所需的原料与构成也不同，生活用纸、文化纸采用木浆作为主要原料，而包装纸则主要采用废纸浆作为原材料，具体原料比例见表 4-2。

表 4-2　制浆造纸原料分类

分类	纸种	主要纸浆原料	每吨原料构成
文化纸	双胶纸	木浆	阔叶浆 0.56t，针叶浆 0.16t，化机浆 0.12t
	双铜纸		阔叶浆 0.45t，针叶浆 0.15t，化机浆 0.15t
生活用纸	卫生纸		阔叶浆 0.77t，针叶浆 0.33t，挂浆工艺 阔叶浆 0.73t，针叶浆 0.31t，喷浆工艺
包装纸	白卡纸	废纸浆	阔叶浆 0.30t，针叶浆 0.10t，化机浆 0.40t
	白板纸		美废纸 0.80t，废报纸 0.30t
	瓦楞纸		黄板纸 1.15t，玉米淀粉 0.05t
	箱板纸		黄板纸 1.40t，玉米淀粉 0.05t

4.2.2　典型制浆工艺过程及污染物产生节点

制浆造纸企业是技术密集型企业，生产工艺和设备复杂，物料繁多。造纸纤维原料从原态到被制成可提供销售、使用的成品纸一般经历备料、制浆、抄造、后加工几个阶段。除了上述工艺段之外，制浆造纸企业还包括蒸汽制备、用水预处理、蒸煮液制备及回收、白水回收、污水处理等辅助工程和环保工程。

4.2.2.1　备料工艺

造纸所用的原料主要分为植物纤维和非植物纤维两大类，目前国际上的造纸原料主要是植物纤维，比如针叶树木材和阔叶树木材（如落叶松、马尾松、杨木、桦木等）、草类植物（如芦苇、竹、芒秆、麦草、稻草、蔗渣等）、韧皮纤维和种毛纤维（如亚麻、黄麻、洋麻、檀树皮、棉花、棉短绒等），以及各类废纸等。

备料就是为满足生产需要对贮存的原料进行加工处理的生产过程，对造纸纤维原料在化学蒸煮或机械磨解之前进行必要的处理，以除去杂质，并将原料按要求切成一定的规格。备料的基本过程大致分为：原料的贮存、原料的处理、处理后料片的贮存，原料种类不同其备料过程也存在差异。

典型的原木备料工艺如图 4-2 所示。

典型的麦草干法备料工艺如图 4-3 所示。

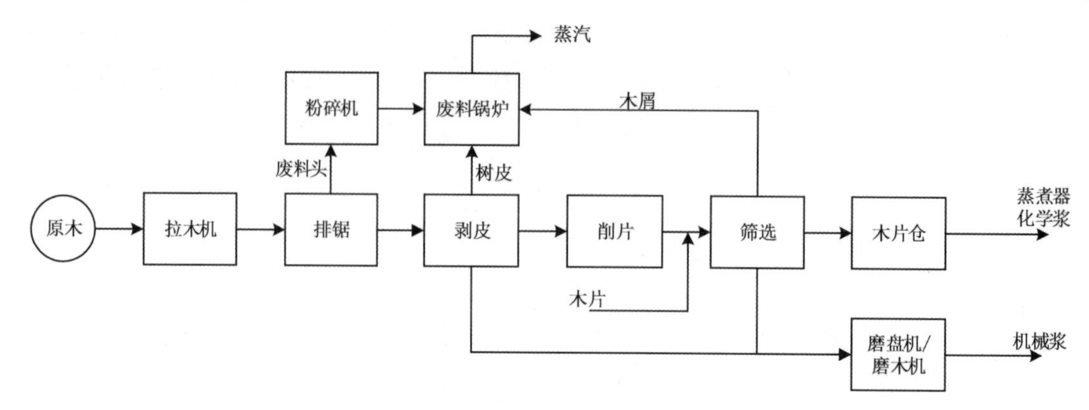

图 4-2　原木备料工艺流程图

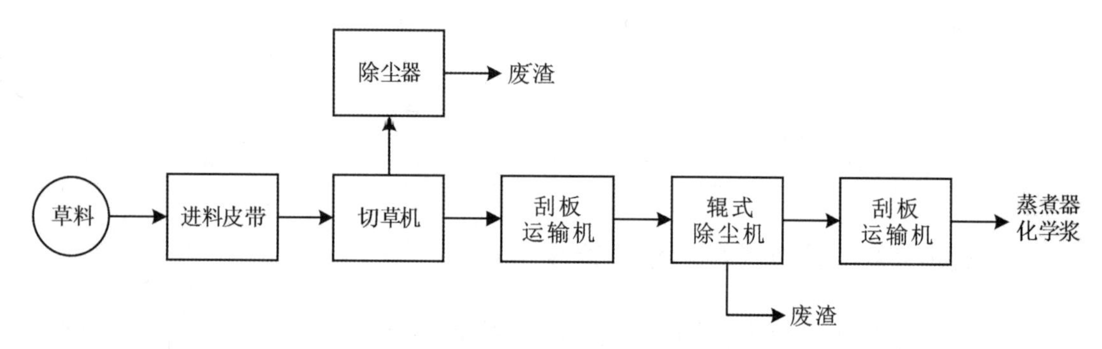

图 4-3　麦草干法备料工艺流程图

4.2.2.2　制浆工艺

1.化学法制浆

应用较为广泛的碱法制浆工艺主要是烧碱法和硫酸盐法，此外还包括多硫化钠法、碱性亚硫酸钠法、中性亚硫酸钠或亚硫酸铵法等，这些工艺中的蒸煮液均呈碱性，因而被称为碱法制浆。烧碱法制浆工艺属于较老的制浆方法，也是第一个被认可的化学制浆法。烧碱法是利用 NaOH 的强碱溶液脱除原料中的木素，主要用于麦草制浆，用于木浆较少。烧碱法制浆工艺是硫酸盐法工艺的前驱。

硫酸盐法为德国的 C.F.达尔在 1884 年所发明。该工艺中蒸煮液的有效成分是氢氧化钠（烧碱）和硫化钠，用硫酸钠补充硫化钠在生产过程中的损失，故被称为硫酸盐法。硫酸盐法蒸煮工序，废液中的化学药品和热能易于回收，所得纸浆的机械强度较好，适用于几乎各种植物纤维原料，因而在工业上得到了最为广泛的应用。

典型的碱法或亚硫酸盐法非木材制浆工艺流程图如图 4-4 所示。

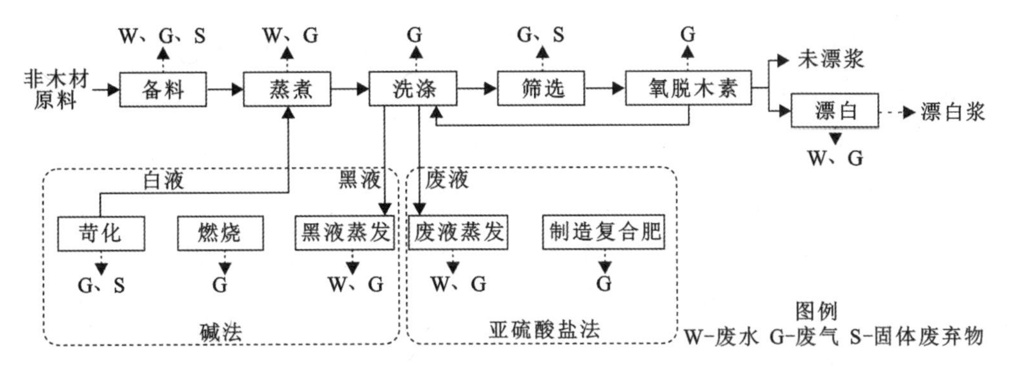

图 4-4　典型碱法或亚硫酸盐法非木材制浆工艺及产污节点示意图

化学法制浆工艺相对复杂，植物原料经备料工段处理后进入蒸煮工段，在化学药液作用下蒸煮得到的粗浆经过洗涤、筛选工段净化，再根据需要通过氧脱木素及漂白工段生产纸浆。通常木(竹)采用硫酸盐法制浆，非木(竹)采用烧碱法或亚硫酸盐法制浆。硫酸盐法或烧碱法制浆洗涤工段产生的黑液经蒸发后进入碱回收炉燃烧，燃烧后的熔融物经苛化工段产生白液和白泥。白液作为蒸煮药液回到蒸煮工段。木浆生产产生的白泥通过石灰窑煅烧生产氧化钙回用到苛化工段；非木浆生产产生的白泥作为制备碳酸钙的原料或其他用途，一般不配套石灰窑。亚硫酸盐法制浆洗涤工段产生的废液经蒸发后综合利用。

化学法制浆工艺各工段采用的技术包括：备料工段主要包括原木的干法剥皮，竹材的干法备料，麦草及芦苇的干法、干湿法备料，蔗渣的湿法堆存；蒸煮工段主要包括连续蒸煮、间歇蒸煮；洗涤工段主要包括压榨洗浆、置换洗浆、压力洗浆、真空洗浆等；筛选工段主要包括压力筛选和全封闭压力筛选；氧脱木素为可选工艺，常见为一段或两段氧脱木素；漂白工段主要是无元素氯漂白工艺；碱回收工段由蒸发、燃烧、苛化及石灰回收组成。

化学法制浆工艺各废弃物的产生情况如下：

废水主要由备料、蒸煮、漂白、蒸发等工段产生，污染物主要为化学需氧量(COD_{Cr})、五日生化需氧量(BOD_5)、悬浮物(SS)及氨氮。各污染物产生浓度：COD_{Cr} 1200～2500mg/L，BOD_5 350～800mg/L，SS 250～1500mg/L，氨氮 2～5mg/L。

废气污染物主要为备料产生的粉尘，蒸煮、洗涤、筛选、黑液(废液)蒸发、污水处理厂等工段产生的臭气，碱回收炉、石灰窑产生的烟尘、二氧化硫及氮氧化物等。硫酸盐法制浆臭气主要为硫化氢、甲硫醇、甲硫醚及二甲二硫醚等，烧碱法制浆臭气主要为甲醇等挥发性有机物，亚硫酸盐法制浆臭气主要为氨等，污水处理厂臭气主要为氨、硫化氢。

固体废弃物主要为备料工段产生的树皮和木(竹)屑、麦糠、苇叶、蔗髓及砂尘等废渣，筛选工段产生的节子和浆渣，碱回收工段产生的绿泥、白泥、石灰渣，污水处理厂产生的污泥等。

噪声主要来自剥皮机、削片机、传动装置、泵、风机和压缩机等设备运转，以及间歇喷放或放空，压力、真空清洗或吹扫等过程。噪声水平一般为 78～110dB(A)。

2.化学机械法制浆

典型化学机械法制浆工艺流程图如图 4-5 所示。

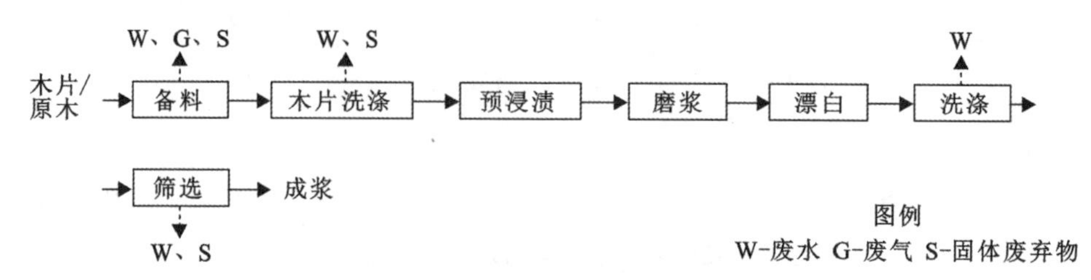

图 4-5　典型化学机械法制浆工艺及产污节点示意图

与化学法制浆工艺相比，化学机械法制浆工艺相对简单，植物原料经备料工段处理后，在化学药液作用下预浸渍，而后送磨浆工序对原料进行磨解，再经漂白处理后进行洗涤、筛选生产纸浆。

化学机械法制浆工艺各工段采用的技术：备料工段主要为原木的干法剥皮；磨浆工段主要包括一段磨浆、二段低浓磨浆；洗涤工段主要包括螺旋压榨洗浆、真空洗浆等；筛选工段主要包括压力筛选和全封闭压力筛选。

化学机械法制浆工艺各废弃物的产生情况如下：

废水主要由备料、木片洗涤、洗涤、筛选等工段产生，污染物主要为 COD_{Cr}、BOD_5、SS 及氨氮。各污染物产生浓度：COD_{Cr} 6000～16000mg/L、BOD_5 1800～4000mg/L、SS 1800～3800mg/L、氨氮 3～5mg/L。

废气污染物主要为备料产生的粉尘；污水处理厂产生的臭气，即氨、硫化氢；废液采用碱回收系统处理时，碱回收炉产生的烟尘、二氧化硫及氮氧化物等。

固体废弃物主要为备料工段产生的树皮和木屑等废渣、筛选工段产生的浆渣、污水处理厂产生的污泥等。

噪声主要来自剥皮机、削片机、磨浆机、传动装置、泵、风机和压缩机等设备运转，以及压力、真空清洗或吹扫等过程。噪声水平一般为 78～110dB(A)。

3.废纸制浆

废纸制浆不但可以节约宝贵的木材资源，提高废物利用率，同时其产生的污染负荷也远远低于化学制浆，对于造纸行业来说具有重要的意义。废纸制浆一般分为脱墨浆和非脱墨浆(图 4-6 和图 4-7)，以脱墨浆为主。非脱墨浆主要用来生产箱板纸、瓦楞纸以及低级的板纸等。脱墨浆按脱墨形式可分为洗涤法和浮选法，目前应用较广泛的是将二者相结合的工艺。脱墨浆的生产流程主要包括废纸的离解、废纸浆的筛选与净化、废纸浆的脱墨、浆料的浓缩与存储、热分散等。

典型的脱墨废纸制浆工艺和非脱墨废纸制浆工艺见图 4-6、图 4-7。

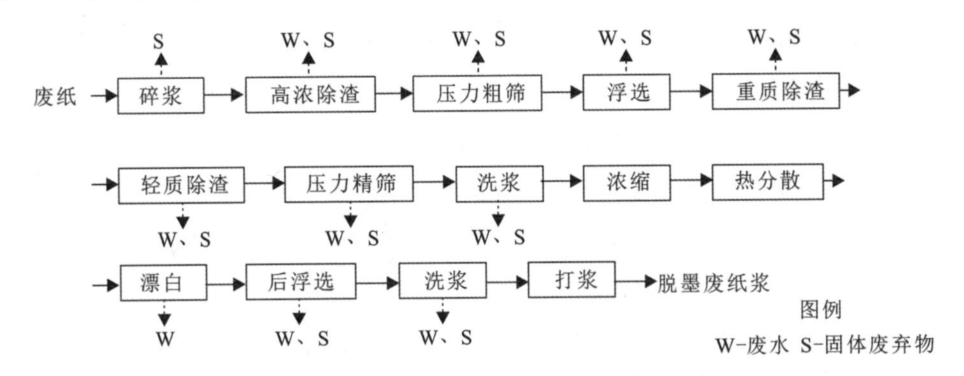

图 4-6　典型脱墨废纸制浆工艺及产污节点示意图

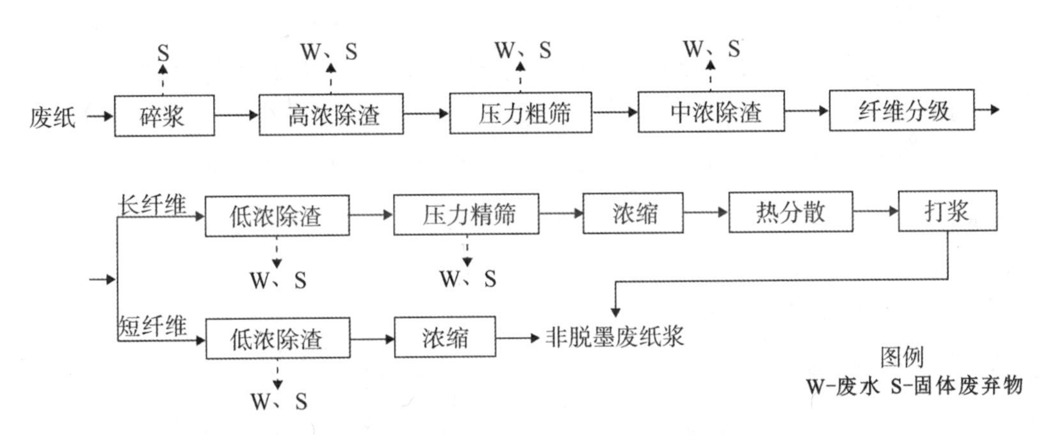

图 4-7　典型非脱墨废纸制浆工艺及产污节点示意图

废纸制浆工艺流程简单，污染负荷较低。废纸经分选后进入碎浆工段碎解，解离成纤维后，通过除渣、筛选工段净化，再根据需要进行脱墨和漂白生产纸浆。

废纸制浆工艺各工段采用的技术包括：备料工段主要为废纸原料分选，脱墨工段主要包括浮选脱墨、洗涤脱墨，漂白工段主要采用过氧化氢漂白。根据纸浆质量的要求，还可配套热分散或纤维分级技术。

废纸制浆工艺各废弃物的产生情况如下：

废水主要由洗涤、筛选、脱墨及漂白等工段产生，主要污染物为 COD_{Cr}、BOD_5、SS 及氨氮。各污染物产生浓度：COD_{Cr} 1200～6500mg/L、BOD_5 350～2000mg/L、SS450～3000mg/L、氨氮 2～15mg/L。

废气为污水处理厂产生的臭气，成分主要为氨、硫化氢。

固体废弃物主要为碎浆工段产生的砂石、金属及塑料等废渣，筛选工段产生的油墨微粒、胶黏剂、塑料碎片及填料等，浮选产生的脱墨渣，污水处理厂产生的污泥等。

噪声主要来自碎浆机、磨浆机、热分散系统、泵、风机和压缩机等设备运转，以及压力、真空清洗或吹扫等过程。噪声水平为85～110dB(A)。

4.2.2.3 抄造工艺

抄造是将纸浆加工为成品纸的过程,其主要工作是稀释浆料使其中纤维在网部均匀交织,然后经过脱水、干燥、压光、卷纸、裁切、包装,最终得到可以使用的纸张。抄造的方法可以分为干法和湿法两大类,其主要区别在于运载纸浆的介质不同。干法造纸以空气为介质,主要用于合成纤维抄造不织布、尿片等;湿法造纸以水为介质,适用于植物纤维抄纸,是目前应用最广泛的抄造工艺。抄造工艺的主要过程包括:

筛选:将纸浆稀释成较低浓度,并借助筛选设备筛除杂物及未解离的纤维束,保持上网前的纸浆品质。

网部:将经过筛选的稀浆料喷附在循环铜丝网或塑料网上,使其均匀分布和交织;

压榨部,输送附有毛布的湿纸通过压榨辊,借压力和毛布吸水作用使湿纸脱水,纸质紧密及强度增加。

添料和施胶:通过添加化学助剂以提高纸张的某些物理特性(如不透明性、白度、平滑度等)、机械性能(如柔软性等)、适印性,以及抗湿和抗液体渗透能力。

烘缸:将湿纸经过多个内部通有热蒸气的圆筒烘缸表面,使纸张干燥。

卷取:由卷纸机将纸幅卷成纸卷。

典型抄造的工艺流程见图4-8。

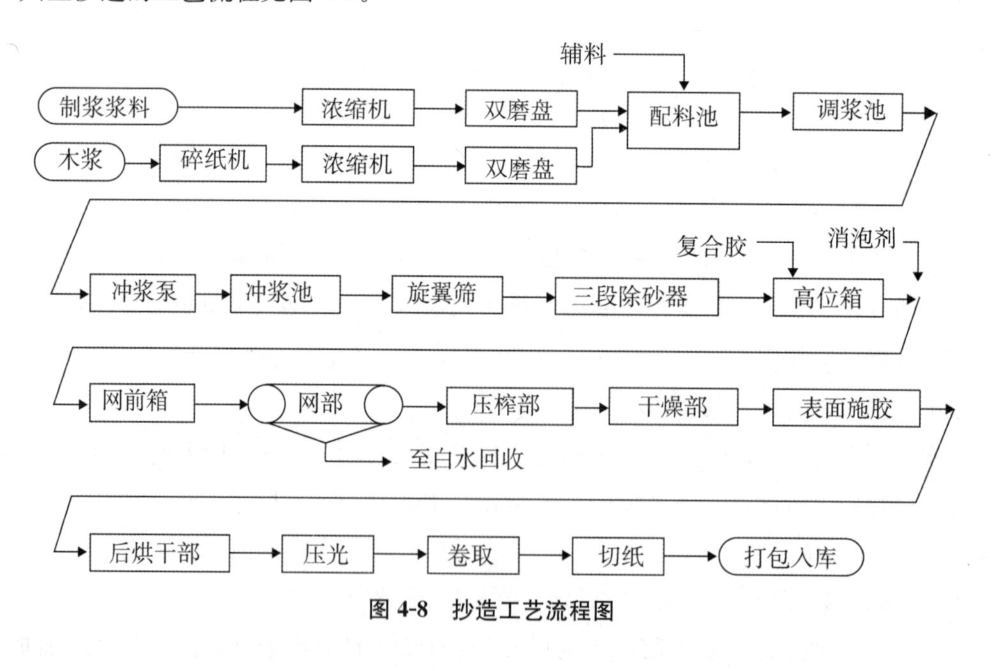

图4-8 抄造工艺流程图

纸张抄造所用的设备分三大类,即长网造纸机、圆网造纸机和夹网造纸机。

长网纸机的应用最为广泛,其主要特征是具有一个由无端网构成传送带式的成形部。

由湿部（包括流浆箱、成形器、压榨部）和干部（干燥、压光、卷取）组成。根据成形器和干燥烘缸的数量，可分为单长网、双长网、多长网、长网多缸、杨克式等机型；按车速又可分低速纸机和高速纸机，一些大宗产品的造纸机车速可超过 1200m/min，幅宽达 10m。

圆网纸机是以圆网为成形器的造纸机，一般由 1～2 个成形器、一道压榨、一道托辊压榨和 1～2 个直径较大的烘缸组成，可用于文化用纸或包装纸类的生产。圆网造纸机结构简单、造价低，多为一般中小造纸厂采用。根据成形器和干燥烘缸配置数量的不同，又有单圆网单缸纸机、双网双缸纸机、多网多缸纸板机等。

夹网纸机属于较为新型的造纸机。其主要结构特征是：流浆箱置于网部的上端，并设有对称安装呈楔形的两张长网，该网称为夹网成形器。该成形器可以通过贴合形式的控制来灵活调整生产纸品的需求。夹网纸机的干燥部、压光部、卷取部等结构与一般长网造纸机基本相同。夹网纸机的设计车速可高达 2000m/min，成纸的质量较好，能够生产各种文化用纸和生活用纸等。

虽然抄造过程产生的污染物类型及量较制浆过程少，但也是制浆造纸工艺中不容忽视的产污环节。以机制纸和纸板的抄造工艺为例，图 4-9 为典型机制纸及纸板制造工艺流程图。

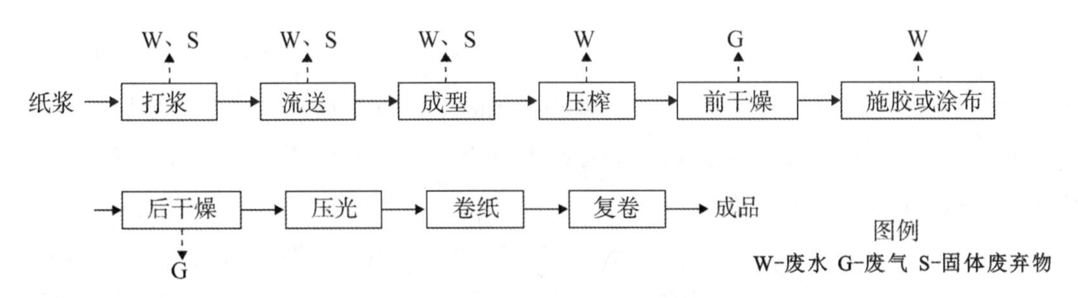

图 4-9　典型机制纸及纸板制造工艺流程图及产物节点

机制纸及纸板制造生产工艺如下：外购商品浆或自产浆经打浆工段进行碎浆或磨浆，由流送工段配浆并去除杂质后，上网成型，经压榨部脱水，干燥部烘干，并根据产品要求选择施胶或涂布，再经压光、卷纸生产纸或纸板。

机制纸及纸板制造生产工艺各工段采用的技术：压榨部主要技术包括宽压区压榨及常规压榨；干燥部采用烘缸干燥的配套技术主要包括烘缸封闭气罩、袋式通风及废气热回收；成型、压榨部可进行纸机白水回收及纤维利用，施胶或涂布工段可采用涂料回收利用技术。

上述工艺中主要污染物产生情况包括：

废水主要由打浆、流送、成型、压榨、施胶或涂布等工段产生，主要污染物为 COD_{Cr}、BOD_5、SS 及氨氮。各污染物产生浓度：COD_{Cr} 500～1800mg/L、BOD_5 180～800mg/L、SS250～1300mg/L、氨氮 1～3mg/L。

废气为污水处理厂产生的臭气，主要为氨、硫化氢。

固体废弃物主要为打浆、流送工段产生的浆渣，成型工段产生的废聚酯网，污水处理厂产生的污泥等。

噪声主要来自磨浆机、泵、传动装置、风机和压缩机等设备运转，以及压力、真空清洗或吹扫等过程，噪声水平一般为 78～110dB(A)。

4.3 制浆造纸污染防治及清洁生产工艺

4.3.1 行业污染物排放概况

我国制浆造纸工业经过多年发展，环境管理水平整体有了长足的进步。据统计，造纸工业平均 COD 负荷已由 1998 年的 462kg/万元产值降到 2004 年的 75kg/万元产值，废水达标排放率也已达 87.5%。但由于造纸行业发展快、资源耗用量大、原料种类繁多、中小企业多、技术更新缓慢，造纸工业依然是排污大户，尤其是废水排放量巨大，对环境的影响比较严重。据统计，2009 年我国造纸工业每年废水排放量达 40 多亿 t，约占全国工业废水排放总量的 20%。废水中 COD 的排放量占全国 COD 工业排放总量的 28.9%，在各行业中位于第一；氨氮排放量占全国工业排放总量的 11.2%。除此之外，制浆造纸过程中的废气、烟尘和固体废弃物排放也不能忽视。国家统计局 2005 年统计公报数字表明，造纸工业排放的 SO_2、NO_2 等废气总量约为 4515 亿 m^3，烟尘排放总量为 24.08 万 t；生物污泥、碱回收白泥、脱墨污泥和纸渣等固体废弃物排放量为 1243 万 t。

以碱法草浆工艺的废水为例，典型的碱法制浆造纸工艺中，废水按工序分为三类：一是制浆蒸煮废液，通称造纸黑液，其中所含污染物占全厂污染排放总量的 90%以上；二是纸浆的洗、选、漂工艺段排水，也称中段水，是黑液提取不完全所剩下的部分，占总量的 10%左右；三是抄造过程中纸机排放的白水，可以处理后部分回用。

黑液排放是造纸厂污染的主要根源。造纸所用植物原料均含有纤维素、木质素和半纤维素(聚糖类)三大成分。造纸主要利用纤维素，蒸煮制浆就是尽可能多地获得原料中的纤维素，并不同程度地获取半纤维素，而其他木素、剩余半纤维素和加入的蒸煮药剂则一起进入黑液中而被抛弃。就数量而言，以麦草为例，纤维素仅占 40%，木质素约 25%，半纤维素约 28%，即制浆厂仅利用了原料的 40%，而丢弃了原料的 60%，因而纸厂排放污染物数量是十分惊人的。

我国绝大部分造纸厂采用碱法制浆而产生黑液。黑液是指用烧碱法和硫酸盐法直接蒸煮原料而产生的废水，其中含有有机物和无机物两大类物质。有机物主要是碱木素、半纤维素和纤维素的降解产物，如挥发酸、醇等；无机物中绝大部分是各种钠盐，如硫酸钠、碳酸钠、氢氧化钠以及硫化钠等。黑液具有高浓度和难降解的特性，它的治理一直是一大难题。

一般碱法制浆废水成分如表4-3所示。

一些企业制浆黑液成分见表4-4。

表4-3　某企业碱法制浆废水成分一览表

成分	原料						
	红松	落叶松	马尾松	蔗渣	苇	稻草	麦草
W(固形物)/%	71.49	69.22	70.33	68.36	69.72	68.70	69.00
W(有机物)/%	41.00	43.90	37.00	34.10	42.40	—	31.60
木素挥发酸	7.84	11.48	11.35	16.20	12.68	17.70	13.30
W(无机物)/%	51.16	44.62	51.62	49.70	45.02	—	52.70
总碱	89.60	90.60	87.00	60.80	85.00	—	—
Na_2SO_4	3.64	1.89	2.25	3.30	5.30	—	—
SiO_2	0.75	1.89	0.75	7.44	8.83	15.00	23.90
其他	6.01	7.51	10.00	28.46	0.87	—	—

表4-4　某企业碱法制浆黑液成分一览表

指标	pH值	波美度	总碱/$g \cdot L^{-1}$	有机物/$g \cdot L^{-1}$	固形物/$g \cdot L^{-1}$	木质素/$g \cdot L^{-1}$	COD/$mg \cdot L^{-1}$	BOD/$mg \cdot L^{-1}$
数值	12	7.3	31.3	93.2	129	23.5	93000	43344

根据环境保护部资料，2012年统计的5235家制浆造纸及纸制品企业用水总量为121.30亿t，其中新鲜水量为40.78亿t，占工业总耗新鲜水量472.12亿t的8.64%；重复用水量为80.51亿t，水重复利用率为66.37%，万元工业产值(现价)新鲜水用量为57.2t。

造纸工业2012年废水排放量为34.27亿t，占全国工业废水总排放量203.36亿t的16.9%。排放废水中化学需氧量(COD)为62.3万t，占全国工业COD总排放303.9万t的20.5%，万元工业产值(现价)化学需氧量(COD)排放强度为9kg。排放废水中氨氮为2.1万t，占全国工业氨氮总排放量24.2万t的8.7%，万元工业产值(现价)氨氮排放强度为0.3kg。造纸工业废水处理设施年运行费用为60.4亿元。

2012年造纸及纸制品业二氧化硫排放量49.7万t，氮氧化物排放量20.7万t，烟(粉)尘排放量16.7万t，废气治理设施年运行费用16.3亿元。

制浆造纸工业是国民经济耗能和耗水的大户，虽然没有被列入"高耗能、高污染"的六大行业中，但节能减排仍然是造纸行业一项重要和紧迫的工作，也是一项必须承担的社会责任。从我国造纸工业发展历史和现状来看，造纸一直是节能减排、污染治理的重点行业，主要是因为国内目前仍有不少能耗高、配套设施不到位的落后生产线，给造纸业的节能减排工作带来了非常大的压力。但我们同时也应看到，造纸工业本身的清洁生产潜力巨大：造纸所依赖的纤维原料来源广泛，为可再生资源，产品可循环利用，蒸煮主要化学药品的回收工艺日趋成熟，生产用水循环利用率仍有提升空间。此外，一些具有广泛适用性的清洁生产技术也在迅速发展，对于造纸业循环经济的发展具有积极的推动作用。

4.3.2 湿法及干湿法备料

备料的主要目的是去除原料中的杂质，筛选出优质的部分并加工为易于后续蒸煮的规格形态。稻麦草备料主要是除去谷稞、杂草和尘土等，芦苇需要去除影响品质的杂料、尘土，以及苇梢、苇穗、枝节、外皮等。

传统干法备料主要工序包括：进料、切料、筛选及除尘等。切料是保证原料被适当切断，便于输送、筛选、除尘，并有利于药液的渗透；筛选除尘是除去原料中的杂质，提取出有用部分，较普遍采用的是平筛除尘加双锥除尘或羊角除尘的两段除尘工艺。干法备料有工艺简单、投资少、能耗较低、无备料废水、操作容易等优点，但同时也存在飞尘污染、灰尘等杂质去除不尽而导致制浆用碱量较高、纸浆获得率低、质量差等缺点。

4.3.2.1 干法剥皮技术

原木在连续式剥皮机中做不规则运动，通过摩擦、碰撞，使树皮剥离，剥皮过程不用水。主要设备包括圆筒剥皮机、辊式剥皮机。该技术适用于以原木为原料的制浆企业。与湿法剥皮相比，该技术吨浆用水量明显降低，吨浆节水 3～10t。

4.3.2.2 全湿法备料工艺

全湿法备料技术适用于具有一定规模的麦草制浆生产线，可与连续蒸煮工艺配套使用。全湿法备料包括水力碎解机、螺旋脱水机、圆盘压榨机、输送设备及废水的净化系统等设施，根据对国内调研，该工艺一次性投资为 5 万～7 万元/(t 浆 · d)，单位产品运行成本为 100～150 元/t 浆。

全湿法备料的一般流程如图 4-10 所示。

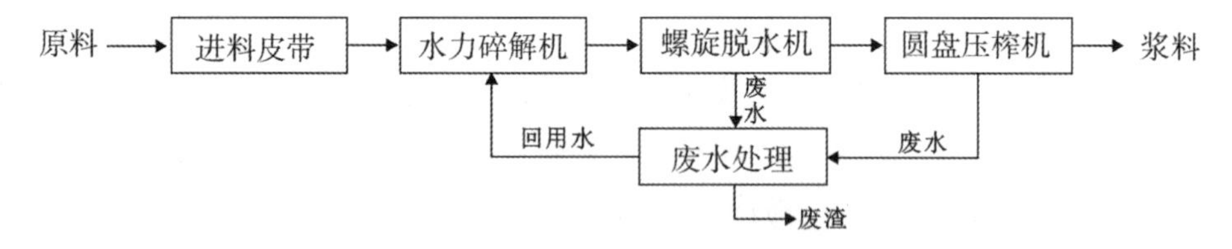

图 4-10 全湿法备料工艺流程图

草料经皮带输送机送入水力碎解机，在碎解机底刀和涡流作用下，草料被打散、切碎并穿过筛孔由碎解机底部泵送至螺旋脱水机脱水，不能通过筛孔的重杂质由碎解机底部的排渣机连续排出。在螺旋脱水机中，草片中的泥沙、尘埃以及被碎解的草叶、草穗、霉草的碎屑等，随同废水穿过螺旋机下半部的筛板排出，从而使草片得到较好的清洗和净化。出螺旋机的清洁草片再经圆盘压榨机压榨，使干度提高到 25%～35%，形成饼状草块。草块经预碎机分散后送至蒸煮工段。同时，由螺旋脱水机和圆盘压榨机排出的废水，经振框筛和锥形离心除砂器二级处理，处理后的废水约 70%被送至碎解机回用。

与干法备料相比，全湿法备料的优点在于：①草捆直接投入水力碎解机，因而无干法备料的噪声和粉尘，同时工作环境和劳动强度都得到改善；②由于水的洗涤作用，草叶、泥沙等废料去除率高，净化效果好，使灰分、苯—醇抽出物含量降低，减少了蒸煮和漂白的化学药品用量，尤其是 SiO_2 的降低有利于黑液的碱回收；③草片被纵向撕裂，草节部分被打碎，有利于后续的药液浸透；④送入蒸煮前的草片水分稳定，有利于控制料液比，尤其是对连续蒸煮工艺非常有利；⑤纸浆得率高，强度好，易于滤水。但该工艺也存在一定的缺点，表现在：①设备一次性投资较高，维护成本也较高；②设备动力消耗大，导致生产成本会有所提高；③增加了工艺用水量和废水排放量，水耗可达 40～60m^3/(t·d)，废水污染负荷也较高，增加了废水处理的负荷。针对用水量增加的情况，部分企业通过利用碱回收工段的蒸发冷凝水来作为备料的清洗水，节水效果明显，是值得推广的思路。

4.3.2.3　干湿法备料工艺

干湿法备料工艺是将干法备料和全湿法备料二者进行了结合，在干法备料的后端加上一段湿法处理，湿法处理环节可以减低粉尘的排放。干湿法备料的一般流程如图 4-11 所示。

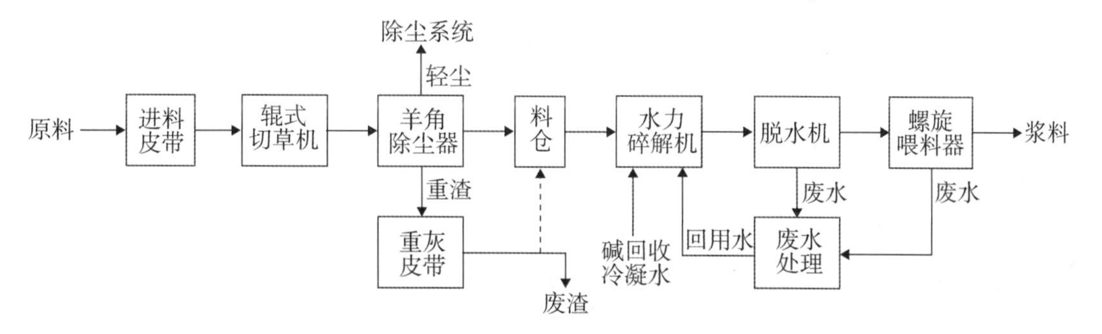

图 4-11　干湿法备料工艺流程图

干草料先经辊式切草机切料，然后经除尘器干法除尘，土、石、砂等较大的重杂质经由重灰皮带送出，作为废渣处理，草叶、草穗、灰尘等轻杂质可送除尘器进一步除尘，除尘系统整体净化效率较高，可显著减轻湿法除杂的负担，提高设备处理能力。经过干法除尘后的草料经皮带送至水力碎解机湿法碎解、洗涤处理，草料在旋转的转子与固定的齿盘间被切断、撕裂、碎解，与此同时也被洗涤，大部分砂石等废渣从排渣口进入刮板排渣机排出。合格的草片通过草片泵，输送到螺旋脱水机进行脱水，同时将混在草片与水中的细小砂、尘、麦粒等杂质随水通过螺旋脱水机的筛孔滤出，然后通过螺旋喂料器送去蒸煮工段。

干湿法备料后续通常与连续蒸煮工艺配套使用。与全湿法备料类似，干湿法结合备料技术也可以显著降低备料工段粉尘类污染物的产生，大大改善工作环境。干湿法结合备料技术在水资源和能源消耗以及污染物排放方面较全湿法备料技术具有更好的经济性，备料废水量平均约 20m^3/Adt，电耗 110～130kW·h/Adt。

干湿法备料可使用碱回收的污冷凝水或其他回用水，减少新水用量。干湿法备料技术可使后端蒸煮黑液中二氧化硅较干法备料减少 30%左右，黏度降低一半，可提高黑液的提取率，降低蒸发器结垢，提高蒸发效率，得到较高浓度的黑液，利于黑液燃烧。由于湿法净化时冷水抽出物的溶出，二氧化硅含量的降低，减少了蒸煮的用碱量1%～2%，浆料易于漂白，可减少漂白剂用量。草叶、鞘等被较多地除去，减少了薄壁细胞、杂细胞数量，使浆料滤水性增加，利于黑液的提取和浆料筛选，可为提高纸机车速创造条件。干切、除尘、湿法净化虽较干法备料增加了设备投资，操作时动力消耗较大，但带来的是成浆质量的提高，化学药品消耗的减少，利于碱回收操作，综合效益大于干法备料。

4.3.3 改良的蒸煮工艺

4.3.3.1 改良型间歇蒸煮技术

通过置换和黑液再循环的方式深度脱木素，主要设备为立式蒸煮锅及不同温度的白液槽和黑液槽。该技术可降低纸浆卡伯值而不影响纸浆性能，与传统间歇蒸煮相比，该技术可有效降低蒸煮能耗，降低蒸汽消耗峰值。

4.3.3.2 立式连续蒸煮

立式连续蒸煮工艺主要适用于化学木(竹)浆生产企业，该工艺包括低固形物蒸煮技术和紧凑蒸煮技术等。系统中的设备包括：木片喂料系统、蒸煮器系统、蒸煮器热回收系统、黑液过滤系统、蒸煮器冷凝水系统和木片仓排出气体冷凝器系统。低固形物蒸煮技术是将木(竹)片浸渍液及大量脱木素阶段和最终脱木素阶段的蒸煮液抽出，大幅降低蒸煮液中固形物浓度的蒸煮技术，该技术可最大限度地降低大量脱木素阶段蒸煮液中的有机物。紧凑蒸煮技术是在大量脱木素阶段，通过增加氢氧根离子和硫氢根离子浓度，提高硫酸盐蒸煮的选择性，并提高该阶段的木素脱除率，从而减少慢速反应阶段的残余木素量。主要设备为立式连续蒸煮器(蒸煮塔)，与传统立式连续蒸煮相比，该技术具有蒸煮温度低、电耗低、纸浆得率高、卡伯值低及可漂性好等特点(图4-12)。该技术与后续氧脱木素技术结合，可使送漂白工段的针叶木浆卡伯值降低10%～14%，阔叶木浆或竹浆卡伯值降低6%～10%。

木片喂料系统是指将木片送入蒸煮器的系统，喂料系统运行的好坏将直接影响到蒸煮系统的运行情况。喂料系统内的设备包括气锁螺旋喂料器、木片仓、木片计量螺旋、木片溜槽和缓冲槽、木片泵、顶部分离器和除砂器等。蒸煮器系统所包含的设备很少，只有蒸煮器和卸料器两个设备，其中蒸煮器是整个蒸煮系统的核心，是将木片转变成粗浆的主体设备。蒸煮器的一种分区方式是分为气相加热区、浸渍区、上抽提区、上蒸煮区、下蒸煮区和洗涤区6个区域；另一种分区方式是将蒸煮器分为顶部预浸区、上抽提区，中循环区和洗涤区4个区域，木片依次通过这些区域而完成浸渍、加热、蒸煮、洗涤等工艺过程。木片与药液一起缓慢地从顶部下移，先进入浸渍区，浸渍温度115℃，浸渍时间为40～60min。然后进入上下两个加热区，木片加热到171℃后，进入蒸煮区，通过时间约60min，木片通过蒸煮区后，即进入热扩散洗涤区，这时木片已经成浆，但仍保持着木片形状。热扩散洗涤就是用120～130℃的稀黑液与木片进行逆流洗涤。热扩散洗涤时间根据总洗涤效率通常为1.5～4h。

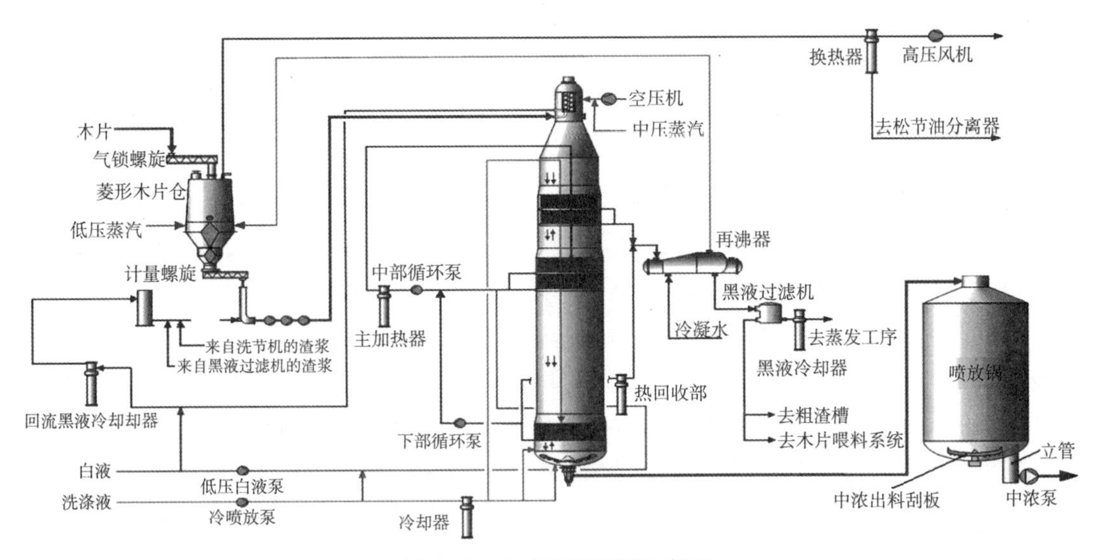

图 4-12　立式连蒸流程示意图

4.3.3.3　横管连续蒸煮

横管式的连续蒸煮工艺适用于草类原料化学浆或半化学浆的制备，其一般流程为：原料→料仓→洗涤→脱水螺旋→回料螺旋→计量器→预热螺旋→螺旋进料器→止逆阀（T 形管）→蒸煮管→中间管→出料器→喷放锅（仓）。

横管连续蒸煮的特点是原料在密闭的蒸煮器内直接由蒸汽迅速加热至蒸煮最高温度约 170℃，根据原料、蒸煮药剂、浸渍条件、成浆质量要求的不同，蒸煮时间为 10～50min，因此总体蒸煮时间较短，效率高。经筛选过的草片由料斗落入计量器内，一对相对旋转的辊子将草片连续定量地送入双辊混合机中。从混合机的顶盖喷嘴按比例将蒸煮液洒到草片上，借两条桨式螺旋输送器进行混合，使草片均匀浸渍，之后由排料口送入预压螺旋内，将已吸收了蒸煮液的草片预先压紧，然后被螺旋进料器均匀地挤压成“料塞”，送入压力约为 1000kPa 的蒸煮管。为了防止蒸汽反喷，与进料器扩散管相对位置装有一个由压缩空气操作的气动止逆阀，加热蒸汽及补充药液由此喷入。料塞落入蒸煮管后便分散为小块，像海绵一样吸收药液，同时受到加热，进入蒸煮阶段，原料体积也基本恢复到原有状态。原料依次由各蒸煮管中的螺旋输送器翻动并推向前进。原料由最下面的一根蒸煮管落入排料装置，经刮料器碎解后由喷放阀喷入喷放锅中。连续蒸煮器的生产能力为 40～300t/d，如需要可采用两套并行的进料装置，配置相对灵活。

连蒸相对间歇蒸煮而言（间歇蒸煮主要指蒸球或蒸锅蒸煮）具有下列的优点：

1）生产连续化，单位容积的生产能力是间歇蒸煮的 5 倍以上；

2）电力及蒸汽的消耗等均衡稳定，无高峰负荷；

3）耗汽量和耗药量可明显降低，可减少污染和废液回收费用；

4）纸浆得率高，粗浆得率提高 4%左右，质量稳定、均匀；

5）自动化程度较高，工人劳动强度低。

4.3.4 洗浆筛选技术

4.3.4.1 多段逆流真空洗浆

多段逆流真空洗浆技术适用于所有化学法制浆企业。

多段逆流真空洗浆技术是通过多台真空洗浆机串联洗浆的一种方式，该技术除最后一台设备需加入新鲜水进行洗涤外，其余各洗浆机均使用前段洗涤后的废液作为洗涤水。

多段逆流真空洗浆系统的主体设备是鼓式真空洗浆机，它是以真空负压产生的抽吸作用力为推动力，将废液透过浆层滤出而得以分离的洗浆设备。真空度的要求一般为200～400mm汞柱。在整个真空系统负压部分均应严格密封，各排出管也必须实行水封避免空气回窜影响真空管。此技术洗涤用水量可降至40m^3以下，黑液提取率一般可达80%以上，提取的浓黑液COD为120g/L左右，稀黑液COD为10～12g/L、SS为18～22g/L。浓黑液直接送入厂内碱回收工段进行处理，稀黑液一部分送入电厂进行废气脱硫，一部分送入中段水处理工段处理，剩余部分残留在纸浆中进入后续工段。鼓式真空洗浆机由一个圆筒转鼓在浆槽中回转而构成，转鼓内部分为若干互不相通的隔室，当转鼓旋转时，相应的隔室借助于真空作用吸附浆液，形成附在转鼓表面的连续浆层，通过黑液吸滤、喷淋洗涤、抽吸过滤等过程洗涤浆料，多台该装置串联洗涤，可得到理想的洁净浆料。

4.3.4.2 封闭式筛选

封闭式筛选净化系统工艺流程简单，占地面积小，筛选效率高，成浆质量好，适用于所有化学法制浆企业。与常规筛选相比，封闭筛选可节水节电50%，吨浆水耗只有30～40m^3，废水回用率100%，废水量降低60%以上。采用全封闭的热筛选，可以大大减少泡沫的形成，而且可以减少系统排放的废水量。该系统的筛选工段会定期排渣，常见的废渣处理处置方式是回收纤维或进行深度处理。

封闭式筛选选用封闭式的粗筛代替开放式的跳筛，以减少空气的混入以及泡沫的产生，有效分离、置换出节子与浆渣中的好纤维和黑液；由于提高了进浆浓度，也减少了稀释水的用量。传统的粗浆洗涤和筛选是两个独立单元，清水分别加入各自系统。筛浆机是低浓常压筛，例如CX筛，属于开放式筛选，用水量及废水量均较大，废水处理负荷高、能耗高。新的洗筛流程是把两者结合在一起，筛选置于最后一台洗浆机之前，采用中浓压力筛进行封闭式热筛选，清水从最后一台洗浆机加入，进行逆流洗涤。压力筛选用新型的楔形波纹筛板和低排渣率转子，最大限度地解决了浆料筛选增浓问题，省去使用低浓除砂器和圆网浓缩机步骤。

4.3.5 无氯漂白工艺

无氯漂白技术主要分为无元素氯漂白技术（ECF）和全无氯漂白技术（TCF）。

无元素氯漂白工艺（ECF）是指采用ClO_2代替氯气作为主要漂白剂的漂白工艺，第三段次氯酸盐漂白以过氧化氢代替。该技术可大大减少废水中AO_X（包括二噁英）物质的产生，并可减少废水的排放，同时纸浆的强度不变，白度高，返黄少。虽然该工艺也产生有机氯化物，但这些化合物氯化度低（90%是一氯代苯酚），毒性较低，易分解，且没有生物毒性。目前国内木浆厂大多数采用此技术，一些规模较大的非木材纤维造纸厂也大多采用此技术。但由于 ClO_2 必须就地制备，投资大，生产成本较高，限制了其在草浆厂的大量推广使用。

全无氯漂白技术（TCF）不使用任何含氯漂剂，用 H_2O_2、O_3 及过氧醋酸等含氧化学药品进行漂白。该工艺可大幅度降低漂白废水污染物的排放，从根本上消除漂白废水中有机氯化物的污染。但因为无氯漂剂的特点，纸浆白度不高，浆的质量也受到限制，浆的成本高，且大部分设备需要引进，所以目前国内化学浆厂采用此技术的很少。

4.3.6　白水零排放技术

4.3.6.1　白水分级回收循环

纸机白水含某些溶解性有机物，易滋生微生物，造成腐浆，影响尾浆的回用；另外随着循环率的增加，因为某些污染物质的积累（如阴离子杂质）和 pH 值的不稳定，影响到施胶效果，所以对纸机白水需要进行比较完整的水处理（如气浮）后再循环利用。白水处理后的 COD 含量应在 300mg/L 以下，SS 在 100mg/L 以下，pH 值为 6～7，zeta 电位接近零。

为了充分利用纸机上的白水，应尽量根据废水浓度分级回收，因为从纸机不同部位脱出的白水的浓度和组成是不同的。例如：纸机网下真空箱之前的网下白水浓度最浓，简称浓白水；而真空箱和压榨部脱出的白水浓度较低，简称稀白水。另外，还有洗毛毯水中含有毛毯毛，应该与网下白水分开回收。纸机系统还有许多地方须用清水作为冷却水来进行间接冷却，如真空泵、液压系统和磨浆机等，间接冷却水未被污染，因此必须与纸机白水分开，单独回收循环利用。

一般造纸机的白水可采用三级循环的方式来处理。其第一级循环是采取网部的白水，用于冲浆稀释系统。第二级循环是网部剩余的白水和喷水管的水等，经白水回收设备处理，回收其中物料，并将处理后的水分配到使用的系统。第三级循环是纸机及其他工段的排水和第二级循环的多余水汇合起来，经水处理设备处理，并将部分处理水分配到使用的系统。

1.第一级循环

真空箱之前的浓白水，其水量及内含的物料量都占网部排水的 60%～90%，这部分白水应全部用于纸料的稀释。一般来说，真空箱之前的纸层干度低于调浆箱处纸料的浓度，因此该部分白水往往可全部被用于稀释，不足的部分用真空箱白水补充。但如果流浆箱中消泡水、网上定边板的拦浆水，以及洗网的清水大量混入，浓白水将用不完，造成二级循环浓度升高，白水回收设备负荷增高。因此，在设计和实践中，应尽量减少清水在浓白水中的混入。

第一级循环系统中还包括低浓除渣器各段渣槽的稀释。这部分水也应采用第一级循环的白水，最好用其中的稀白水。因为浓白水携带的物料量多，稀释到同一浓度所需的白水多，使总液量加大，从而增加净化设备的负荷，增大动力消耗。

2.第二级循环

第二级循环的白水，要经过白水回收设备回收其中的纤维，再回用处理后的水，所以网部剩余的白水将全部投入第二级循环，其他白水，则要根据其纤维含量及水的洁净程度，根据制浆造纸的各个系统的需要来加以选择。

处理后的白水，因处理设备的性能不同、水质不同，可根据具体情况，选择用水部位。对于处理效果好的白水，可作为喷水管用水，处理效果一般的，则可送往打浆调料作为稀释用水。

3.第三级循环

该系统的水，含有许多树脂、油污、粗重杂质等，也含有可回用的填料、纤维，所以应该进一步予以处理，以便回用其中的填料、纤维、水等资源，也利于环保。

常用白水处理技术有：多圆盘过滤机、气浮技术和单纯沉淀塔技术，气浮技术中又有近来开发的浅层气浮和涡凹气浮，以及较经典的压力溶气气浮和射流气浮，还有 A/O 法生化处理技术。一般气浮池不能获得高质量的水，要想回用在纸机上，可使用高效浅层气浮池。

4.3.6.2 白水浅层气浮工艺

气浮分离技术是指空气与水在一定的压力条件下，使气体极大限度地溶入水中，力求处于饱和状态，然后把所形成的压力溶气水通过减压释放，产生大量的微细气泡，与水中的悬浮絮体充分接触，使水中悬浮絮体黏附在微气泡上，随气泡一起浮到水面，形成浮渣并被刮去，从而净化水质。浅层气浮是一个先进的快速气浮系统，其装置集凝聚、气浮、撇渣、沉淀、刮泥为一体。整体呈圆柱形，结构紧凑，池子较浅。装置主体由五大部分组成：池体、旋转布水机构、溶气释放机构、框架机构、集水机构等。进水口、出水口与浮渣排出口全部集中在池体中央区域内，布水机构、集水机构、溶气释放机构都与框架紧密连接在一起，围绕池体中心转动。对于密度接近于水的微小悬浮颗粒的去除，浅层气浮是最有效的方法之一（图 4-13）。

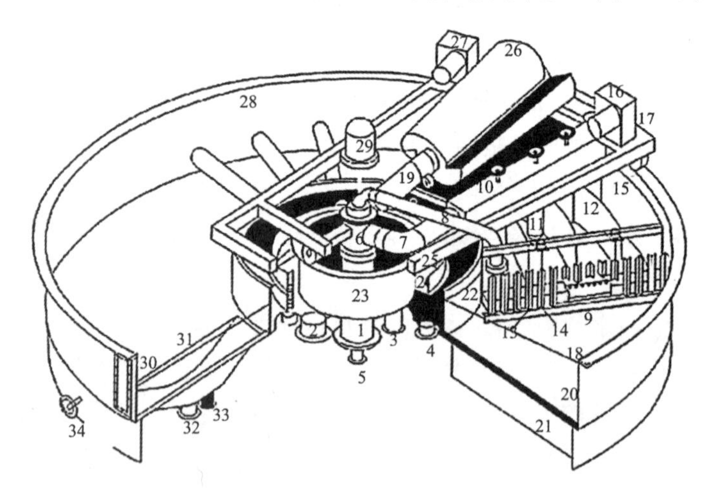

1-原水进口，2-清水出口，3-浮渣出口，4-回流水出口，5-回流水进口，6-旋转进水管，7-柔性接头，8-加压水管，9-旋转布水，10-布水管，11-布水管出口，12-分水板，13-稳流装置，14-池底刮板，15-分水外侧板，16-驱动装置，17-驱动轮，18-池沿，19-浮渣出口，20-池壁，21-池底加强，22-隔流圈，23-浮渣罐，24-溢流罐，25-行走架，26-浮渣收集斗，27-浮渣斗驱动，28-清水收集管，29-集电装置，30-观察窗，31-池底泥斗，32-排空管出口，33-排泥管出口，34-水位控制调节

图 4-13 浅层气浮池示意图

4.4　制浆造纸污染物处理工艺

4.4.1　废水治理技术

4.4.1.1　化学法制浆废水治理

化学浆生产企业废水一级处理多采用混凝沉淀；二级处理采用活性污泥法，通常可选择完全混合活性污泥法、氧化沟或 A/O 处理工艺；三级处理采用 Fenton 氧化、混凝沉淀或气浮。

对于化学法木浆工艺，由混凝沉淀、活性污泥法和混凝沉淀或气浮法组成的三级处理工艺处理后废水中各污染因子浓度：$COD_{Cr} \leqslant 90mg/L$，$BOD_5 \leqslant 20mg/L$，$SS \leqslant 30mg/L$，$NH_3\text{-}N \leqslant 8mg/L$。混凝沉淀、活性污泥法和 Fenton 氧化法组成的三级处理工艺处理后废水中各污染因子浓度：$COD_{Cr} \leqslant 60mg/L$，$BOD_5 \leqslant 20mg/L$，$SS \leqslant 30mg/L$，$NH_3\text{-}N \leqslant 5mg/L$。对于化学法竹浆工艺，上述工艺亦同样适用。

对于化学法蔗渣浆生产工艺，备料工段废水经过预处理后进入厌氧处理单元；制浆废水经一级混凝沉淀处理后，与处理后的备料工段废水混合进入二级活性污泥法处理单元，通常可选择氧化沟处理工艺，三级处理一般采用 Fenton 氧化。化学麦草、芦苇浆生产企业废水一级处理一般采用混凝沉淀，二级处理采用厌氧处理后，进入活性污泥法处理单元，对铵盐基亚硫酸盐法制浆而言，宜选择 A/O 处理工艺，对于碱法制浆而言，通常可选择完全混合活性污泥法或氧化沟处理工艺，三级处理一般采用混凝沉淀或 Fenton 氧化。上述工艺处理后废水中各污染因子浓度：$COD_{Cr} \leqslant 90mg/L$，$BOD_5 \leqslant 20mg/L$，$SS \leqslant 30mg/L$，$NH_3\text{-}N \leqslant 8mg/L$。

4.4.1.2　化学机械法制浆废水治理

化学机械法制浆生产企业废水一级处理一般采用混凝沉淀，制浆废液采用碱回收处置的企业，废水二级处理可采用单独的好氧处理单元；制浆废液进入污水处理系统处理。二级处理采用厌氧与好氧处理相结合的方式，好氧处理单元通常可选择完全混合活性污泥法、氧化沟或 SBR 处理工艺。三级处理采用 Fenton 氧化、混凝沉淀或气浮。混凝沉淀、活性污泥法和 Fenton 氧化法组成的三级处理工艺处理后废水中各污染因子浓度：$COD_{Cr} \leqslant 60mg/L$，$BOD_5 \leqslant 20mg/L$，$SS \leqslant 30mg/L$，$NH_3\text{-}N \leqslant 5mg/L$。

4.4.1.3　废纸制浆废水治理

废纸制浆生产企业废水回收纤维后，一级处理一般采用混凝沉淀或气浮；二级处理采用厌氧与好氧处理相结合的方式，好氧处理单元通常可选择完全混合活性污泥法或 A/O 处理工艺；三级处理采用 Fenton 氧化、混凝沉淀或气浮。混凝沉淀、厌氧加活性污泥法和 Fenton 氧化法组成的三级处理工艺处理后，废水中各污染因子浓度：$COD_{Cr} \leqslant 60mg/L$，$BOD_5 \leqslant 10mg/L$，$SS \leqslant 10mg/L$，$NH_3\text{-}N \leqslant 5mg/L$。

4.4.2 废气治理技术

碱回收炉、石灰窑产生的烟尘，通常采用电除尘，除尘效率可达99%以上，同时也具有处理烟气量大、使用寿命长及维修费用低等优点。

硫酸盐法化学浆生产过程中，蒸煮、碱回收蒸发工段及污冷凝水汽等排出的高浓臭气，洗浆机、塔、槽、反应器及容器等排出的低浓臭气，可通过管道收集后进行焚烧处理。比如高浓臭气可送入碱回收炉中的燃烧系统直接焚烧，低浓臭气通过引风机输送到碱回收炉中作为二次风或三次风焚烧，工艺过程中的臭气也可引入石灰窑焚烧处置。此外，也可设置专用的焚烧炉，将高浓臭气收集后进行焚烧，高温烟气可经余热锅炉回收热量。焚烧炉废气污染物主要包括烟尘、二氧化硫、氮氧化物及二噁英。烟尘治理技术主要为袋式除尘，二氧化硫治理主要包括石灰石/石灰—石膏湿法脱硫及喷雾干燥法，氮氧化物治理主要为选择性非催化还原法（SNCR），二噁英可采取过程控制及末端活性炭吸附。

4.4.3 固体废弃物处理与处置

制浆造纸生产过程中产生的热值较高的废渣，如备料废渣、浆渣及污水处理厂污泥等，可直接或通过干化处理后送入锅炉或焚烧炉燃烧。非木浆尤其是草浆生产过程中产生的备料废渣可还田。

筛选净化分离出的可利用浆渣及污水处理厂细格栅截留的细小纤维经处理后，可厂内回用或用于纸板、纸浆等模塑产品生产。

化学木浆生产过程产生的白泥经过石灰窑煅烧生产石灰，回用于碱回收苛化工段。化学非木浆或化学机械浆生产过程产生的白泥可作为生产轻质碳酸钙的原料或作为脱硫剂。碱回收工段产生的绿泥、白泥，污水处理厂污泥等经过脱水处理后，可进行填埋处置。

废纸浆生产过程中，原材料中的塑料、金属等固体废弃物，机制纸及纸板生产过程中产生的废聚酯网，均可回收实现资源化利用。

第 5 章 典型建材工业污染防治

5.1 水泥工业概况

5.1.1 水泥工业发展概况

水泥是建筑中必不可少、用途最广、用量最多的建筑材料。目前我国的水泥产品主要有通用水泥、专用水泥以及特性水泥。水泥行业的上游产业主要是石灰石、泥灰岩、黏土、石膏等材料;下游应用主要在基础设施建设、建筑工程、水利、装修等领域。

水泥行业属建材工业的主体部分,与国民经济关联度较高。其发展状况主要受建筑、房地产、能源和交通等下游产业发展状况的影响,这些行业的水泥消费约占我国水泥消费总量的 80%。水泥行业的发展和固定资产投资规模增速密切相关,在国民经济发展中占有重要地位。同时,水泥行业属资源、能源消耗性行业,其发展还受制于石灰石、煤炭、电力能源等上游相关产业的发展状况。

自改革开放以来,我国水泥工业得到了飞速发展。1981—1995 年全国水泥产量年均增长率为 13.48%,最高年增长率达 22.01%。在经历了 1996—2000 年的相对低谷后,全国水泥产量有了较快增长,2001—2006 年全国水泥产量年均增长 9.65%,水泥工业进入一个新的快速发展阶段。很长一段时间以来,在房地产需求的推动下,我国水泥消费量逐年攀升。据统计,2016—2018 年我国水泥产量分别为 12.53 亿 t、19.18 亿 t、24.03 亿 t,增幅明显。水泥行业市场调研报告指出,虽然在近年防风险和去杠杆等一系列政策调控下,与水泥需求紧密相关的基础设施投资呈现较大幅度的下降,但我国市场上对于水泥的需求仍将在较长时间内保持平稳。我国经济的持续增长和丰富的资源储备为我国水泥行业发展带来广阔的市场前景。我国是水泥生产和消费大国,其生产和消费量均占世界水泥总量的 45%左右,已连续 22 年居世界第一。

5.1.2 水泥行业产业政策

水泥行业是我国继电力、钢铁之后的第三大用煤大户,碳排放量仅次于电力行业。我国水泥熟料平均烧成热耗 115kg 标煤/t,比国际先进水平高 10%。全国现有规模以上水泥生产企业约 4000 家,新型干法水泥生产线 1500 多条。无序发展的农村小水泥企业带来的资源消耗与生态破坏问题突出。根据中国环境科学学会等机构对国内 100 多家水泥企业的调研结果,每条 5000t/d 熟料新型干法水泥生产线每年需缴纳排污费 90 万~100 万元,如果通过技术改造和监管到位，颗粒物排放减少 50%，氮氧化物减少 25%，每年可减少排污费约 30 万元，按全国水泥量 18.6 亿 t 计算，今后 5 年可减少排污费达 13.95 亿元。同时减少了粉尘、二氧化硫、二氧化氮的污染：如果水泥行业能在今后五年内达到 30%的原料/燃料替代率，则每年可减少二氧化碳排放 2.8 亿 t，因降低化石燃料的使用节省成本3720 亿元，环境及社会效益巨大。

根据国家最新的《产业结构调整指导目录》，国家鼓励以下工程的建设：①利用不低于 2000t/d（含）新型干法水泥窑或不低于 6000 万块/年（含）新型烧结砖瓦生产线协同处置废弃物；②新型干法水泥窑生产特种水泥工艺技术及产品的研发与应用；③新型静态水泥熟料煅烧工艺技术的研发与应用；④新型干法水泥窑替代燃料技术的研发与应用；⑤水泥外加剂的开发与应用；⑥粉磨系统节能改造（水泥立磨、生料辊压机终粉磨等）；⑦水泥包装自动插袋机、包装机、装车机开发与应用。国家限制以下规模的工程建设：①2000t/d（不含）以下熟料新型干法水泥生产线（特种水泥生产线除外）；②60 万 t/a（不含）以下水泥粉磨站。而对于以下工程及设备，国家实行淘汰制度，包括：①干法中空窑（生产铝酸盐水泥等特种水泥除外）、水泥机立窑、立波尔窑、湿法窑；②直径 3m（不含）以下水泥粉磨设备（生产特种水泥除外）；③无覆膜塑编水泥包装袋生产线；④使用非耐碱玻纤或非低碱水泥生产的玻纤增强水泥（GRC）空心条板。

5.2 水泥制造工艺

5.2.1 水泥生产原料

水泥按其主要水硬性物质名称可分为硅酸盐水泥、铝酸盐水泥、硫铝酸盐水泥、铁铝酸盐水泥、氟铝酸盐水泥和磷酸盐水泥等。以普通硅酸盐水泥为例，生产的原材料包括石灰石、黏土、铁矿粉、石膏等。生产中，将石灰石、石英砂或黏土、铁矿粉按比例磨细混合（生料）后煅烧，一般温度在 1450℃左右，煅烧后的产物（熟料）和石膏一起磨细，按比例混合，成为水泥。高温煅烧耗能高，一般使用煤作为燃料。在普通硅酸盐水泥里按比例和一定的工序加入其他物质，如矿渣、高炉渣、火山灰质混合料、粉煤灰等，可以得到不同改性的水泥产品。

主要原料中，石灰石一般来自附近矿山；石英砂主要来自含 SiO_2 的砂岩，也有的用黏土；铁粉采用外购，也有的企业用钢渣等替代；石膏来自天然石膏或电厂脱硫用的脱硫石膏。

5.2.2 水泥生产工艺及产污节点

水泥生产随生料制备方法不同，可分为干法（包括半干法）与湿法（包括半湿法）两种。

干法工艺是将原料同时烘干并粉磨，或先烘干经粉磨成生料粉后喂入干法窑内煅烧成熟料的方法。但也有将生料粉加入适量水制成生料球，送入立波尔窑内煅烧成熟料的方法，该方法为半干法，仍属干法生产之一种。

新型干法水泥生产技术是20世纪50年代发展起来的，日本、德国等发达国家，以悬浮预热和预分解为核心的新型干法水泥熟料生产设备率占95%，中国第一套悬浮预热和预分解窑于1976年投产。新型干法水泥生产线采用窑外分解新工艺生产水泥，其生产以悬浮预热器和窑外分解技术为核心，采用新型原料、燃料均化和节能粉磨技术及装备，全线采用计算机集散控制，该技术优点有传热迅速、热效率高、单位容积较湿法水泥产量大、热耗低(如带有预热器的干法窑熟料热耗为3140～3768J/kg)，实现了水泥生产过程自动化和高效、优质、低耗、环保，缺点是生料成分不易均匀，车间扬尘大，电耗较高。

湿法工艺是将原料加水粉磨成生料浆后，喂入湿法窑煅烧成熟料的方法。也有将湿法制备的生料浆脱水后，制成生料块入窑煅烧成熟料的方法，该方法为半湿法，仍属湿法生产之一种。湿法生产具有操作简单，生料成分容易控制，产品质量好，料浆输送方便，车间扬尘少等优点，缺点是热耗高(熟料热耗通常为5234～6490J/kg)。

从石灰石矿到水泥产品的生产全流程大体可以分为：矿石开采、生料制备、熟料煅烧、水泥粉磨、产品包装等一系列程序，其中也伴有诸如原辅料预处理、燃料制备等工序，生产流程较长，产污节点较多。产生的污染包括大气污染、噪声污染、水污染和固体废弃物污染，其中以大气污染为主，污染物主要包括颗粒物、氮氧化物、二氧化硫、一氧化碳、氟化物等，还产生少量或微量总有机残碳、重金属、二噁英、氯化氢等有害气体及大量温室气体二氧化碳。颗粒污染物产生于水泥生产的各个工序，其他气体污染物主要产生于水泥熟料生产的回转窑煅烧工序。

水泥生产工艺及产污节点如图5-1所示。

5.2.2.1 生料粉磨

生料粉磨技术分干法和湿法两种。干法一般采用闭路操作系统，即原料经磨机磨细后，进入选粉机分选，粗粉回流入磨再行粉磨的操作，并且多数采用物料在磨机内同时烘干并粉磨的工艺，所用设备有管磨、中卸磨及辊式磨等。湿法通常采用管磨、棒球磨等一次通过磨机不再回流的开路系统，但也有采用带分级机或弧形筛的闭路系统。

5.2.2.2 熟料煅烧

煅烧熟料的设备主要有立窑和回转窑两类，立窑适用于生产规模较小的工厂，大、中型厂宜采用回转窑。

1.立窑

窑筒体立置不转动的称为立窑。分普通立窑和机械化立窑。普通立窑是人工加料、人工卸料，或机械加料、人工卸料；机械立窑是机械加料和机械卸料。机械立窑是连续操作的，它的产量、质量及劳动生产率都比普通立窑高。国外大多数立窑已被回转窑所取代，但在当前中国水泥工业中，立窑仍占有重要地位。根据建材技术政策要求，小型水泥厂应用机械化立窑，逐步取代普通立窑。

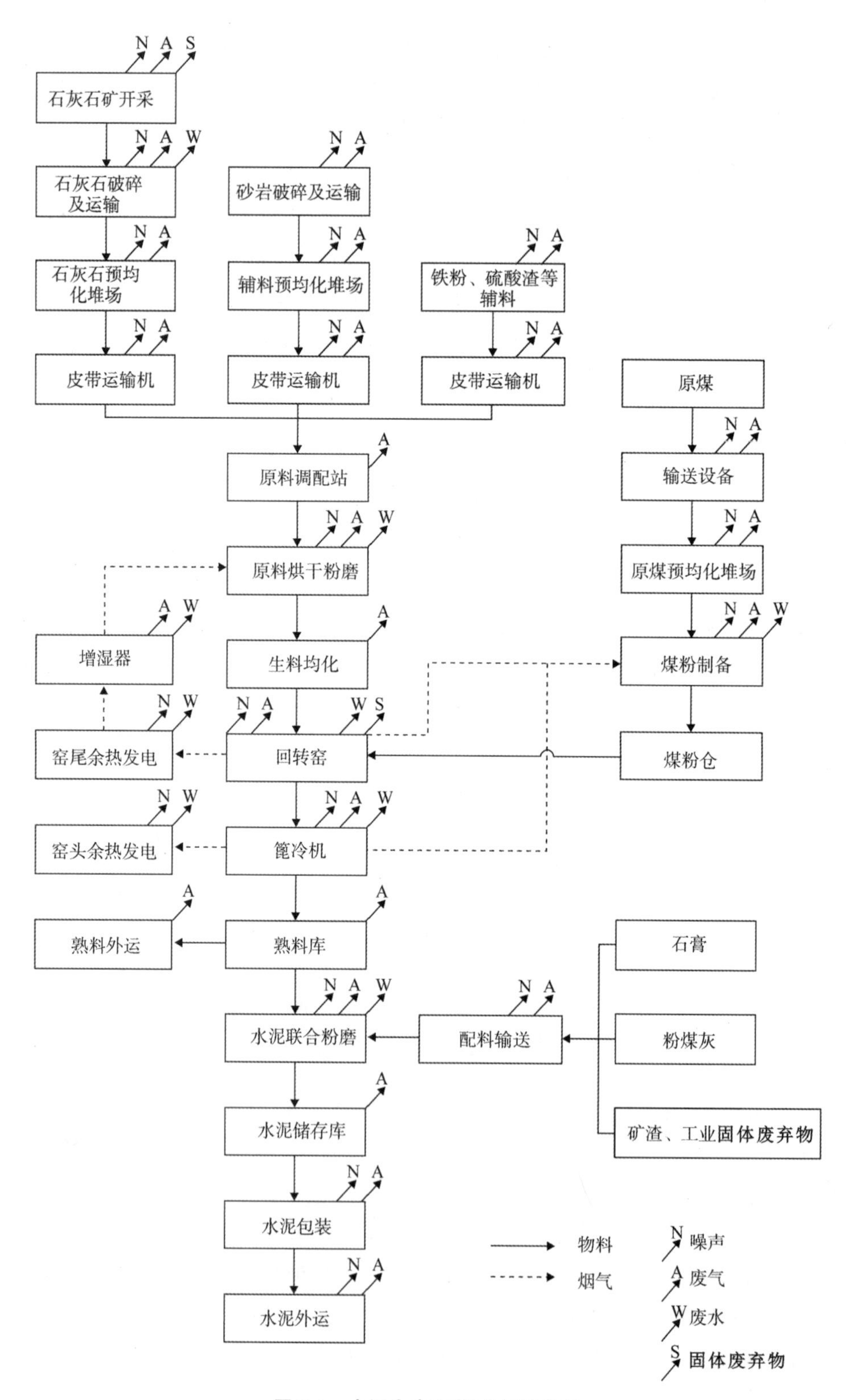

图 5-1 水泥生产工艺及产污节点

2.回转窑

窑筒体卧置(略带斜度,约为 3%),并能做回转运动的称为回转窑。分煅烧生料粉的干法窑和煅烧料浆(含水量通常为 35%左右)的湿法窑。

干法窑又可分为中空式窑、余热锅炉窑、悬浮预热器窑和悬浮分解炉窑。20 世纪 70 年代前后,发展了一种可大幅度提高回转窑产量的煅烧工艺——窑外分解技术。其特点是采用了预分解窑,它以悬浮预热器窑为基础,在预热器与窑之间增设了分解炉。在分解炉中加入占总用量 50%~60%的燃料,使燃料燃烧过程与生料的预热和碳酸盐分解过程,从窑内传热效率较低的地带移到分解炉中进行,生料在悬浮状态或沸腾状态下与热气流进行热交换,从而提高传热效率,使生料在入窑前的碳酸钙分解率达 80%以上,达到减轻窑的热负荷,延长窑衬使用寿命和窑的运转周期,在保持窑的发热能力的情况下,大幅度提高产量的目的。

用于湿法生产中的水泥窑称湿法窑。湿法窑可分为湿法长窑和带料浆蒸发机的湿法短窑,长窑使用广泛,短窑已很少采用。为了降低湿法长窑热耗,窑内装设有各种形式的热交换器,如链条、料浆过滤预热器、金属或陶瓷热交换器。湿法生产是将生料制成含水量为 32%~40%的料浆。因为要制备具有流动性的泥浆,所以各原料之间混合好,生料成分均匀,使烧成的熟料质量高,这是湿法生产的主要优点。

5.2.2.3　水泥粉磨

水泥熟料的细磨通常采用圈流粉磨工艺(即闭路操作系统)。为了防止生产中的粉尘飞扬,水泥厂均装有收尘设备。电收尘器、袋式收尘器和旋风收尘器等是水泥厂常用的收尘设备。

由于在原料预均化、生料粉的均化输送和收尘等方面采用了新技术和新设备,尤其是窑外分解技术的出现,一种干法生产新工艺随之产生。采用这种新工艺使干法生产的熟料质量不亚于湿法生产,电耗也有所降低,已成为各国水泥工业发展的趋势。

5.2.3　水泥工业主要污染物

5.2.3.1　*石灰石矿开采产生的主要污染物*

石灰石矿山在开采过程中其表层剥离、凿岩钻孔、爆破、采装、运输及破碎工序,会造成地表扰动植被破坏、水土流失,并产生废土石、颗粒物、废气、噪声及地震波等环境影响,另有少量职工生活污水排放也会污染环境。根据矿体的赋存条件、矿山开采方式及生产工艺流程,生产过程中有以下主要污染物:

1.颗粒物

颗粒物主要来自凿岩钻孔、爆破、石灰石破碎及运输等环节。采场一般采用露天液压潜孔钻机钻孔,通常为干式凿岩,钻机作业钻孔时产生颗粒物,但每台潜孔钻机均配有收尘装置,将作业面的颗粒物收集净化后排放,颗粒物排放浓度低于 30g/m^3 不超过《水泥工业大气污染物排放标准》中二级标准的排放限值。矿区自卸式载重汽车在采场转运矿石的过程中产生一定的扬尘，其产尘强度与路面类型、气候条件以及汽车运行速度、汽车过往频次等因素有关。各矿山条件不同，起尘量差异也很大。矿区应做到路面硬化和保持路面清洁，并配备洒水车，在开采作业场地和运输道路上进行洒水降尘，以减少汽车运输过程中的扬尘量。

2.废气

矿山废气污染源主要来源于矿山爆破。矿山爆破一般采用铵油炸药为主爆药，岩石炸药作为起爆药包。爆炸时产生的气体主要有 CO_2、HO、CO、NO、O_2、N_2等，其中有害气体为CO、NO，根据《非污染生态影响评价技术导则培训教材》中提供的测试数据，1kg 炸药产生的气体量约为 107L，可根据此系数及每个矿山的采石量、炸药使用量计算不同矿山产生的废气量污染。

3.废水

矿山开采基本没有废水产生和排放，场地排放的污水主要来自食堂、办公楼及浴室等，属于生活污水，主要含有悬浮物和有机物等。采用通用的生活污水处理系统，能够做到达标排放。另有凹陷开采的石灰石矿区，污水主要来自矿坑涌水的抽排。不同的矿区地质结构及水文地质情况不同，涌水量也千差万别。但其水质因受悬浮物和残留炸药的影响，一般情况下，悬浮物、硝酸盐、亚硝酸盐及硝基苯等指数偏高。

4.噪声

矿山开采中穿孔、爆破、采装、运输、破碎等工序都将产生不同程度的噪声。产生高噪声的设备主要有潜孔钻机、挖掘机、空压机、破碎机、自卸式载重汽车，而以爆破时产生的噪声强度最大，但它的影响是瞬时的。

5.废土石

矿山开采前期产生的废土石主要是基建削顶的剥离物，生产过程中产生的废土石主要是剥离的夹层，不同的矿山废土石及夹层剥离量也不同。有的大型企业矿山将产生的废土石搭配在水泥配料或混合材料中使用，或是加工为建筑石料，做到了废石不排弃。对于产生废土石的矿山，必须选择足够的矿山废土石堆场，堆场选择合理和废土石堆积稳定是保证废土石堆场不引发泥石流和减少水土流失的关键。废土石堆场选址合理性分析中的主要因素有地形、堆场面积和容积、汇水面积、当地主导风向、基底表层硬度、废土石堆场下方有无村庄、交通干线等环境敏感点、是否占用泄洪和径流水道等，经多方面分析论证后，合理选择废土石堆场。

5.2.3.2 大气污染物

水泥生产过程中排出的大气污染物种类很多：一类是气溶胶状态的各种颗粒物（粉尘）；排放颗粒物的设备有破碎机、烘干机、粉磨设备和水泥窑等。另一类是气体状态的各种有害气体，如硫氧化物、氮氧化物、碳氧化物、碳氢化合物等，排气设备主要是窑系统。一条完整的水泥生产线，有害气体排放量最大的污染源是水泥窑（窑头、窑尾），排放的废气中主要有 CO_2、H_2O、O_2、N_2、气态的硫化物、氮氧化物等，目前最受关注的是二氧化硫、氮氧化物和颗粒物。

1.颗粒物

颗粒物是水泥工业环境污染中的首选污染因子。气体的含尘浓度愈高，对收尘器收尘效率的要求也愈高。单一收尘设备不能满足时，还需再增设收尘设施将两级收尘器串联起来。当含尘气体的温度较高时，收尘器应考虑耐高温要求，或采取降温措施。对含湿量较高的含尘气体，则需防止收尘器的结露和阻塞。因此，废气性质是收尘设备选型的重要依据。

在实际生产中，颗粒物大部分可以经收尘系统收回重新回到生产线，少部分随废气或余风排放，在这些尘源中带悬浮预热器的回转窑排放的颗粒物最细，粒径小于10μm。水泥磨排出的颗粒物绝大部分粒径也都小于10μm。水泥厂的颗粒物排放还包括地面和低矮设备与设施上的扬尘，以及非正常排放状态下的粉尘。

2.硫氧化物

硫氧化物的来源是指二氧化硫、三氧化硫，主要是二氧化硫。在水泥生产过程中，二氧化硫排放的主要原因是原料、燃料中的含硫物经高温煅烧生成二氧化硫，随烟气排放入外界。

3.氮氧化物

氮氧化物主要是一氧化氮和二氧化氮的混合气体，其主要是由燃料燃烧时部分含氮的有机物分解氧化，以及空气中的氮气在高温下氧化而生成。燃烧温度愈高，产生的NO越多；燃烧室内氧气浓度愈高，NO生成速度越快，生成量也越多；烟气在高温区停留时间越长，NO生成量越多。

NO在高浓度下有毒，NO_2则有剧毒。NO与NO_2在适当的环境条件下能相互转换，因此在考虑排放限量时都将NO折算到NO_2，在监测受污染的量值时则以实测的NO_2含量为准。

5.2.3.3　噪声

水泥工业的噪声源主要有破碎设备、粉磨设备、风机、空压机、电动机等。对大的重型设备噪声的控制方法一般是采取隔声措施，如在厂房建筑围护结构上采取隔声能力较好的厚重材料，以防止噪声的外溢；在厂房内设置具有隔声能力的值班室或控制室，将操作工人从噪声场中隔离出来。对露天设备可设隔声屏障，但对二次风和三次风的送风管产生的噪声也应引起足够重视，可以通过隔振、或加装消声器加以减缓。

5.2.3.4　废水

水泥生产产生的废水有两部分，一是设备循环冷却废水，二是辅助生产废水，水质中污染物较为简单，一般水质较好。废水中主要污染因子有磷、漂浮物、油类等，经处理后，能够回用于生产系统。在我国北方缺水地区，这些废水经处理后均可用于厂区绿化及道路、堆场洒水，或用于原料磨、增湿塔喷水。

水泥企业各阶段工程内容及相应污染因子如表5-1、表5-2、表5-3所示。

表 5-1　水泥企业工程内容及污染因子一览表

阶段	工程内容	主要污染因子
水泥厂施工	工程占地	改变土地使用性质，影响当地生态环境
	场地清理	扬尘、噪声、固体废弃物、植被破坏、水土流失
	物料运输	扬尘、噪声
	建筑施工	扬尘、噪声、固体废弃物
	设备安装及调试	噪声、固体废弃物
石灰石开采	施工期	扬尘、噪声、固体废弃物、植被破坏、水土流失
	开采期	颗粒物、噪声、振动、固体废弃物、废水、植被破坏、水土流失
	矿石运输	噪声、颗粒物
水泥厂运营	物料破碎	颗粒物、噪声
	物料存储	颗粒物
	物料运输	颗粒物、噪声
	物料粉磨	颗粒物、噪声、废水
	物料煅烧	颗粒物、SO_2、NOx、噪声、废水、氟化物
	熟料冷却	颗粒物、噪声、废水
	产品运输	颗粒物、噪声
	空压机、风机及泵	噪声、废水

表 5-2　水泥生产主要设备产尘情况统计

设备名称		含尘浓度/g/m^3	单位产品产尘量/kg/t
新型干法窑		30～80	75～120
篦式冷却机		2～20	5～44
立式磨粉磨	生料	400～800	1000
	熟料	300～500	1000
	煤粉	250～500	1000
水泥管磨		20～120	60～180
高效选粉机		800～1100	1000

表 5-3　水泥生产气态污染物排放统计

污染物名称	排放浓度	单位产品排放量
SO_2	0～50mg/m^3	0～15kg/t
NO_x	500～1000mg/m^3	1.5～3.0kg/t
氟化物	0～5mg/m^3	0～0.015kg/t
氯化氢	10	—
CO	4.3mg/m^3	0.013kg/t
二噁英/呋喃类	0.1ng-TEQ/m^3	—
VOCs	10mg/m^3	—
重金属	0.5mg/m^3	—
CO_2	—	0.254～0.297kg/t

5.3　水泥生产污染防治及清洁生产工艺

5.3.1　矿石开采与运输

5.3.1.1　防尘与除尘技术

采用带有干式除尘器的全液压潜孔钻机；输送矿石的皮带机应密封，用汽车运输时应采取防撒落的措施。

5.3.1.2　噪声防治技术

采用带有密封性能的操作室并配有空调设施的新型潜孔钻，在移动式空压机上安装消声器。

5.3.2　熟料生产

5.3.2.1　原料/燃料运输贮存中的防尘技术

粉状物料输送采用提升机和斜槽输送机等密闭式设备，采用胶带机输送的物料尽量降低物料落差，并在落差处采用管道负压集尘器；对块石、黏湿物料以及车船装料、卸料过程，采用带有吸尘作用的卸料装置；粉状物料储存采用密闭圆库。

5.3.2.2　立式磨技术

该技术适用于生料粉磨和原煤粉磨工序。

立式磨技术是电动机通过减速机带动磨盘转动产生离心力，使物料进入磨辊和磨盘间的辊道内，在液压装置和加压机构的作用下碾压成粉；同时，来自风环由下而上的热气流对物料进行悬浮烘干，并将其带至磨机上部的动态分离器中进行分选的技术。该技术集粉磨、烘干、选粉于一体。与传统球磨机相比，运转率高、电耗低、噪音小，可减少二氧化硫排放。

5.3.2.3　余热发电技术

该技术适用于 2000t/d 及以上规模水泥熟料生产线熟料烧成工序。

余热发电技术是在水泥窑窑头、窑尾废气出口安装余热锅炉（通常安装窑头 AQC 炉和窑尾 SP 炉），利用水泥窑系统废气，通过余热锅炉产生过热蒸汽，进入汽轮发电机组进行发电。该技术一般能提供熟料生产线 50%～60%的生产用电。

5.3.2.4　变频调速技术

该技术适用于水泥生产中要求调速的风机、泵类设备及其他设备。

变频调速技术是通过调节电机工作电源频率来改变电机的转速。该技术效率高、调速范围宽、精度高、调速平稳、无极变速，一般可使电机节电 20%～30%。

5.3.2.5　第四代篦冷机

第四代篦冷机（带中段破碎）由三部分组成：熟料输送、熟料冷却及传动装置，与以往推动式篦冷机的最大区别在于熟料输送与熟料冷却是两个独立的结构。该技术采用步进方式输送；篦床固定；采用模块化标准立体建模设计；与第三代篦式冷却机相比，运输效率提高3倍，吨熟料冷却电耗降低20%，维护费用降低70%左右。

5.3.2.6 低氮氧化物燃烧技术

低氮氧化物燃烧技术主要包括低氮燃烧器技术和分解炉分级燃烧技术。低氮燃烧器技术通过增加燃烧器风道，缩小一次空气的比例，使得煤粉分级燃烧。燃料在高温区停留时间短，可减少氮氧化物产生量5%～15%。分解炉分级燃烧技术利用助燃风的分级或燃料分级加入，降低分解炉内氮氧化物的形成，并通过燃烧过程的控制，还原炉内的氮氧化物，从而实现系统的氮氧化物减排10%～20%。低氮燃烧器技术和分解炉分级燃烧技术综合使用，可将氮氧化物的产生量降低20%～30%。

5.3.2.7 熟料散装防尘技术

熟料散装防尘技术采用密封式散装房，两端开口，通过电动帆布帘实现开启和关闭，房顶加装袋式除尘器。

5.3.3 水泥粉磨

5.3.3.1 联合粉磨技术

联合粉磨技术采用辊压机、打散分级机、选粉机、球磨机为基本设备组成的闭路粉磨工艺系统。该技术电耗低、噪音小，可提高水泥产量。该技术是现阶段最常用的粉磨工艺。

5.3.3.2 助磨剂技术

助磨剂技术是通过添加助磨剂降低颗粒间的摩擦力和黏附力，阻止微粒聚集。该技术可降低电耗，提高磨机产量和水泥强度。该技术适用于水泥粉磨系统。

5.3.4 其他污染预防技术

5.3.4.1 两档支撑新型超短窑技术

长径比为9～11的两档支撑超短窑，窑体长度比常规预分解窑减短20%以上，物料在过渡带仅停留5～6min就马上进入烧成带，可降低烧成温度及热耗，同时提高熟料质量。工业试验表明：该技术的基本建设投资可降低20%～25%，砖耗可降低约60%，熟料强度可达66～67MPa甚至70MPa。

5.3.4.2 流化床水泥熟料煅烧技术

流化床水泥熟料煅烧技术是将水泥熟料的烧成环节置于流态化状态下，以期获得更低的能源消耗。工业试验结果表明：流化床水泥窑可选用烟煤、无烟煤或低质煤；可降低10%～25%的热耗；二氧化碳排放减少10%～25%，氮氧化物排放减少40%以上；与同规格的回转窑相比，设备投资节约20%左右，运行成本降低约25%。

5.3.4.3　富氧助燃技术

富氧助燃技术是在以重油、煤、天然气等为主要能源的水泥窑中，供入附加的氧气使窑内特定区域的氧含量高于 21%，使燃料与高浓度氧气充分燃烧的一项新技术。该技术可降低排出烟气带走的热损失，提高燃烧热效率，减少助燃空气量，达到节能减排的目的。

5.4　水泥生产工艺污染物处理工艺

5.4.1　颗粒物防治

新型干法水泥厂控制有组织颗粒物排放采用最多的除尘技术就是袋式收尘和静电收尘两种方式。

5.4.1.1　袋式除尘技术

袋式除尘技术适用于水泥企业各工序废气的除尘治理。

袋式除尘技术是利用纤维织物的过滤作用对含尘气体进行过滤，当含尘气体进入袋式除尘器后，颗粒大、比例大的粉尘，由于重力的作用沉降下来，落入灰斗，含有较细小粉尘的气体在通过滤料时，烟尘被阻留，使气体得到净化。

袋式收尘器的收尘效果以收尘效率来表示，收尘效率是指含尘气流通过袋收尘器时捕集下来的颗粒物量占进入收尘器的颗粒物量的百分数，它与滤料运行状态有关，并与颗粒物性质、滤料种类、阻力颗粒物层厚度，过滤风速及清灰方式等多种因素有关。袋式除尘器除尘效率可达 99.80%～99.99%，颗粒物排放浓度可控制在 30mg/Nm^3 甚至 10mg/Nm^3 以下，运行费用主要来自更换滤袋和引风机电耗。

5.4.1.2　静电除尘技术

静电除尘技术适用于窑头、窑尾高温废气的除尘治理，适用于净化温度高、湿度大的颗粒物烟气。

电除尘是在电极上施加直流高电压后使气体电离，进入电场空间的粉尘荷电后在电场力的作用下，向相反电极的极板/线移动，沉积在它们的表面上，通过振打将沉积的粉尘落入灰斗而去除。电收尘器的工作原理是在两个曲率半径相差极大的电极上施加高压直流电压并形成不均匀电场，当电压升至某一值时，则在曲率半径小的电极附近产生气体电离，电离后形成的正负离子在电场力作用下，向相反的电极运动。当含尘气体通入电场时，离子被吸附在颗粒物上使颗粒物表面带电。带电颗粒物在电场力作用下向收尘电极运动，并中和成不带电的颗粒，黏附在收尘极板上，当极板被振打时，颗粒物便落至下部的灰斗中。该技术除尘效率为 99.50%～99.97%，颗粒物排放浓度可控制在 50mg/Nm^3 以内，主要消耗电能。

影响电收尘器收尘效率的主要因素包括：烟尘性质、设备状况和操作条件。这三种因素的影响直接关系到电晕电流、颗粒物比电阻、收尘器内的颗粒物收集和二次飞扬环节，最后结果表现为收尘效率的高低。

5.4.1.3 电—袋复合除尘技术

电—袋复合除尘结合了电、袋除尘的优点，前级电场预收烟气中70%以上的粉尘有预荷电作用；后级袋式除尘器收集剩余粉尘，提高了滤袋的透气性和清灰效果，减少运行阻力。

该技术除尘效率为99.80%～99.99%，颗粒物排放浓度可控制在30mg/Nm^{3}甚至10mg/Nm^{3}以下。

该技术适用于窑头、窑尾高温废气的除尘治理。

5.4.2 氮氧化物治理

5.4.2.1 选择性非催化还原技术

选择性非催化还原技术（SNCR）通过向高温烟气（850～1100℃）中喷入还原剂（常用液氨、氨水和尿素），将烟气中的氮氧化物还原成氮气和水。该技术系统简单，氮氧化物去除率可达30%～40%。该技术适用于400～500mg/Nm^{3}的氮氧化物排放要求。

5.4.2.2 选择性催化还原技术

选择性催化还原技术（SCR）是在适当的温度（300～400℃）下，在水泥窑预热器出口处安装催化反应器，在反应器前，往管内喷入还原剂（如氨水或尿素），在催化剂的作用下，将烟气中的氮氧化物还原成氮气和水。该技术还原效率可达70%～90%，但一次性投资较大，运行成本取决于催化剂的寿命。同时水泥窑废气粉尘浓度高，且含有碱金属，易使催化剂磨损、堵塞和中毒，需要采用可靠的清灰技术和合适的催化剂。

该技术适用于100～200mg/Nm^{3}的氮氧化物排放要求。

5.4.3 二氧化硫治理

新型干法水泥窑中大部分硫以硫酸盐的形式保留在水泥熟料中，二氧化硫排放并不是突出问题。仅在使用较高挥发性硫含量的原燃料时，才会造成二氧化硫超标排放，需要采用的治理技术主要包括吸收剂喷注、湿式洗涤、热生料注入和活性炭吸附技术。

吸收剂喷注技术是在预热器350～500℃区间均匀喷入吸收剂（主要采用消石灰）的技术。

湿式洗涤技术是用消石灰的乳浊液作为吸收剂吸收废气中的二氧化硫。

热生料注入技术是从分解炉出口抽取部分窑废气进入外加的旋风除尘器，收集废气中含有的热生料喷入预热器最上面两级旋风筒的出风管。

活性炭吸附技术原理是：活性炭吸附的二氧化硫被含有水蒸气烟气中的氧气氧化为三氧化硫，三氧化硫再和物料反应生成硫酸盐，该技术也可吸附二噁英、汞等挥发性重金属及其他污染物，适用于窑尾除尘器后。

上述技术适用于原料/燃料含硫量较高的水泥生产企业。

5.4.4　氟化物、氯化氢治理

防治氟化物污染的主要途径是控制原料中的氟含量，采用含氟低的原料。

氯化氢治理技术主要是利用水泥烧成过程中的吸酸作用来降低氯化氢排放浓度。该技术氯化氢吸收率可达 98%，烟气中氯化氢的排放浓度可符合《危险废物焚烧污染控制标准》(GB 18484—2001)。

5.4.5　二氧化碳减排

水泥生产过程中二氧化碳主要来源于水泥原料中的碳酸盐分解、燃料燃烧和电力消耗，因此减少二氧化碳排放量主要采用新型干法水泥生产线代替其他高热耗水泥工艺、低温余热发电、替代原燃料等措施。

5.4.6　二噁英治理技术

水泥窑排放的二噁英量非常低，为使其排放量进一步降低，通常可采取如下技术措施：保持窑系统运行平稳和稳定；选择和控制入窑废物有害物质和量；限制和避免把含有有机氯等废物加入原料制备系统；窑启动和停机时不使用废物燃料；分解炉燃烧时不应使用卤素含量高的燃料；活性炭吸附。

5.4.7　重金属治理技术

对于易挥发性元素汞、镉及铊，排放浓度过高时，可采用活性炭吸附技术和高效袋式除尘器技术。

5.4.8　噪声污染防治

水泥生产中的噪声源主要是生产设备，不同的设备产生的噪声机理有所不同，采取的污染防治措施因之也有所区别。

5.4.8.1　磨机噪声及其控制

粉磨系统的噪声是水泥厂厂区的主要噪声源，粉磨系统的噪声主要有机械性振动噪声、电磁噪声、空气动力性噪声等。降噪措施包括：在磨机基础四周设减振沟、减振槽或加阻尼材料，在磨机主轴承座和基础之间加减振器或隔振材料，以降低由于磨机运转不平衡而产生的振动和机械噪声；用隔声罩将噪声源封闭起来或在噪声源周围设隔声屏；在厂房内建造工人休息的隔声室，用围护结构将厂房的上下各层分隔开以降低混响声；在厂房的墙面、顶部、地面或空间饰以吸声材料或悬挂吸声体等。

5.4.8.2　风机噪声及其控制

风机在运行时产生空气动力性噪声和机械性噪声，在风机的多个噪声源中以进风口、出风口和放风口辐射出来的噪声强度最大，在进、出、放风口安装消声器是降低气流噪声的有效措施，一般采用阻尼复合式消声器。出风消声器以安装在放风管之前为好，布置有困难时也可安装在放风管之后。放风阀应安装在放风消声器之前，也可设置循环风管，将放风管与风机进风口相连，以消除放风噪声。

此外，对噪声强度大的风机，还可在建筑上采取隔声、吸声、消声等综合性控制噪声的方法。将产生噪声的风机放置在隔声室内，室内进行吸声处理。如在围护结构上铺吸声材料，风机设隔声罩，冷空气从地下进消声道，消声道内装有吸声材料，将放风口通入消声室、消声坑、土坑、水沟内。采取这些措施都可获得一定的降噪效果。

5.4.8.3　空压机噪声及其控制

空压机在运转过程中发出很强烈的噪声，它是一个综合性的噪声源，空压机的噪声最为强烈的是进气口和排气口，特别是进气口的气流噪声。通常可在进、排气口设置阻抗复合式消声器。此外，还可在空压机机组上设置隔声罩或将空压机设置在隔声间内，以隔绝机械和电机噪声；或者对建筑物及管道贮气罐进行阻尼隔声处理以降低振动噪声。

5.4.8.4　电机和齿轮噪声及其控制

噪声源主要有风扇噪声、嘈噪声、电磁噪声和机械噪声等。风扇噪声是电机噪声的主要来源，使用向后弯曲形叶片，或适当缩短叶片长度，或在风扇后加装消声器等可降低风扇噪声；沟槽内充填环氧树脂或其他材料，可降低嘈噪声；对电机噪声的控制，除采用上述方法外，还可采用隔声罩及减振措施。

控制齿轮噪声应采取如下措施提高齿轮加工精度及装配质量，减少互相齿和的齿轮之间的摩擦与撞击力；用螺旋齿轮或斜齿轮代替直齿轮；使齿轮的转动频率和齿的接触频率远离齿轮的固有频率和齿轮箱（或罩）腔空间的共振频率，以防止它们之间产生共振；选用较低的圆周速度；在齿轮边缘加阻尼圈；在齿轮体内加阻尼材料；将齿轮装在特制的隔声罩内等。

5.4.8.5　其他噪声与控制

矿山机械噪声。矿山机械主要有钻机、空压机、破碎机等。对空压机、破碎机等固定噪声源采取厂房隔声措施，对于凿岩钻机等流动性声源，必要时（如距离声环境敏感目标较近）应采取临时声屏障，降低对环境的影响。

皮带运输噪声。对皮带廊道噪声可通过建设封闭廊道，在通过声环境敏感区段时增设声屏障，并加强设备管理维修等，以降低对环境的影响。

5.4.9　废水防治

水泥生产中所排废水、污水主要是高温设备和机械运转设备的间接冷却水和车间冲洗地面的污水，其水质污染物相对简单，主要污染物为悬浮物，还有管理不当滴漏的石油类，污染程度较轻，经过通用的废污水处理工艺处理后，即可达标排放，或符合回用水质要求后用于生产系统。

生活污水中的污染物主要为悬浮物、油类、COD、BOD_5 等，应根据生活污水产生量，采用已经成熟的二级生化处理工艺技术，配置符合处理要求的污水处理设施对生活污水进行处理，经处理的水质符合排放标准后外排或综合利用。

现在北方水资源匮乏地区建设的水泥生产线基本可以做到生产废水、污水不外排，有的企业做到了全厂废水、污水零排放。有的企业可以做到废水、污水经处理后综合利用，不外排。

5.5　石料开采加工业概况

5.5.1　石料开采加工业简介

随着我国经济建设的高速发展，人民生活水平的日益提高，西部大开发步伐的不断加快，各种建筑、建设工程全面展开，对各种原材料的需求不断增长，原材料的产量也不断增长，特别是近年来国家精准扶贫工作力度不断加强，尤其针对较贫困地区和少数民族地区，市政建设、交通和工业建设、民用和商用高层建筑及农村现代化建筑都在迅速发展，土木和砖木结构已大量被混凝土结构、混凝土预构件装配式结构所取代，城市建设、交通建设等事业的飞速发展，使建筑石料的需求逐年增加，近期在城乡及周边乡镇对建筑石料的需求将呈不断上升趋势。

随着建筑装饰业和科学技术的发展，以及人们审美情趣的提高，石材制品及其工程日益呈现艺术化、高档化、个性化、规模化使用的发展趋势。同时，石材矿山资源管理的规范化和石材行业生产链的不断完善，使石材行业普遍认识到只有通过创新才能提高矿山资源的综合利用率、实现循环经济模式，才能提高石材制品和加工机具的质量，只有创新才能提升行业的整体水平和综合竞争力。

5.5.2　石料开采加工应遵循的产业政策

5.5.2.1　产业政策的符合性

根据《产业结构调整指导目录》，石料开采加工项目不属于国家鼓励类、限制类和淘汰类项目，为国家允许建设项目，建设符合国家产业政策。

5.5.2.2　相关规划的符合性

根据《全国生态环境保护纲要》（国发〔2000〕38 号）中对矿产资源开发利用的生态环境保护要求，严禁在生态功能保护区、自然保护区、风景名胜区、森林公园内采矿。

根据《中华人民共和国水土保持法》（2011 年 3 月 1 日起施行）中第二十四条：生产建设项目选址、选线应当避让水土流失重点预防区和重点治理区；无法避让的，应当提高防治标准，优化施工工艺，减少地表扰动和植被损坏范围，有效控制可能造成的水土流失。

根据《矿山生态环境保护与污染防治技术政策》，有以下规定需要遵循：

1)禁止在依法划定的自然保护区（核心区、缓冲区）、风景名胜区、森林公园、饮用水水源保护区、重要湖泊周边、文物古迹所在地、地质遗迹保护区、基本农田保护区等区域内采矿。

2)禁止在铁路、国道、省道两侧的直观可视范围内进行露天开采。

3)禁止在地质灾害危险区开采矿产资源。

4)禁止土法采、选冶金矿和土法冶炼汞、砷、铅、锌、焦、硫、钒等矿产资源开发活动。

5)禁止新建对生态环境产生不可恢复利用的、产生破坏性影响的矿产资源开发项目。

6)禁止新建煤层含硫量大于3%的煤矿,限制在生态功能保护区和自然保护区(过渡区)内开采矿产资源。生态功能保护区内的开采活动必须符合当地的环境功能区规划,并按规定进行控制性开采,开采活动不得影响本功能区内的主导生态功能。

7)限制在地质灾害易发区、水土流失严重区域等生态脆弱区内开采矿产资源。

8)对于露天开采的矿山,宜推广剥离—排土—造地—复垦一体化技术,宜采取修筑排水沟、引流渠,预先截堵水,防渗漏处理等措施,防止或减少各种水源进入露天采场。

9)宜采用安装除尘装置、湿式作业、个体防护等措施,防治凿岩、铲装、运输等采矿作业中的粉尘污染。

10)对采矿活动所产生的固体废弃物,应使用专用场所堆放,并采取有效措施防止二次环境污染及诱发次生地质灾害。

在《全国矿产资源规划(2016—2020年)》中,国家提出了“合理开采适应地区经济发展需要的建材等非金属矿产,实现矿山布局与城乡建设、土地复垦和环境保护的有机衔接。西部地区加大矿产资源开发利用力度,建设资源接续区,促进优势资源转化。加大矿山地质环境恢复治理和矿区土地复垦的投入,鼓励社会资金参与矿山地质环境治理和土地复垦”等要求。

5.6 石料开采加工产污环节

5.6.1 矿床开采工艺

一般出露地表的大型石料矿体,考虑到安全因素,露天采场采用自上而下、水平分台阶的露天采矿方法。开采砂石(即原料)由铲车铲装、汽车拉运至工业场地。采矿工艺流程一般为:爆破→挖掘机清理→装载→自卸汽车运输。矿山爆破多采用多排孔微差爆破或逐孔微差爆破,使用铵油炸药为主爆药,采用非电塑料导爆管起爆方法。在实际爆破作业中,根据实际情况(如岩体结构、压碴厚薄等)的变化,需要对爆破参数进行适当的调整和优化,以达到最佳爆破效果。

5.6.2 石料加工工艺

5.6.2.1 破碎工序

大块石料在进一步加工前,一般需要经过多次破碎以达到要求。以某矿山为例,大块石料经料仓由振动给料机均匀送进颚式破碎机进行粗碎,粗碎后的石料再进入圆锥破碎机进行二次破碎，二次破碎后的石料由皮带运输机进入圆锥破进行第三次细碎，细碎后的石料由胶带输送机送进振动式筛分机进行筛分。

5.6.2.2　筛分水洗

破碎后的石料经皮带输送机输送到筛分机将不同粒度的石料分离出料。振动筛采用水冲，将筛分机出料口设置成不同规格的几个出料口，粒度过大的石料可由胶带输送机返料送到圆锥破碎机进行再次破碎，形成闭路多次循环。将筛分机出料口设置成两种不同规格的出料口，不同粒度的石料作为产品由出料口经皮带输送机送至石料成品堆场。较小的砂石料进入螺旋洗砂机进行水洗，水洗后经细砂回收装置，再进入脱水筛即得到砂料成品。

整个加工过程中产生的废水主要是清洗水，可以经过沉淀池沉淀后回用于生产工序，洗砂沉淀池底泥定期清掏堆存在排土场内。

石料开采加工工艺流程图如图 5-2 所示。

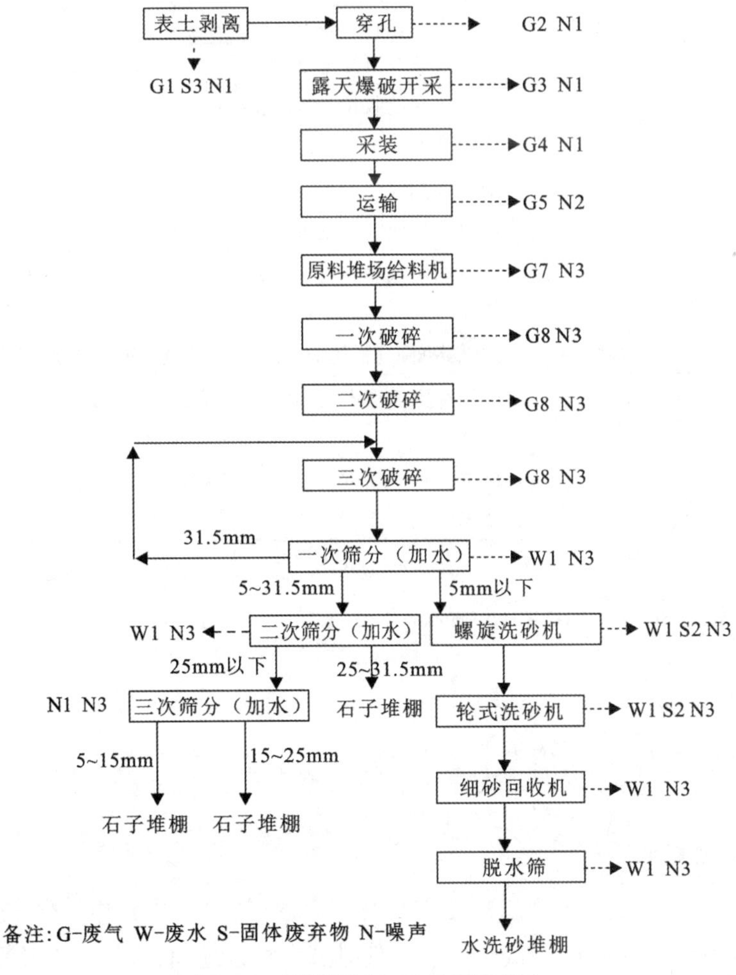

图 5-2　石料开采加工工艺流程图

石料开采加工过程中的产污环节如表 5-4 所示。

表 5-4　　石料开采加工生产工艺产污环节及污染物

污染物类型	污染源		可采取措施
废气	G1	表土剥离	雾炮机、软管洒水等方式抑尘
	G2	凿岩粉尘	采用湿式凿岩方式
	G3	爆破粉尘	雾炮机、软管洒水等方式抑尘
	G4	采装粉尘	雾炮机、软管洒水等方式抑尘
	G5	运输粉尘	路面碎石及泥土及时清理，定期洒水降尘，运输车辆车厢进行覆盖
	G6	机械设备尾气	加强路面维护，运输车辆限重、限速
	G7	原料堆场扬尘	采用封闭或半封闭堆棚，定期对堆场进行洒水抑尘
	G8	破碎粉尘	采用封闭车间作业，破碎机顶部设置集气罩并通过除尘器处理
	G9	排土场扬尘	堆场进行覆盖，定期洒水抑尘
废水	W1	洗砂废水	可通过三级沉淀池处理后回用
	W2	生活污水	建设化粪池收集处理，综合利用
固体废弃物	S1	生活垃圾	集中分类收集，交环卫部门清运
	S2	洗砂沉淀池底泥	定期清掏并存于排土场
	S3	剥离表土	堆放至排土场，工程结束时用于复垦
噪声	N1	开采、爆破噪声	尽量选用低噪声设备，安装隔震垫，定期检查维护设备以保证完好性
	N2	运输车辆噪声	加强路面维护，运输车辆限重、限速，定期维护车辆
	N3	给料机噪声	尽量选用低噪声设备，安装隔震垫，定期检查维护设备以保证完好性
	N4	破碎机、筛分机噪声	尽量选用低噪声设备，安装隔震垫，定期检查维护设备以保证完好性

5.6.3　石料开采加工过程污染源分析

5.6.3.1　大气污染

石料开采加工过程产生的废气主要来自表土剥离、凿岩穿孔、爆破、采装、破碎、运输、堆料场等。

1.区表土剥离粉尘

矿区表层土壤剥离过程一般采用挖掘机直接剥离，在挖掘机剥离过程中会产生一定量的粉尘，是无组织粉尘主要的产生环节之一，但排放点接近地面，根据矿山开采资料对比，在洒水除尘较好的情况下，抑尘效率达 80%，因此在表层剥离时对表层适当喷洒一定的水，采用雾炮机喷水或者在阴雨天气之后进行剥离，可将剥离粉尘量降至最低。

2.采矿凿岩穿孔粉尘

在开采过程中采用潜孔钻机进行穿孔，凿岩、穿孔过程全程配套喷洒冷却水，洒水过程抑尘效果明显，抑尘效率为 80%，一般洒水后粉尘产生浓度为 1.2～1.5mg/m^3。

3.矿区爆破废气

露天采矿的矿山爆破过程会产生含 CO、NOx 等爆破气体，属瞬时污染源，同时还会产生爆破粉尘。

爆破废气。根据《新编爆破工程实用技术大全》第十一篇“爆破安全技术及法规标准”及《采矿手册》(冶金工业出版社)等相关资料，每千克炸药产生的有毒气体量为 0.9m^3，每吨炸药有毒气体含量 CO 为 48.3kg，NO_2为 15.6kg。

爆破粉尘。炸药爆破产生的粉尘主要为爆炸冲击波与矿石直接作用面作用产生的微尘和矿石震裂时产生的尘粒。包钢白云鄂博露天矿对爆破烟团进行的两次测定结果表明爆破粉尘的排放量可按照矿岩总爆破量的 0.0011%来核算。

4.矿石装卸粉尘

矿石经爆破后，铲装过程将产生粉尘，参照《逸散性工业粉尘控制技术》(中国环境科学出版社)相关资料，装料逸散粉尘产生量为 0.025kg/t、卸料逸散粉尘产生量为 0.015kg/t，装卸过程中采用雾炮机洒水降尘的抑尘措施，抑尘效率可达 70%。

5.矿石运输扬尘

根据汽车道路扬尘扩散规律，当风速小于 4m/s 时，风速对运输汽车在道路上行使时引起的扬尘量几乎无影响；当风速大于 4m/s 时，由于风也能引起扬尘，所以风速对汽车扬尘量明显影响。由风洞试验可知，在大气干燥和地面风速大于 4m/s 的条件下，运输汽车行驶时引起的路面扬尘量与汽车速度成正比，与汽车质量成正比，与道路表面积尘厚度成正比，并与道路路况有关。其汽车扬尘量预测经验公式为：

$$Q = 0.0079 v\, \omega^{0.85}\, \rho^{0.72}$$

式中：Q——车辆行驶扬尘量，kg/(km・辆)；

V——车辆行驶速度，km/h，一般取 5，10，20km/h；

ω——车辆质量，t，视具体车型而定，一般运输车辆可取 20t；

ρ——道路表面粉尘量，kg/m^2。

由上述计算公式，预测出汽车行驶过程中扬尘量见表 5-5。

表 5-5　道路运输扬尘预测结果表

车辆平均速度/km/h	车辆平均质量/t	道路表面粉尘量/kg/m^2	扬尘量典型预测值/kg/(km・辆)
5	20	0.60	0.412
10	20	0.60	0.823
20	20	0.60	1.67

由表5-5中预测结果可知，运输车辆在矿石输送过程中，随着车速的加快，汽车扬尘量将随之加大，根据不同的行驶速度，汽车运输扬尘量在0.412～1.67kg/(km·辆)。因此根据运载工具数量和运输距离，可以核算出运输扬尘的产生量。

6.燃油机械尾气

矿山用发电机、自卸汽车、装载机等机械以柴油作为燃料，燃烧产生一定量废气。参考有关国内柴油燃烧污染物产生系数：燃烧1t柴油，排放2000×5%kgSO_2，1.2万m^3废气；排放1kg烟尘。

7.排土场、矿石堆场及成品堆场扬尘

剥离固体废弃物长期堆放，表面风化，大风天气下易形成无组织排放源。矿石堆场在大风天气下易形成无组织排放源，其排放量的大小与当地自然环境、矿石岩性、堆存方式等因素有关。其产生量可采用《无组织排放源常用分析与估算方法》(西北铀矿地质，2005年10月)推荐的室外污染物无组织排放量计算公式进行计算：

$$Q=0.0666\times k\times(u-u_0)^3\times e^{-1.023w}\times M$$

式中：Q——堆场场地起尘量，mg/s；

u_0——堆场顶部高度处的扬尘启动风速；

u——堆场顶部高度处的风速，可查阅当地气象资料获取；

w——物料含水率，一般取6%；

M——堆场堆放的物料量，m^3；

k——与堆场物料含水率有关的系数。

拟对排土场、堆场的扬尘，小面积区域可采取覆盖织网并定期洒水等方式抑制扬尘，大面积区域应通过定期洒水降尘，一般可抑尘约70%。

8.破碎工段粉尘

矿石加工区矿石破碎加工生产线应设置于全封闭车间内，矿石破碎生产线由颚式破碎机+圆锥破碎机+圆锥破碎机三级破碎组成，矿石在破碎过程会有粉尘产生，破碎工段的主要产尘点包括生产线的给、排料口，破碎过程，属于低空排放。参考《逸散性工业粉尘控制技术》《工业污染核算》等书，调查相关企业的排污数据，破碎工段粉尘产生系数一般为0.25kg/t原料。

在一次破碎机进料口处布设水喷淋管，在二次和三次破碎系统设置集气罩、布袋除尘器，可以有效减缓破碎工段的粉尘排放问题。

5.6.3.2 废水

项目抑尘用水全部蒸发消耗，不会形成废水。矿山侵蚀基准面以上基本为不含水层，矿区蒸发量大于降水量，可采矿层均在侵蚀基准面以上。因此，该类工程的废水主要有洗砂废水及生活污水。

1.生产废水

洗砂过程中产生的废水主要污染因子为悬浮物，可以通过简单的沉淀处理后循环利用。比如，设置三级沉淀池沉淀处理，沉淀池沉淀时间设为 2h，一级沉淀悬浮物去除效率为 80%，二级沉淀池悬浮物去除效率为 50%，三级沉淀池悬浮物去除效率为 20%，洗砂废水经三级沉淀后回用于生产工序循环使用，不外排。

2.生活污水

项目生活污水，主要污染物为 COD_{Cr}、BOD_5、SS、NH_3-N 等，成分较为简单，一般通过化粪池进行处理后综合利用。

5.6.3.3　噪声

矿石开采过程中施工机械噪声主要为钻孔爆破、矿石开采、铲装、运输、矿石破碎筛分等生产过程中产生的噪声，以及破碎机、筛分机、挖掘机、装载机、运输车辆等产生的机械噪声等。根据该类企业实际运营情况，采矿作业噪声值一般为 75～120dB(A)，其中钻孔爆破、矿石铲装、矿石破碎筛分等过程产生的噪声为主要的噪声源，噪声最高可达 120dB(A)，具体噪声源强见表 5-6。

表 5-6　矿石开采机械设备噪声典型值

设备名称	噪声源强/dB(A)	源强属性
潜孔钻机	90	间断
空压机	90	连续
凿岩机	95	间断
钻孔爆破	120	间断
挖掘机	87	间断
装载机	85	间断
破碎机	95	连续
振动筛	90	连续
带式运输机	75	连续
运输车辆	85	连续

5.6.3.4　固体废弃物

矿石开采过程中的主要固体废弃物包括矿石剥离物、职工生活垃圾、废机油及油抹布、沉淀池底泥及除尘器收集的粉尘等。

5.7 石料开采加工污染防治措施

5.7.1 大气污染防治措施

5.7.1.1 表土剥离粉尘

表土一般采用挖掘机直接剥离，在挖掘机剥离过程中会产生一定量的粉尘，在剥离时对表层适当喷洒一定的水，采用雾炮机喷水或者利用降雨过后进行剥离，可将剥离粉尘量降至最低。

5.7.1.2 凿岩穿孔粉尘

在开采过程中采用潜孔钻机进行穿孔，凿岩、穿孔过程应全程配套喷洒冷却水，洒水过程抑尘效果明显。

5.7.1.3 爆破时产生的有害气体治理措施

爆破过程产生的爆破废气相对较少，均为无组织排放，因此宜通过管理措施来进行防治，比如在大风天气禁止爆破；爆破时应精确计算用药量，尽量减少爆破用药；爆破前对爆堆进行注水和洒水；爆破后及时向爆破堆喷雾洒水；爆破点尽量远离人群密集区域，并尽量安排在下风方向区域。

5.7.1.4 铲装粉尘的治理措施

矿石在装卸过程中因风力作用产生扬尘，由于矿石块径较大，质量较大，装卸过程中起尘量较小。为了抑制矿石转运过程中的扬尘，对矿石装卸、运输等产尘点进行洒水，在矿石装卸过程中应尽量降低矿石落料的高差，以减少粉尘飞扬。

5.7.1.5 运输扬尘治理措施

矿区内矿石及土石方运输均采用汽车运输，运输过程中会产生扬尘污染。对于此类污染的治理措施包括：运输路面采用粒径较小的废弃的矿石废料铺压；对道路上泥土和落石定期进行清扫并洒水；运输车辆限速行驶；采用封闭车厢或覆盖帆布的方式，均可有效减少扬尘的产生和排放。

5.7.1.6 燃油机械废气

选用符合国家标准的运输车辆及机械设备，同时加强维护；选用合格的燃油，避免排放未完全燃烧的黑烟。此外，企业生产期间合理安排运输路线，避免运输绕路情况发生，同时加强运输路面维护，确保道面质量，要求运输车辆限速运行，严禁超载。

5.7.1.7 原矿、成品堆场、排土场放粉尘治理措施

原矿及成品堆场定期喷水，并设半封闭堆棚，从源头控制堆料场粉尘的产生和排放，可有效避免矿石及成品堆放产生的粉尘。

5.7.1.8　破碎粉尘

矿石破碎工序均会产生一定量的粉尘，破碎系统应设置集气罩对作业时产生的粉尘进行收集，并通过除尘器进行除尘。使用布袋除尘器或多级旋风除尘器可以得到较好的除尘效果。

5.7.2　水污染防治措施

生活废水产生量较少，水质简单，一般通过化粪池进行收集处理，处理后用于厂区绿化。

生产废水主要为洗砂废水，主要污染因子为悬浮物，可以通过简单的沉淀处理后循环利用。比如，设置三级沉淀池沉淀处理，沉淀池沉淀时间设为 2h，一级沉淀悬浮物去除效率为 80%，二级沉淀池悬浮物去除效率为 50%，三级沉淀池悬浮物去除效率为 20%，洗砂废水经三级沉淀后回用于生产工序循环使用，不外排。

5.7.3　噪声污染防治措施

5.7.3.1　声源控制

声源控制是消除噪声污染以及最大限度降低噪声污染的根本途径，工程可以采取以下措施对噪声产生源加以控制：

1.选用低噪声设备

目前各设备生产单位已把低噪声作为衡量设备质量的重要标志。在满足工艺生产的前提下，设计中考虑选用设备加工精度高、装配质量好、低噪声的设备是必要且可行的。

2.隔声与减振

许多噪声是由于机械的振动而产生的，对于这种机械性噪声的治理，最常采用的方法是隔振与减振(阻尼)。对产生噪声较大的设备，应避免与地基刚性连接，采用隔振器或自行设置隔振装置来实现弹性连接；对于由金属薄板制成的空气动力机械的管道壁机器外壳，隔声罩等则应采用阻尼减振措施，其阻尼位置、种类、阻尼材料应据实际情况设计和选择。

3.隔音降噪措施

可根据不同的因素选择最有效的噪声控制技术，如声源的大小和形式、噪声的强度和频率范围、环境的类型和特性，在声音传播途径上控制噪声；在工艺流程和生产控制上提高其自动化程度，从而减少工人接触噪声的时间。工艺设计中在通风机房、空压站等车间内拟设置隔音控制室，使控制室内噪声控制在 70dB(A)以下。对某些属于空气动力性噪声的设备如空压机等，在设计时可以在设备的进气口、排气口或是气流通道上加装消声装置，这样能有效地阻止或减弱声能向外传播，其对气流噪声的消声量可达 20～40dB(A)。可以利用建筑物、构筑物来阻隔声波的传播，使厂界噪声达到国家标准。

5.7.3.2　加强个人防护

除采取以上防治措施外，企业还应充分重视操作人员的劳动保护，为其发放特制耳塞、耳罩，并设置操作人员值班室，避免操作人员长期处于高噪声环境中，从噪声受体保护方面减轻污染。

5.7.4 固体废弃物处理处置措施

矿石开采过程中的主要固体废弃物及处理处置措施包括：

矿石剥离物。剥离物包含松散堆积物及非矿废渣，运往排土场堆放，全部存放于排土场，剥离量主要为矿体表层浮土，作为矿区服务期满后土地复垦填料。

生活垃圾。一般生活垃圾的产生量可按 1.0kg/(d·人)计，依据企业的劳动定员，可以估算生活垃圾产生量，生活垃圾应该分类集中收集后，运至环卫部门指定地点进行处置。

废机油及油抹布。根据《国家危险废物名录》900-041-49，“废弃的含油抹布、劳保用品混入生活垃圾，全过程不按危险废物管理”。因此此类废弃物可混入生活垃圾的集后运至环卫部门指定地点进行处置。建议矿山运输车辆及设备定期在专业维修厂进行维护保养，而不在矿区进行此类工作。

沉淀池底泥及除尘器收集的粉尘。沉淀池底泥(石粉)和除尘器收集的粉尘量可集中收集后堆存在排土场内。

第 6 章　典型冶炼业污染防治

6.1　铅锌冶炼业概况

6.1.1　铅锌冶炼业发展概况

铅锌的应用十分广泛，是国民经济不可缺少的金属材料。铅主要用于制造合金，按其性能用途可以分：耐腐蚀合金、焊料合金和磨具合金。其主要用途集中在制造铅蓄电池，占铅消费总量的 70%以上。中国是世界上金属铅储量较为丰富的国家，同时也是全球最大的精铅生产国和消费国。锌是一种抗锈性强、压铸性好的金属，中间消费主要是镀锌钢材、压铸锌合金、黄铜和氧化锌等，其最终消费集中在建筑、通信、电力、农业、汽车和家电等行业，我国也是全球锌的最重要的生产国和消费国。

我国铅锌矿产分布广泛，已查明资源储量相对集中于几个省区。已有 27 个省区发现并勘查了铅锌资源，但从富集程度和现保有储量来看，集中于云南、内蒙古、甘肃、广东、湖南、广西 6 个省区，铅锌合计储量大于 800 万 t 的省区依次为云南 2662.91 万 t、内蒙古 1609.87 万 t、甘肃 1122.49 万 t、广东 1077.32 万 t、湖南 888.59 万 t、广西 878.80 万 t，合计为 8239.98 万 t，占全国铅合计储量 12956.92 万 t 的 64%。从三大经济地区分布来看，集中于中西部地区，其中铅资源储量占 73.8%，锌资源储量占 74.8%。我国铅锌矿山资源的特点是大矿少、小矿多；富矿少、贫矿多；易采易选矿少、难采难选矿多；绝大部分探明矿点已经得到开发利用，未被开发利用的储量大多集中在建设条件和资源条件不好的矿区，后备资源缺乏。

国内铅锌业矿山目前仍以小企业为主，从 2007 年的情况来看，铅精矿产量在 1 万 t 以上的公司有 20 家，总产量占全国产量的 42%，其中 3 万 t 以上的只有 6 家，占全国产量的 13%；锌精矿产量在 3 万 t 以上的公司有 13 家，总产量占全国产量的 25.3%。近年来，我国铅锌冶炼行业出现了较快的发展，我国已经成为全球最重要的铅锌生产国之一。2000—2007 年，我国精铅产能年均递增 17.2%，2007 年为 338 万 t/a，2010 年达到 400 万 t 左右；2000—2007 年，锌冶炼能力年均递增 11.4%，2007 年为 420 万 t，2010 年达到 500 万 t 左右。为了不断满足铅锌冶炼能力的提高，我国铅锌原料的进口量、再生铅产量增速加快，2013 年中国再生铅产量已达到总产量的 50%左右。

经过多年的发展，我国铅锌业生产布局已形成东北、湖南、两广、滇川、西北五大铅锌采选冶和加工配套的生产基地，其铅产量占全国总产量的85%以上，锌产量占全国总产量的95%。

东北铅锌生产基地。东北地区是我国开发较早的铅锌生产基地之一。20世纪50年代初期，其铅产量占全国铅产量的80%以上，在中国铅锌生产居于重要地位。东北基地以七矿两厂为主，即青城子铅锌矿、八家子铅锌矿、柴河铅锌矿（现已闭坑）、桓仁铜锌矿、红透山铜锌矿、西林铅锌矿、天宝山铅锌矿和沈阳冶炼厂、葫芦岛锌厂。七矿两厂不仅是东北铅锌生产基地的支柱厂矿，也是培养造就科技人才的基地，六七十年代曾向全国新建的铅锌企业输送大批具有实践经验的科技和管理人才以及生产技术工人，为中国铅锌业的发展作出了积极贡献。

湖南铅锌生产基地。湖南铅锌矿产资源丰富，而且富矿多，大部分矿产地可开发利用。该基地铅锌厂矿是五六十年代建成的，由水口山矿务局、桃林铅锌矿、黄沙坪铅锌矿、东坡铅锌矿和株洲冶炼厂等组成的湖南铅锌生产基地，是当时全国自产原料的最大的铅锌生产基地，在全国产量占有重要地位。

两广铅锌生产基地。广东、广西两省区的铅锌资源丰富，两省区是70年代形成的我国大型铅锌生产基地之一。广东以凡口铅锌矿和韶关冶炼厂为主，其次是丙村铅锌矿、昌化铅锌矿、大尖山铅锌矿。广西有泗顶铅锌矿、大新铅锌矿、河三铅锌矿、柳州锌品厂和大厂矿务局等。

滇川铅锌生产基地。云南铅锌矿产资源十分丰富，现铅锌保有储量均居全国之首。该基地铅锌企业也是五六十年代建成的，主要是会泽铅锌矿、澜沧老厂铅锌矿和昆明冶炼厂、个旧鸡街冶炼厂。云南铅锌矿产资源具有广阔的开发前景，90年代开始兴建超大型铅锌矿床金顶矿山。四川有会东铅锌矿、会理铅锌矿两个主要矿山以及一批中小型矿山，铅锌精矿产量猛增。

西北铅锌生产基地。西北地区铅锌矿产资源也很丰富，主要分布在甘陕青三省，而且西成矿带经勘查储量又有大幅度的增长，资源前景十分可观。该基地铅锌生产以白银有色金属公司为主，有白银厂小铁山铅锌矿、第三冶炼厂和西北铅锌冶炼厂，陕西有铅硐山铅锌矿、二里河铅锌矿、银洞梁铅锌矿等和青海锡铁山矿务局。西北铅锌产量较少，但开发前景可观。一是有丰富的铅锌矿产资源，位于甘陕交界的西成—凤太矿带，经近20余年勘查出10多个大中型铅锌银金矿床，其中厂坝—李家沟铅锌达到超大型规模，银达到大型规模。二是厂坝正在抓紧建设一座大型矿山，它将成为西北冶炼厂主要矿物原料供给基地，是全国大型铅锌矿山之一。

除上述五大铅锌生产基地外，内蒙古、江西、贵州等省区也建设了一批中小型矿山。其中内蒙古有梧桐花铅锌矿、白音诺尔铅锌矿、翁牛特旗硐子铅锌矿等矿山。内蒙古是全国生产铅锌精矿主要的省区之一，开发前景巨大。江西有银山、冷水坑等铅锌矿，贵州有赫章铅锌矿、杉树林铅锌矿等。

6.1.2　铅锌冶炼业产业政策

根据我国《产业结构调整指导目录》，以下属于限制类项目：

1)铅冶炼项目(单系列 5 万 t/a 规模及以上，不新增产能的技改和环保改造项目除外)。

2)新建单系列 10 万 t/a 规模以下锌冶炼项目，单系列 3 万 t/a 规模以下的含锌二次资源及直接浸出项目，单系列 5 万 t/a 规模以下的湿法炼锌项目。

3)新建单系列生产能力 5 万 t/a 及以下，改扩建单系列生产能力 2 万 t/a 及以下，以及资源利用、能源消耗、环境保护等指标达不到行业准入条件要求的再生铅项目。

以下属于淘汰类项目：

1)采用烧结锅、烧结盘、简易高炉等落后方式炼铅工艺及设备。

2)利用坩埚炉熔炼再生铝合金、再生铅的工艺及设备。

3)1 万 t/a 以下的再生铝、再生铅项目。

4)再生有色金属生产中采用直接燃煤的反射炉项目。

5)未配套制酸及尾气吸收系统的烧结机炼铅工艺。

6)烧结—鼓风炉炼铅工艺。

7)鼓风炉炼铅工艺设备。

6.2　铅锌冶炼典型工艺及产污环节

6.2.1　铅锌原矿采选

铅锌矿按矿石中主要有用成分不同，可以分为铅矿石、锌矿石、铅锌矿石、铅锌铜矿石、铅锌硫矿石、铅锌铜硫矿石、铅锡矿石、铅锑矿石、锌铜矿石等。铅锌矿石一般需选矿富集为精矿使用，选矿方法也不同。硫化矿石多用浮选；氧化矿石用浮选或重选与浮选联合选矿，或硫化焙烧后浮选，或重选后用硫酸处理再浮选。对于含多金属的铅锌矿，常采用磁—浮、重—浮、重—磁—浮等联合选矿方法。

6.2.2　冶炼工艺及产物节点

铅冶炼是指将铅精矿熔炼，使硫化铅氧化为氧化铅，再利用碳质还原剂在高温下使氧化铅还原为金属铅的过程。炼铅原料主要为硫化铅精矿和少量块矿。

铅冶炼通常分为粗铅冶炼和精炼两个步骤。粗铅冶炼过程是指铅精矿经过氧化脱硫、还原熔炼、铅渣分离等工序，产出粗铅，粗铅含铅 95%～98%。粗铅中含有铜、锌、镉、砷等多种杂质，再进一步精炼，去除杂质，形成精铅，精铅含铅 99.99%以上。粗铅精炼分为火法精炼和电解精炼，火法炼铅基本上采用烧结焙烧—鼓风炉熔炼流程占铅总产量的 85%～90%；其次为反应熔炼法，其设备可用膛式炉短窑，电炉或旋涡炉，沉淀熔炼很少采用。

对难以分选的硫化铅锌混合精矿，一般采用同时产出铅和锌的密闭鼓风炉熔炼法处理。对于极难分选的氧化铅锌混合矿，经长期研究形成了我国独特的处理方法，即用氧化铅锌混合矿原矿或其富集产物，经烧结或制团后在鼓风炉熔化，以便获得粗铅和含铅锌的熔融炉渣，炉渣进一步在烟化炉烟化，得到氧化锌产物，并用湿法炼锌得到电解锌。此外，也可以用回转窑直接烟化获得氧化锌产物。

我国通常采用电解精炼铅冶炼生产工艺，其流程及主要产污环节如图 6-1 所示。

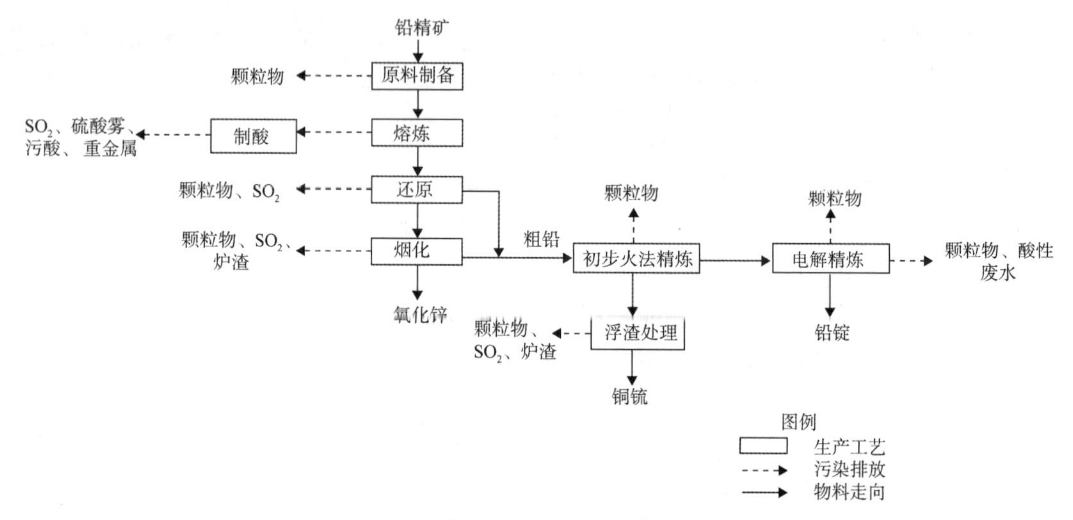

图 6-1　电解精炼铅冶炼生产工艺流程图

6.2.2.1　大气污染

铅冶炼产生的大气污染物主要为颗粒物、二氧化硫和重金属（铅、锌、砷、镉、汞及其氧化物）。铅冶炼主要大气污染物及来源见下表。

表 6-1　铅冶炼主要大气污染物及其来源

工序	产污节点	主要污染物
原料制备工序	精矿装卸、输送、配料、造粒、干燥、给料等过程	颗粒物、重金属（Pb、Zn、As、Cd、Hg）
熔炼—还原工序	熔炼炉、还原炉排气；加料口、出铅口、出渣口、溜槽及皮带机受料点等处泄露烟气	颗粒物、SO_2、CO、重金属（Pb、Zn、As、Cd、Hg）
烟化工序	烟化炉排气；加料口、出渣口及皮带机受料点等处泄露烟气	颗粒物、SO_2、重金属（Pb、Zn、As）
烟气制酸工序	制酸尾气	SO_2、硫酸雾、重金属（As、Hg）
火法精炼工序	熔铅锅	颗粒物、SO_2、重金属（Pb）
浮渣处理工序	浮渣处理炉窑烟气，包括加料口、放冰铜口、出渣口等处泄露烟气	颗粒物、SO_2、重金属（Pb、Zn、As）
电解精炼工序	电解槽及其他槽	酸雾
	电铅锅	颗粒物、SO_2、重金属（Pb）

6.2.2.2　水污染

铅冶炼过程中产生的废水包括炉窑设备冷却水、冲渣废水、高盐水、冲洗废水、烟气净化废水等。铅冶炼主要水污染物及来源见表6-2。

表6-2　铅冶炼主要水污染物及其来源

工序	产污节点	主要污染物
熔炼—还原工序	炉窑汽化水套或水冷水套、余热锅炉	盐类
烟化工序	炉窑汽化水套或水冷水套、余热锅炉	盐类
	冲渣	SS、重金属(Pb、Zn、As)
烟气制酸工序	制酸系统烟气净化装置	酸、SS、重金属(Pb、Zn、As、Cd、Hg)
浮渣处理工序	炉窑汽化水套或水冷水套、余热锅炉	盐类
电解精炼工序	阴极板冲洗水、地面冲洗水	酸、SS、重金属(Pb、Zn、As)
软水处理工序	软化水处理后产生的高盐水	Ca^{2+}、Mg^{2+}等离子
初期雨水收集池	熔炼区、电解区的初期雨水	酸、SS、重金属(Pb、Zn、As、Cd、Hg)
废气湿式除尘器	湿式除尘器排水	SS、重金属(Pb、Zn、As、Cd、Hg)

6.2.2.3　固体废弃物污染

铅冶炼过程中产生的固体废弃物主要包括烟化炉渣、浮渣处理炉渣、含砷废渣、脱硫石膏渣及废触媒。铅冶炼主要固体废弃物及来源见表6-3。

表6-3　铅冶炼主要固体废弃物及其来源

工序	产污节点	主要污染物
烟化工序	烟化炉	烟化炉水渣滓(Pb、Zn、As、Cu)
烟气制酸工序	污酸处理系统	含砷废渣(Pb、Zn、As、Cd、Hg)
	制酸系统	废弃触媒(V_2O_5)
浮渣处理工序	铜浮渣处理	浮渣处理炉渣(Pb、Zn、As、Cu)
电解精炼工序	电解槽	阳极泥
烟气脱硫系统	烟气脱硫系统	脱硫副产物

6.2.2.4　噪声污染

铅冶炼过程中产生的噪声分为机械噪声和空气动力性噪声，主要噪声源包括鼓风机、烟气净化系统风机、余热锅炉排气管及氧气站的空气压缩机等。在采取控制措施前，其噪声声级可达到85～120dB(A)。

6.3 铅锌冶炼污染防治及清洁生产工艺

6.3.1 铅锌冶炼污染物治理技术

6.3.1.1 烟气除尘

1.袋式除尘技术

利用纤维织物的过滤作用对含尘气体进行净化。该技术除尘效率大于99.5%，适用范围广，不受颗粒物物理化学性质的影响，粉尘排放浓度可低于30mg/m³；但对烟气温度、湿度、腐蚀性等要求高，系统阻力大，运行维护费用高。该技术适用于鼓风炉和烟化炉的烟气除尘，也适用于环境集烟系统的废气除尘等。

2.电除尘技术

利用强电场使气体发生电离，进入电场空间的烟尘荷电，在电场力作用下向相反电极性的极板移动，并通过振打等方式将沉积在极板上的烟尘收集下来。该技术除尘效率在99.0%～99.8%，烟尘排放浓度可低于50mg/m³，能耗低，可应用于高温、高压环境，系统阻力小，运行维护费用低于袋式除尘器；但一次性投资大，应用范围受粉尘比电阻的限制，对细粒子的去除效果低于袋式除尘器。该技术适用于熔炼—还原工序的烟气除尘。

3.旋风除尘技术

利用离心力的作用，使烟尘在重力和离心力的共同作用下从烟气中分离而加以捕集。该技术设备结构简单，投资成本低，操作管理方便，可用于高温(450℃)、高含尘量(400～1000g/m³)烟气的除尘；但除尘效率低。该技术适用于熔炼炉和还原炉的预除尘，尤其适用于10μm以上粗粒烟尘的预处理。

4.湿法除尘技术

利用液滴或液膜黏附烟尘净化烟气，包括动力波除尘技术、水膜除尘技术、文丘里除尘技术、冲击式除尘技术等，其中动力波除尘技术在铅冶炼中较常采用。该技术操作简单、运行稳定、维修费用小，可适应烟气量变化较大的工况。该技术适用于铅冶炼制酸系统的烟气净化。

6.3.1.2 烟气制酸

1.绝热蒸发稀酸冷却烟气净化技术

使用稀酸喷淋含二氧化硫的烟气，利用绝热蒸发降温增湿及洗涤的作用使杂质从烟气中分离，达到除尘、除雾、吸收废气、调整烟气温度的目的。该技术可提高循环酸浓度，减少废酸排放量，降低新水消耗。该技术适用于所有铅冶炼制酸烟气的湿式净化。

2.低位高效二氧化硫干燥和三氧化硫吸收技术

利用浓硫酸等干燥剂吸收二氧化硫中的水蒸气和三氧化硫，净化和干燥制酸烟气。净化后的制酸尾气从吸收塔排出，尾气中二氧化硫排放浓度低于 400mg/m^3，硫酸雾浓度低于 40mg/m^3。该技术投资少、能耗较低，且可降低尾气中的酸雾含量。该技术适用于所有制酸烟气的干燥和三氧化硫的吸收。

3.湿法硫酸技术

烟气经过湿式净化后，不干燥直接进行催化氧化，再经水合、冷却生成液态浓硫酸。该技术可处理传统烟气脱硫工艺无法处理的低浓度二氧化硫烟气，硫回收率大于 99%。该技术适用于二氧化硫浓度为 1.75%～3.5%的烟气，若二氧化硫浓度低于 1.75%，需要消耗额外的能量，以满足系统热平衡要求，经济性较差。

4.双接触技术

二氧化硫烟气先进行一次转化，生成的三氧化硫在吸收塔(中间吸收塔)被吸收生成硫酸，未转化的二氧化硫返回转化器再进行二次转化，二次转化后的三氧化硫在吸收塔(最终吸收塔)被吸收生成硫酸。通常采用四段转化，根据具体烟气条件也可选择五段转化。烟气中的二氧化硫以硫酸的形态回收，二氧化硫转化率不低于 99.6%。该技术适用于二氧化硫浓度 6%～14%的烟气制取硫酸。

5.预转化技术

烟气在未进入正常转化之前，先经预转化器转化，生成三氧化硫，使烟气中的二氧化硫浓度降低到主转化器、触媒能够接受的范围内。该技术可提高二氧化硫总转化率，降低尾气中污染物的排放浓度及排放量，且在预转化生成的三氧化硫进入主转化器后，起到抑制主转化器第一层触媒二氧化硫氧化反应的作用，避免出现过高的反应温度，损坏触媒和设备。该技术适用于二氧化硫浓度高于 14%的烟气制取硫酸。

6.三氧化硫再循环技术

将反应后的含三氧化硫烟气部分循环到转化器一层入口，起到抑制转化器第一层触媒处二氧化硫氧化反应的作用，从而控制触媒层温度在允许范围内。该技术二氧化硫转化率大于 99.9%，可降低尾气中二氧化硫的排放浓度和排放量。该技术适用于二氧化硫浓度高于 14%的烟气制取硫酸。

7.烟气制酸中温位、低温位余热回收技术

二氧化硫转化和三氧化硫吸收均为放热反应，转化产生的热为中温位热，干吸工段产生的热为低温位热。中温位余热、低温位余热除满足系统自身热平衡外，还可通过余热锅炉、省煤器或三氧化硫冷却器等设备来生产中低压蒸汽，供生产、采暖通风、卫生热水或余热发电使用。该技术可使中温位热、低温位热的利用率由约 40%提高至 90%以上。该技术适用于铅冶炼烟气制酸。

6.3.1.3 烟气脱硫

1.石灰/石灰石—石膏脱硫技术

该技术主要以石灰或石灰石为吸收剂去除烟气中的二氧化硫，生成的副产物为脱硫石膏。该技术脱硫效率较高，石灰/石灰石来源广且成本低，还可部分去除烟气中的三氧化硫、重金属离子、氟离子、氯离子等；但装置占地面积大，吸收剂消耗大，副产物脱硫石膏不易综合利用，有少量含氯量高的脱硫废水排放。该技术适用于铅冶炼低浓度二氧化硫烟气的治理，不适用于脱硫剂资源短缺、场地有限的铅冶炼烟气制酸。

2.有机溶液循环吸收脱硫技术

该技术以离子液体或有机胺类为吸收剂，添加少量活化剂、抗氧化剂和缓蚀剂，在低温下吸收二氧化硫，高温下再将二氧化硫解析出来，实现烟气中二氧化硫的脱除和回收。该技术可得到纯度99%以上的二氧化硫气体送制酸工序。该技术流程简单，自动化程度高，副产物二氧化硫可有效回收利用；但一次性投资大，受吸收剂来源限制，能耗高，设备易腐蚀，运行维护成本高。该技术适用于低压蒸汽供应充足、烟气二氧化硫浓度较高、波动较大的铅冶炼烟气制酸。

3.金属氧化物脱硫技术

将含金属氧化物（如氧化锰、氧化锌、氧化镁等）的粉料加水或利用工艺中返回的脱硫渣的洗液配制成悬浮液，在吸收塔中与烟气中的二氧化硫反应，使烟气中的二氧化硫主要以亚硫酸盐的形式脱除。吸收后的副产物经空气氧化、热分解或酸分解处理，生成硫酸或二氧化硫。该技术脱硫效率大于90%，吸收剂可循环利用。该技术适用于有金属氧化物副产物的铅冶炼烟气制酸。

4.活性焦吸附法脱硫技术

利用活性焦的物理、化学作用吸附二氧化硫。活性焦可采用洗涤法和加热法再生，再生回收的高浓度二氧化硫混合气体送入制酸工序。该技术流程简单，再生过程中副反应少，脱硫效率高，同时可除尘、脱硝；但活性焦吸附容量有限，需要在低气速下运行，吸附设备体积大，且活性焦损耗量大。该技术适用于蒸汽供应充足、场地宽裕的铅冶炼烟气制酸。

5.氨法脱硫技术

主要以液氨、氨水为吸收剂去除烟气中的二氧化硫。该技术脱硫效率大于95%，投入和运行费用低，占地面积小，处理率高，氨耗低；但存在氨逃逸问题，同时产生含氯离子酸性废水，易造成二次污染。该技术适用于液氨供应充足且对副产物有一定需求的铅冶炼烟气制酸。

6.双碱法脱硫技术

烟气中的二氧化硫在吸收塔内与氢氧化钠溶液反应，生成亚硫酸钠溶液，该溶液被引出反应塔外与投加的氢氧化钙反应，生成氢氧化钠和亚硫酸钙，沉淀分离亚硫酸钙，氢氧化钠溶液循环使用。该技术可避免设备的腐蚀与堵塞，便于设备运行与保养，提高运行可靠性，运行费用较低。该技术适用于氢氧化钠来源较充足的铅冶炼烟气制酸。

6.3.1.4 废酸及酸性废水治理

1.石灰中和法废水治理技术（LDS法）

向废酸及酸性废水中投加石灰，使氢离子与氢氧根离子发生中和反应。该技术可有效中和废酸及酸性废水，同时对除汞以外的重金属离子也有较好的去除效果，重金属去除率可大于 98%。该技术对水质有较强的适应性，工艺流程短，设备简单，原料石灰来源广泛，废水处理费用低；但出水硬度高，难以回用；底泥过滤脱水性能差，成分复杂，含重金属品位低，不易处置，易造成二次污染（图 6-2）。

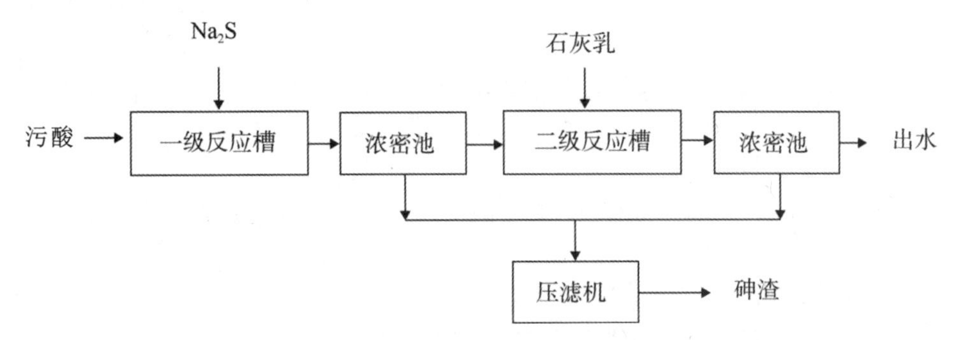

图 6-2　典型硫化法加石灰中和法处理废酸工艺流程图

来自硫酸净化工序的废酸经脱吸后送往原液贮槽，由原液贮槽用泵打入一级反应槽，在一级反应槽中加入 Na_2S 溶液，在搅拌的情况下进行充分反应，反应后液体流入硫化浓密机进行沉降分离，浓密机中的上清液送入二级反应槽，加入石灰乳、PAM 进行中和处理生成石膏，经沉淀池沉淀分离后，上清液返回脱硫系统和熔炼冲渣循环池回用。

硫化法适宜处理重金属、砷含量较高的制酸净化废水，由于该法需在酸性废水中投加硫化物，将产生 H_2S 污染，在运行过程中反应槽逸出的 HS 气体需送 H_2S 处理塔用 NaOH 吸收后才可排放。

该技术适用于铅冶炼废酸及酸性废水的处理。

2.高浓度泥浆法废水治理技术（HDS 法）

在石灰中和法的基础上，通过将污泥不断循环回流，改进沉淀物形态和沉淀污泥量，提高污泥的含固率。与石灰中和法相比，该技术可将水处理能力提高 1～3 倍，且易实现对现有石灰中和法处理系统的改造，改造费用低；污泥固体含有率达 20%～30%，可提高设备使用率；可实现全自动化操作，降低药剂投加量，节省运行费用。

该工艺流程包括两步处理，第一步采用高浓度泥浆法（HDS），包括混凝反应系统、沉淀池、加药（石灰、PAM）系统、污泥收集脱水系统、动力系统、控制系统等；第二步采用传统铁盐石灰法除砷除重金属工艺，包括混凝反应系统、沉淀池、药剂（铁盐）配置投加系统，动力系统等；后续采用砂滤作为深度处理，废水处理后直接排放或达到回用要求（图 6-3）。

该工艺在高浓度泥浆法阶段去除大部分（80%以上）重金属后使用铁盐石灰法进一步去除砷、氟等污染物，使废水稳定达到排放标准。该技术降低了废水中的钙等离子的含量，因而能够延缓设备、管道的结垢现象，可广泛适用于冶炼厂污酸处理。该技术适用于铅冶炼废酸及酸性废水的处理。

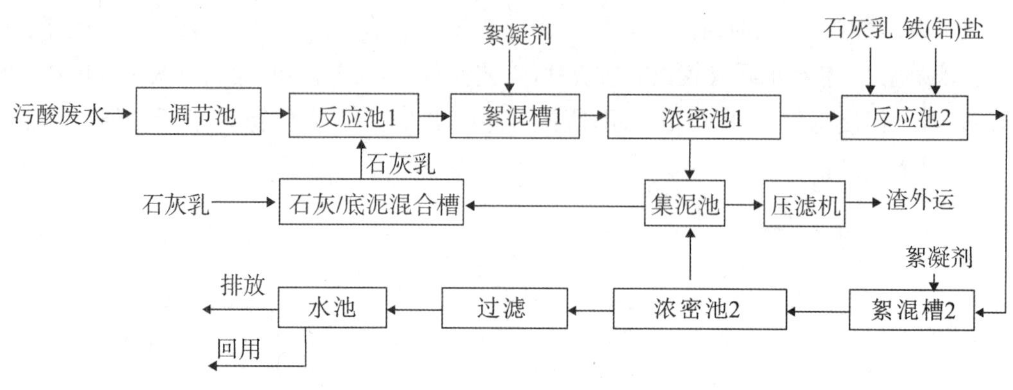

图 6-3 典型高浓度泥浆法加铁盐中和处理废酸工艺流程图

3.石灰—铁盐(铝盐)法废水治理技术

向废水中投加石灰乳和铁盐或铝盐(废水中含有氟离子时,需投加铝盐),将 pH 值调整至 9～11,去除污水中的砷、氟、铜、铁等重金属离子。铁盐通常使用硫酸亚铁、三氯化铁和聚合氯化铁,铝盐通常使用硫酸铝、氯化铝。

该技术除砷效果好,工艺流程简单,设备少,操作方便,可使除汞之外的所有重金属离子共沉;但硫化物须在较严格的酸性条件下才能形成沉淀。各种离子去除率分别为:氟 80%～99%、其他重金属离子 98%～99%。该技术适用于含砷、含氟废水的处理。

6.3.1.5 硫化法废水治理技术

向水中投加碱性物质,形成一定的 pH 值条件,再投加硫化剂,使金属离子与硫化剂反应生成难溶的金属硫化物沉淀而去除。该技术可用于去除水中重金属,去除率高,沉渣量少,便于回收有价金属;但硫化剂费用高,反应过程中会产生硫化氢(H_2S)气体,有剧毒,易对人体造成危害。

该技术适用于含砷、汞、铜离子浓度较高的废酸及酸性废水的处理。

6.3.1.6 生物制剂法废水治理技术

将具有特定降解能力的复合菌群代谢产物与其他化合物复合制备成重金属废水处理剂,重金属离子与重金属废水处理剂经多基团协同作用,絮凝形成稳定的重金属配合物沉淀,去除水中的重金属离子。该技术处理效率高,处理设施简单,运行成本低,且可应用于对现有斜板沉淀设施的改造。

该技术适用于粗铅冶炼含重金属废水的处理。

6.3.1.7 膜分离法废水治理技术

利用天然或人工合成膜,以浓度差、压力差及电位差等为推动力,对二组分以上的溶质和溶剂进行分离提纯和富集。常见的膜分离法包括微滤、超滤和反渗透。该技术分离效率高,出水水质好,易于实现自动化;但膜的清洗难度大,投资和运行费用较高(图 6-4)。

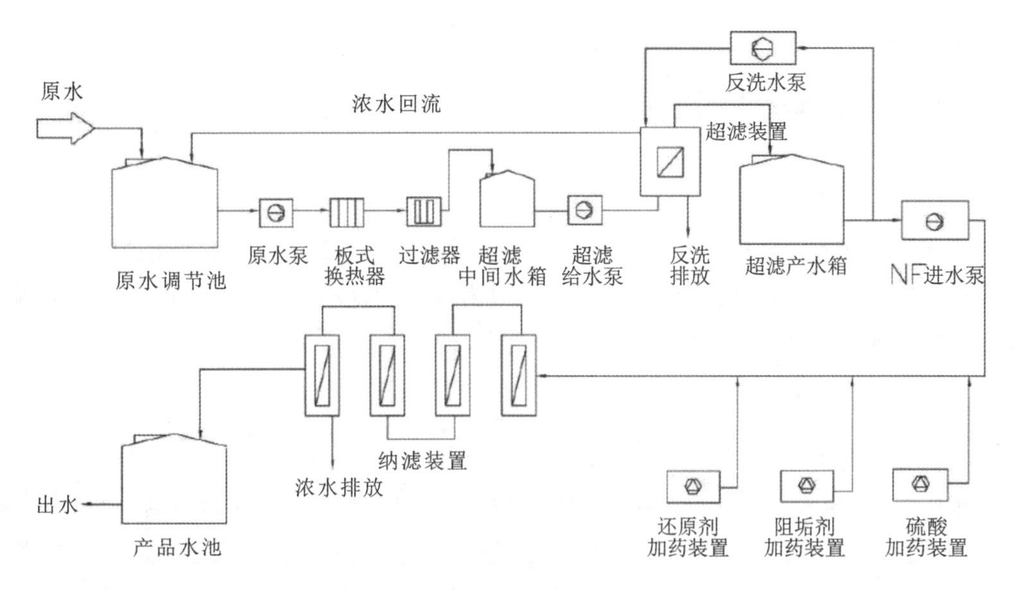

图 6-4 膜分离法废水治理工艺流程图

该技术中超滤系统作为纳滤系统的预处理，目的是去除水中的悬浮物、胶体细菌即病毒等物质，为后续纳滤系统的长期、稳定运行提供全面的保证。超滤预处理系统由进水泵、自清洗过滤器、超滤设备，以及超滤反洗、清洗装置组成，超滤预处理后的水进入纳滤系统，目的是去除溶解性固体、矿物质、溶解性有机物和活性硅等物质。纳滤系统由进水泵、5μm 过滤器、纳滤设备、清洗系统等组成。该技术处理后的出水水质达到《国家标准工业循环冷却水处理设计规范》要求的“循环冷却水的水质标准”，产生的浓水可返回水淬渣池作为水淬渣冷却补充水。该技术适用于严格控制重金属废水外排地区的污水，以及粗铅冶炼废水的深度处理。

6.3.1.8 固体废弃物综合利用及处理处置

铅冶炼烟化炉炉渣属于一般固体废弃物，可用于生产建材，如水泥掺和料或制砖原料等，也可利用一般工业废物处置场进行永久性集中贮存。在确保环境安全的情况下，废酸处理产生的石膏渣可作为生产水泥的缓凝剂。有金属回收价值的固体废弃物，应首先考虑综合利用。阳极泥可用于回收其中的金、银等有价金属；废酸处理产生的硫化渣，可用于回收铅、砷。对于危险废物，按有关管理要求进行安全处理或处置。

6.3.1.9 噪声污染治理技术

铅冶炼企业主要从三个途径减少噪声污染：降低噪声源强、在传播途径上控制噪声、在接受点进行个体防护。

降低噪声源：在满足工艺设计的前提下，尽可能选用低噪声设备。

在传播途径上控制噪声：在设计中，着重从消声、隔声、隔振、减振及吸声方面进行考虑，结合合理布置厂内设施、采取绿化等措施，可降低噪声约 35dB(A)。

6.3.2 铅锌冶炼清洁生产工艺

6.3.2.1 原料制备工序

封闭式料仓技术。该技术是以封闭储存原辅料的方式控制扬尘。料仓在配料、混料等过程中配套了除尘设施，物料输送过程采用密闭输送。该技术可减少原辅料贮存与配制过程中颗粒物的逸散。适用于铅冶炼原料制备。

6.3.2.2 熔炼—还原工序

1.富氧底吹熔炼—熔融高铅渣直接还原法熔炼技术

铅精矿、熔剂和工艺返回的铅烟尘经配料、造粒后，送底吹炉进行氧化熔炼，产出一次粗铅和高铅渣。一次粗铅铸锭后送精炼车间，熔融高铅渣经溜槽直接加入还原炉。该技术可有效减少烟气的无组织排放，且粗铅冶炼过程综合能耗低，可实现无焦冶炼，降低粗铅生产成本。该技术适用于以铅精矿为原料的粗铅冶炼，也可合并处理铅膏泥及锌浸出的铅银渣。

2.富氧底吹熔炼—鼓风炉还原法熔炼技术（水口山法）

氧气底吹熔炼—鼓风炉还原炼铅工艺，即水口山法，是我国具有自主知识产权的先进工艺。目前已建成和在建项目接近我国铅总项目的 40%。

炉料在底吹炉内氧化熔炼，产品为粗铅及含铅较高炉渣（高铅渣），将高铅渣铸成块，加入鼓风炉内进行还原熔炼产出粗铅，因为硫化矿的氧化脱硫是在密闭的卧式筒形炉内进行的，所以确保了作业环境条件良好，从而解决了铅冶炼过程中严重污染环境的问题。工艺流程如图 6-5 所示。

氧气底吹熔炼过程是纯氧熔炼，因此底吹熔炼烟气二氧化硫浓度较高，可采用催化床层吸收制酸工艺回收硫，吸收后的尾气含二氧化硫、硫酸雾浓度均低于国家允许的排放标准。厂区二氧化硫的低空污染也得到了较好的解决。由于取消烧结过程，从而大大降低了返粉量，生产过程中产出的铅烟尘均密封输送并返回配料，有效防止了铅尘的弥散污染由于底吹炉采用纯氧熔炼，实现了完全自热，入炉原料中不需要配煤补热。工艺还回收了底吹炉烟气中的余热，每生产 1t 粗铅，同时产出一定蒸汽。该炼铅工艺的粗铅产品每吨综合能耗小于 430kg 标准煤，远低于烧结鼓风炉炼铅工艺综合能耗（每吨 50kg 标准煤）。目前应用该技术已有 1 台 5 万 t/a、8 台 8 万 t/a、2 台 11 万 t/a 共计 10 个铅冶炼厂建成投产，并有 6 个铅冶炼厂正在施工建设，另有 8 个厂家正在项目设计阶段。从采用该技术工厂运行的情况看，该工艺投资省，综合能耗低，环保好，金属回收率高，生产成本比传统工艺低，氧气底吹炼铅技术达到国际领先水平。

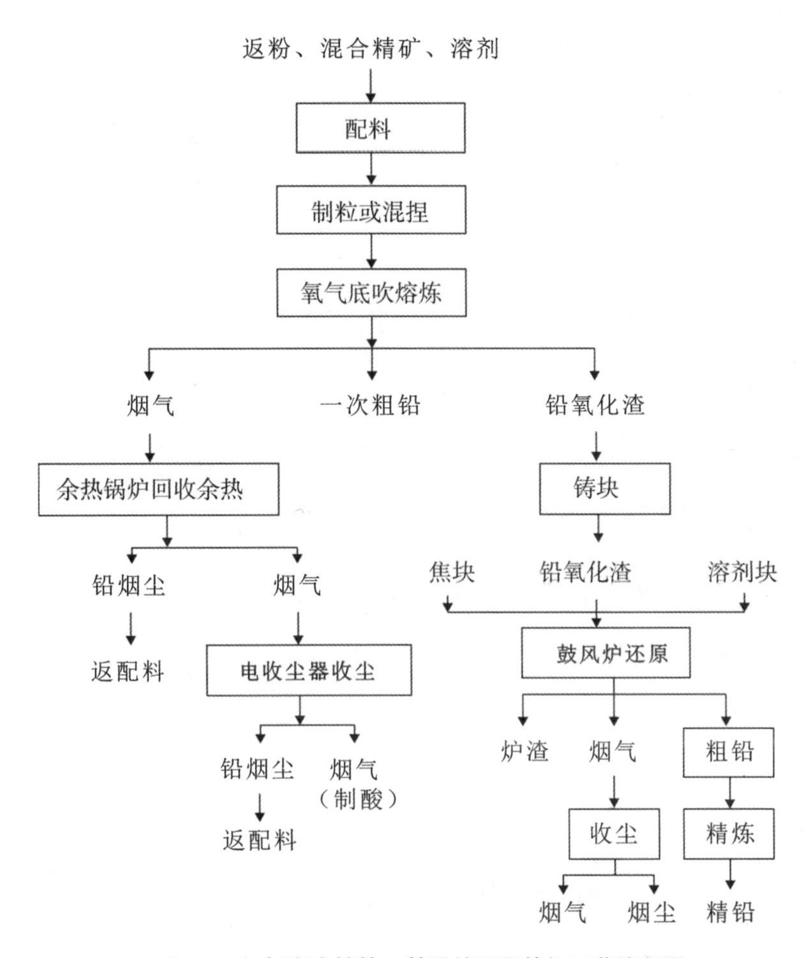

图 6-5 氧气底吹熔炼—鼓风炉还原炼铅工艺流程图

3.富氧顶吹熔炼—鼓风炉还原法熔炼技术(浸没熔炼法)

富氧顶吹熔炼—鼓风炉还原炼铅工艺(IY 铅冶炼方法)利用艾萨炉氧化熔炼和鼓风炉还原熔炼的优势,同时考虑湿法炼锌浸出渣的处理问题,增加了烟化炉系统。具体工艺流程见图 6-6。

硫化铅精矿采用 ISA 炉富氧顶吹氧化熔炼,在熔池内熔体—炉料—富氧空气之间强烈地搅拌和混合,大大强化了热量传递、质量传递和化学反应速度,物料入炉始就开始反应,相应的延长反应时间,因此反应过程更充分;还原熔炼基于鼓风炉熔炼,增加热风技术、富氧供风技术和粉煤喷吹技术,形成独特的 YMG 炉还原技术,处理能力大幅度提高,降低了焦炭消耗和渣含铅率。富氧顶吹熔炼—鼓风炉还原炼铅工艺(IY 铅冶炼方法),环保效果好,ISA 炉的密封性比较好,冶炼过程中烟气泄露点少,作业环境好;同时产生的烟气二氧化硫浓度高,完全满足“二转二吸”制酸的工艺要求,硫回收利用率高;目前云南驰宏公司规模为粗铅 8 万 t/a的曲靖铅冶炼工厂已投入生产运行,效果良好,该公司新建会泽铅冶炼厂将采用从 IY 铅冶炼法发展的“ISA 炉熔炼—高铅渣直接还原”新工艺。

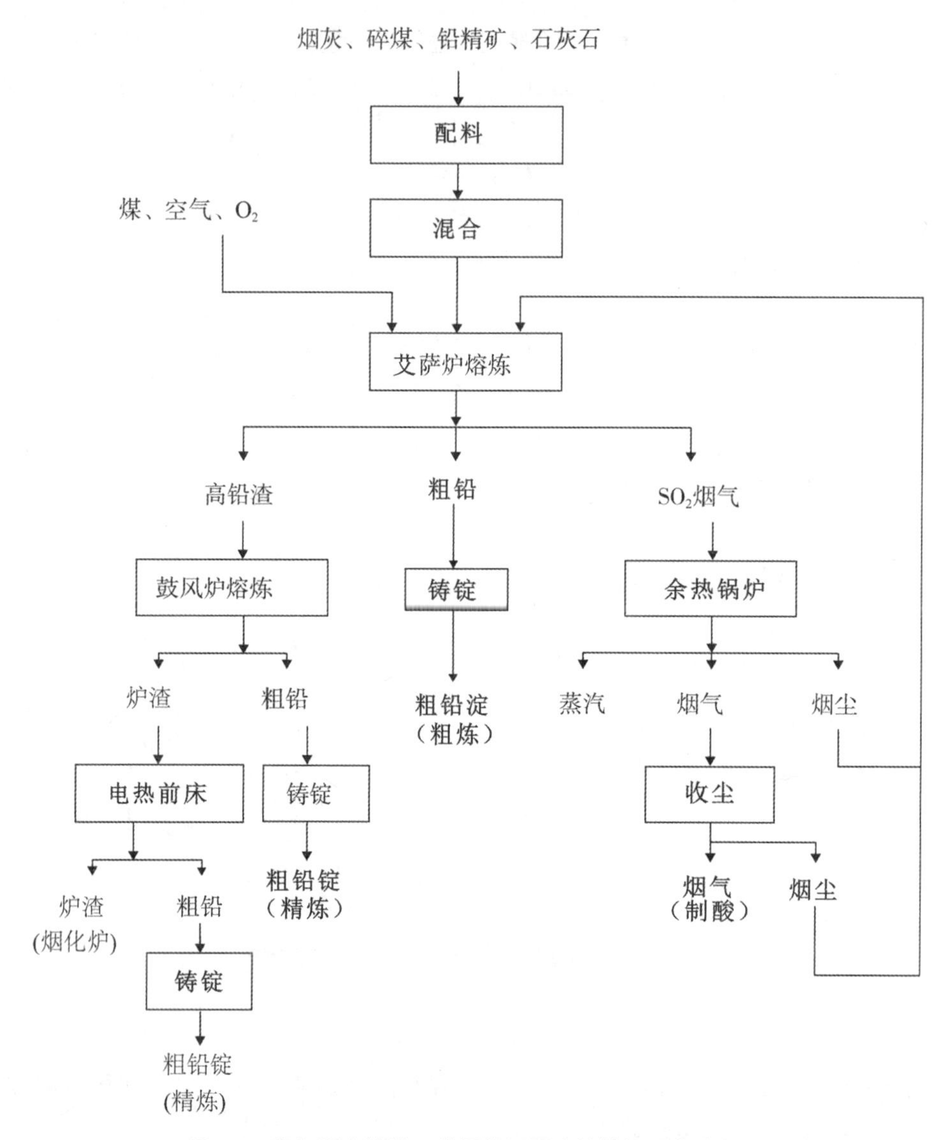

图 6-6　富氧顶吹熔炼—鼓风炉还原法熔炼铅工艺流程图

4.烧结—密闭鼓风炉法熔炼技术（ISP 法）

烧结设备主要有烧结机、烧结锅和烧结盘，还原设备主要是鼓风炉。硫化铅精矿采用鼓风烧结机脱硫烧结后，烧结块送鼓风炉进行还原熔炼，大量的返粉返回烧结配料工序；鼓风炉渣进烟化炉回收锌，烟化炉渣水淬后排放。工艺流程如图 6-7 所示。

该工艺简单、生产稳定、金属直收率高，但返料循环量大、烟气含尘量高、劳动条件差、铅尘排放量较大，烧结机烟气含二氧化硫浓度低、烟气二氧化硫浓度一般为 3%～4%，无法采用“二转二吸”工艺制酸，因此硫利用率低，烟气污染严重。目前部分企业对烧结机烟气采用低浓度制酸技术制酸（WAS 法和非稳态制酸法），回收其中的二氧化硫，对于非稳态制酸工艺，制酸尾气需经吸收处理方可达标排放。该工艺能耗较直接炼铅工艺高，目前韶关冶炼厂采用此工艺。

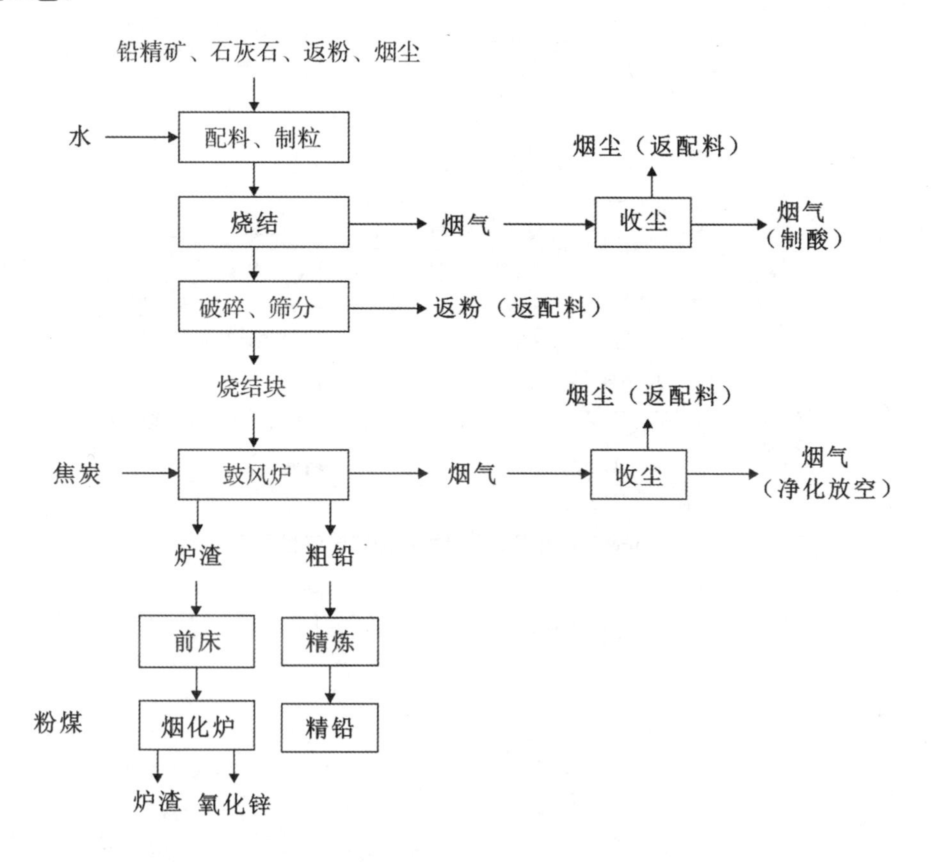

图 6-7 烧结—密闭鼓风炉法熔炼技术工艺流程图

5.氧气底吹法熔炼技术(QSL 法)

氧气底吹直接炼铅法，即 QSL 法。QSL 法是利用熔池熔炼的原理和浸没底吹氧气的强烈搅动，使硫化物精矿、含铅二次物料与熔剂等原料在反应器(熔炼炉)的熔池中充分搅动，速熔化、氧化、交互反应和还原，生成粗铅和炉渣。氧气底吹直接炼铅法工艺流程图见图 6-8。

氧气底吹直接炼铅法的特点是氧的利用率高(近乎 100%，脱硫率大于 97.5%)，烟气二氧化硫浓度高(进余热锅炉烟气二氧化硫浓度为 8%～12%)。适于“二转二吸”制酸工艺，操作简单，劳动条件好，成本低。

6.卡尔多炉法熔炼技术

卡尔多炉炼铅工艺分为加料、氧化熔炼、还原熔炼和放铅出渣 4 个阶段，该工序精矿含水在 0.5%以下，再进入筛分机进行筛分，小于 5mm 的细料用压缩空气送入喷枪，在喷枪内由富氧空气喷入炉内进行闪速熔炼。大于 5μm 的粗料与溶剂、焦粉一起用翻斗车加入炉内参与反应。工艺流程如图 6-9 所示。

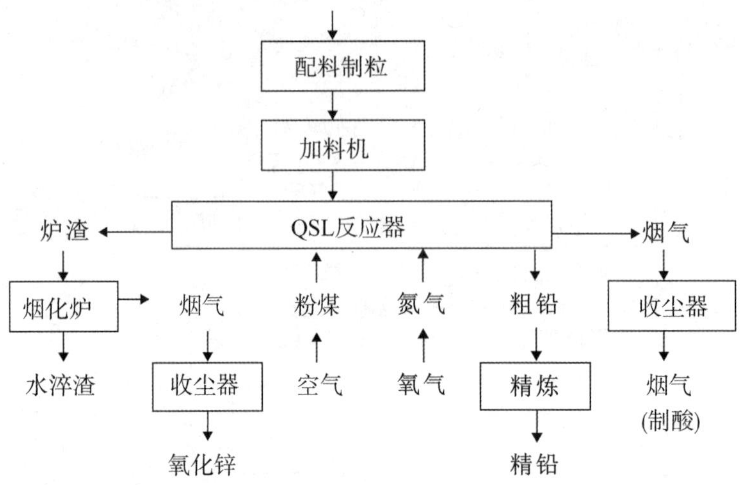

图 6-8　氧气底吹直接炼铅法工艺流程图

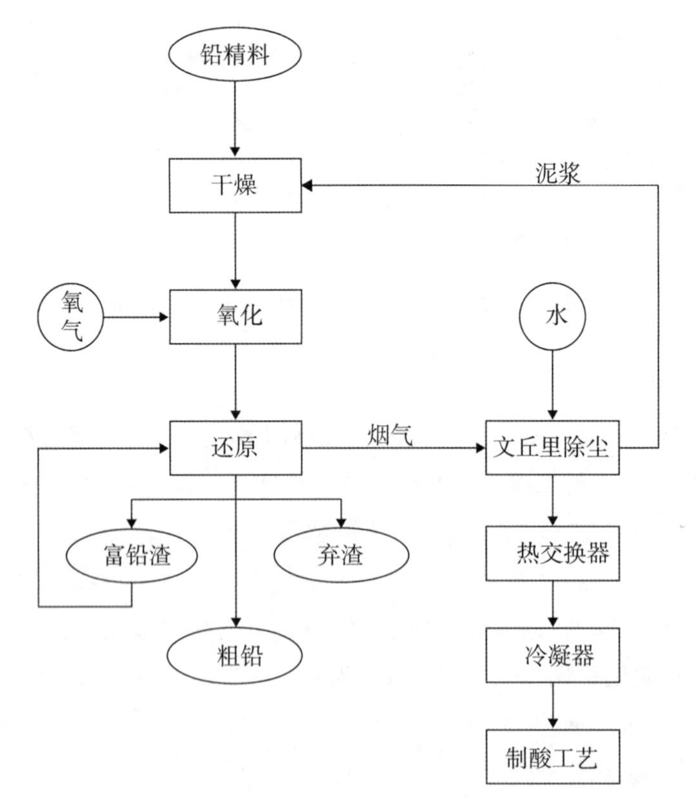

图 6-9　卡尔多炉法熔炼流程图

卡尔多炉属于闪速熔炼，具有以下特点：从原料到粗铅的所有工序都在同一个炉子内完成，整个系统全部被笼罩于一个密封的环保烟罩内，包括加料、排渣、放铅等所有操作都在这个环保烟罩内进行，防止了烟气、烟尘、铅蒸气等对操作环境的影响，降低了生产过程对环境的污染。

6.3.2.3　烟化工序

回转窑烟化技术：将还原炉渣和焦粉混合后加热，使铅、锌、铟、锗等有价金属还原而挥发，以氧化物形态回收。该技术有价金属回收率高；但窑龄短，耐火材料和燃料消耗大。该技术适用于锌含量大于 8%的铅还原炉渣中有价金属的回收。

烟化炉烟化技术：将还原剂和空气鼓入烟化炉的熔渣内，使其中的铅、锌、铟、锗等有价金属还原而挥发，以氧化物形态回收。该技术金属回收率高，可用煤作为燃料和还原剂，过程易于控制；但出炉烟气量和烟气温度波动较大，二氧化硫含量低。该技术适用于还原炉渣中有价金属的回收。

烟化炉—余热锅炉一体化技术：烟化炉—余热锅炉采用一体化设计，底部为烟化吹炼池，顶部为余热锅炉。该技术可增大烟化炉的有效空间，炉体结构紧凑，余热利用率高。该技术适用于还原炉渣中有价金属的回收及余热利用。

6.3.2.4　粗铅精炼工序

火法精炼技术：利用杂质金属与铅在高温熔体中物理或化学性质的差异，将铅与杂质分离，产生精铅。该技术设备简单，占地面积小，生产周期短，投资少，生产成本较低；但工序多，铅直收率低，不利于有价金属的回收，精铅纯度较低。该技术适用于粗铅精炼。

初步火法精炼除铜(锡)技术：该技术采用火法精炼工艺去除粗铅中的铜(锡)杂质后，浇铸成阳极板，再送电解精炼。铜以固熔体结晶析出，以浮渣的形态悬浮于铅液表面。该技术中间物料的产出量小，伴生元素容易回收；但投资较高。该技术适用于粗铅精炼，尤其适用于处理高铋粗铅。

电解精炼技术：利用纯铅制作的阴极板，按一定间距装入盛有电解液的电解槽，在电流的作用下，铅自阳极溶解进入电解液，并在阴极放电析出，电解铅板经电铅锅熔铸为铅锭。电解精炼主要采用小极板技术和大极板技术。小极板铅电解精炼技术能耗高，装备水平低，劳动强度大；大极板电解精炼技术能耗较低，自动化程度高，劳动强度低。该技术适用于粗铅初步火法精炼除铜(锡)后的进一步精炼提纯。

浮渣处理技术：将初步火法精炼除铜过程产生的浮渣与纯碱、焦炭共同加入熔炼炉熔炼，产出铜锍作为产品，粗铅返回生产工艺。该技术适用于初步火法精炼除铜浮渣的金属回收。

6.3.2.5　废水循环回用技术

铅冶炼废水来源主要包括以下环节：

炉窑设备冷却水：该部分废水为冷却冶炼炉窑等设备产生的排水，其排放量大，占总水量的 40%以上，水中基本不含有污染物。

烟气净化废水：该部分废水为洗涤净化冶炼、制酸烟气产生的废水，其排放量较大，废水中含有酸及重金属离子和非金属化合物。

冲渣水:对火法冶炼中产生的熔融态炉渣进行水淬冷却时产生的废水,含有炉渣微粒及重金属离子。

冲洗废水:对设备、地板、滤料及电解或其他湿法工艺操作中因泄露等进行冲洗所产生的废水,废水中含重金属和酸。

初期雨水:铅冶炼厂烧结车间、熔炼车间和其他生产工序中会产生含有铅、锌金属的粉尘,含有铅、锌金属的粉尘降落到地面,在降雨时随地面径流排出,存在环境污染隐患,一般对其前 15mm 雨水进行收集处理,该部分废水含有重金属离子和酸。

铅锌冶炼工艺废水中可进行循环利用的有:

1.熔炼水循环利用

铅冶炼熔炼循环水系统包括熔炼炉、还原炉、烟化炉、高压离心鼓风机、空压机、余热锅炉房和粉煤制备等设备冷却用水。这些设备冷却排出的热水自流至热水池,由热水泵加压入冷却塔冷却后,进入冷水池,再用冷水泵加压经水过滤器供设备使用。对于富氧熔炼工艺,由于熔炼车间氧枪和鼓风炉车间的汽包用水压力较大,应在车间内增设加压水泵。循环水补充水由软水站软化水补充,可补充到冷水池中。

2.硫酸循环水

硫酸循环水系统包括稀酸、干燥酸、一吸酸、二吸酸冷却器、风机等设备冷却用水。设备冷却排出的热水,可利用余压直接压入冷却塔冷却,再用冷水泵加压供设备使用,利用冷却塔集水池作为冷水池。循环水补充水补充到冷水池中。

3.氧气站循环水

氧气站循环水系统包括空压机、氧压机、氮压机、预冷系统等设备冷却用水。设备冷却排出的热水,利用余压直接压入冷却塔冷却,冷却后的水进入冷水池,再用冷水泵加压供设备使用。循环水补充水直接补充到冷水池中。

4.电解车间循环水

电解车间设备冷却排出的热水自流至热水池,由热水泵加压入冷却塔冷却后,进入冷水池,再用冷水泵加压经水过滤器供设备使用。循环水补充水直接补充到冷水池中。

5.冲渣水循环利用

烟化炉渣口水淬冲渣用水对水质要求较低,该部分废水可循环利用,冲渣补充水可利用污水处理站出水作为循环水补充水。

6.酸性废水处理回用

前酸性废水处理的工艺主要有硫化中和法、石灰中和法和中和铁盐法等,经处理的废水可回用于烟化炉冲渣的补充水,也可采用膜法、生物制剂法等深度处理技术处理后回用于其他用水工艺。污水处理池内壁需做防腐,底部需做防渗处理。

7.初期雨水处理回用

目前一般是将其排到污水处理站统一处理,还有部分冶炼厂对初期雨水单独处理,处理工艺为:初期雨水→平流式沉淀池→加混凝剂沉淀→回用。

处理后的雨水悬浮物含量一般低于 10mg/L,重金属满足排放标准,一般将其回用到硫酸车间净化工段或作为冲渣补充水。初期雨水收集池内壁做防腐处理,底部需做防渗处理,顶部加设盖板。

6.4　镍冶炼业概况

6.4.1　镍冶炼业发展概况

镍在人类物质文明发展过程中起着重要作用。由于镍和铁的熔点较接近,镍被古人误认为是很好的铁。在古代,中国、埃及和巴比伦人都曾使用过含铜即铜镍合金的制品。铜镍合金在公元前 200 年就被我国古人发明和使用了。在 1751 年,斯德哥尔摩的 Alex Fredrik cronstedt 研究一种新的金属叫做红砷镍矿,他以为其包含铜,但他提取出的是一种新的金属,并于 1754 年宣布并命名为 nickel(镍)。在提取的过程中金属钴、砷和铜的合金都以微量的污染物出现,被许多化学家误认,直到 1775 年纯净的镍才被 Torbern Bergman 制取,这才确认了它是一种元素。1952 年有报告提出动物体内有镍,后来又有人提出镍是哺乳动物的必需微量元素。1975 年以后开展了镍的营养与代谢研究。

我国硫化物型镍矿资源较为丰富,主要分布在西北、西南和东北等地,保有储量占全国总储量的比例分别为 76.8%、12.1%、4.9%。就各省区来看,甘肃储量最多,占全国镍矿总储量的 62%,其中金昌的镍产提炼规模居全球第二位;其次是新疆(11.6%)、云南(8.9%)、吉林(4.4%)、湖北(3.4%)和四川(3.3%)。同时,我国也是红土镍矿资源比较缺乏的国家之一,目前全国红土镍矿保有量仅占全部镍矿资源的 9.6%,不仅储量比较少,而且国内红土镍矿品位比较低,开采成本比较高,这就意味着我国在红土镍矿方面并没有竞争力。而我国又是不锈钢产品主产国,红土镍矿是镍铁的主要来源,且镍铁又是不锈钢的主要原料,因此我国每年都需大量进口红土镍矿来发展不锈钢工业,主要进口国家为印尼、澳大利亚和菲律宾等地。

近年来,世界镍的生产和消费比较平稳,世界上镍市场供求情况主要随不锈钢工业的发展变化而变化,随着镍在不锈钢工业消费中应用的增长,镍铁冶炼工艺技术有了极大进展,高品位镍铁产量得到大幅提升。镍矿资源大国主要有俄罗斯、加拿大、新喀里多尼亚、印度尼西亚、澳大利亚和古巴,合计矿产镍产量和出口量约占世界总量的 80%。镍的冶炼集中在俄罗斯、日本、加拿大、澳大利亚、挪威、中国、新喀里多尼亚、英国、南非和芬兰。主要的镍消费国,也是不锈钢主要生产国,有日本、美国、德国、俄罗斯、意大利、法国和韩国。在主要镍消费国中,仅有俄罗斯是镍资源国家,其余的消费国几乎没有可供开采的镍矿,主要依靠进口镍精矿和其他初加工镍产品。随着镍资源的不断消耗、资源储量的不断减少,寻找并合理开采新镍矿与加大镍资源再生工业发展成为当前镍行业发展的重要任务。

我国目前是全球最大的镍铁生产和消费国,随着经济和钢铁工业的不断发展,镍资源的需求不断增加，但与此同时，镍矿的产量也在不断增加，逐渐造成了当前全球镍市供应过剩的严峻格局。在国内不锈钢生产中，镍铁作为生产原材料，其使用比例将逐年上升，纯镍的使用呈下滑的趋势。而在我国镍行业不断发展的同时，问题也随之而来，如镍矿中多为低品位，露采比例很小，可采储量更少，开采和冶炼技术相对较落后，与世界先进技术还有很大差距，开采和冶炼成本居高不下，由此可见，我国镍行业仍有很大的发展空间。

2014年，尽管部分发达国家经济情况不佳，但全球镍价仍然上涨12%。2014年5月，伦敦镍现金结算价一度攀升至19434美元/t，但受欧元区钢材生产商减产、相关的经济问题及通胀压力影响，第四季度价格复又回落，10月时便降至15765美元/t。同时，伦交所库存也逐渐攀升至新高，10月底便超过38.5万t。虽然金属镍价格低且市场供应过剩，但新镍厂仍不断出现，原因在于生产商认为全球经济将复苏。与此同时，2013年全球奥氏体不锈钢产量增至新高，其中，中国的产量占比超过一半。而市场，尤其是航空及电力领域，对含镍超级合金的需求仍在上涨。2014年1月，印尼政府颁布镍矿出口禁令，希望借此促进其国内镍铁及含镍生铁的生产。5月，世界上最大的镍公司俄罗斯诺里尔斯克镍业表示，将售出其在澳大利亚、博茨瓦纳及南非的资产，专注于俄罗斯国内的核心业务。

6.4.2 镍冶炼业产业政策

国家鼓励有色金属现有矿山接替资源勘探开发，紧缺资源的深部及难采矿床开采；高效、低耗、低污染、新型冶炼技术开发；高效、节能、低污染、规模化废杂有色金属回收利用及有价元素的综合利用。镍铁合金属于高能耗的铁合金，应执行国务院《钢铁产业调整和振兴规划》和《国务院关于进一步加强淘汰落后产能工作的通知》等政策规定，逐步淘汰300m^{3}及以下的高炉产能、淘汰400m^{3}及以下的炼铁高炉；铁合金矿热电炉应采用矮烟罩半封闭型或全封闭型，容量达到25000kVA及以上(中西部具有独立运行的小水电及矿产资源优势的国家确定的重点贫困地区，单台矿热电炉容量≥12500kV)；变压器选用有载电动多级调压的三相或三个单相节能型设备，实现操作机械化和控制自动化；原料处理、熔炼、装卸运输等所有产生粉尘部位，均配备除尘及回收处理装置，并安装烟气和废水等在线监测装置；各类铁合金电炉、高炉配备干法袋式或其他先进适用的烟气净化收尘装置；湿法净化除尘过程产生的污水经处理后进入闭路循环利用或达标后排放；采用低噪音设备和设置隔声屏障等进行噪声治理。

6.5 镍冶炼典型工艺及产污环节

6.5.1 镍矿石选矿

镍矿石主要分硫化铜镍矿和氧化镍矿，两者的选矿和冶炼工艺完全不同：根据硫化铜镍矿矿石级别选用不同选矿方法，再进行冶炼；氧化镍矿的冶炼富集方法，可分为火法和湿法两大类。

硫化铜镍矿石的选矿方法，最主要的是浮选，而磁选和重选通常为辅助选矿方法。浮选硫化铜镍矿石时，常采用浮选硫化铜矿物的捕收剂和起泡剂。确定浮选流程的一个基本原则是，宁可使铜进入镍精矿，而尽可能避免镍进入铜精矿。因为铜精矿中的镍在冶炼过程中损失大，而镍精矿中的铜可以得到较完全的回收。铜镍矿石浮选具有下列四种基本流程，详见图 6-10。

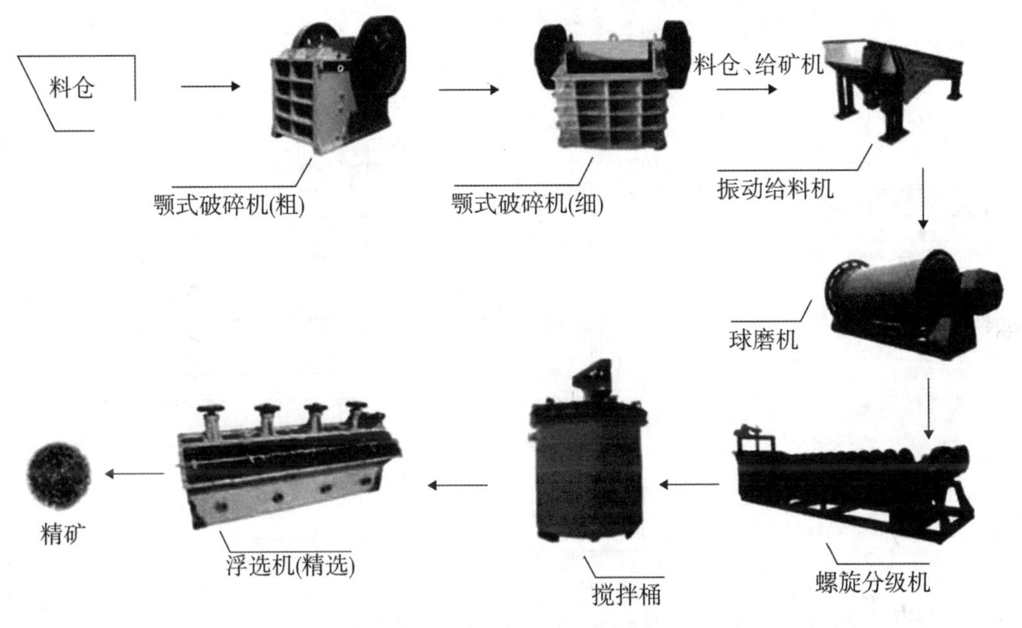

图 6-10　铜镍矿石浮选的基本流程

1)直接用优先浮选或部分优先浮选流程：当矿石中含铜比含镍高得多时，可采用这种流程，把铜选成单独精矿。该流程的优点是可直接获得含镍较低的铜精矿。

2)混合—浮选流程：用于选择含铜低于镍的矿石，所得铜镍混合精矿直接冶炼成高冰镍。

3)混合—优选浮选流程：从矿石中混合浮选铜镍，再从混合精矿中分选出含低镍的铜精矿和含铜的镍精矿。该镍精矿经冶炼后，获得高冰镍，对高冰镍再进行浮选分离。

4)混合—优先浮选并从混合浮选尾矿中再回收部分镍：当矿石中某种镍矿物的可浮性有很大差异时，铜镍混合浮选后，再从其尾矿中进一步回收可浮性差的含镍矿物。

6.5.2　镍的冶炼工艺及产物节点

6.5.2.1　硫化镍精矿冶炼

硫化镍精矿冶炼生产金属镍主要采用高镍锍磨浮电解和高镍锍浸出电积两种方法。

高镍锍磨浮电解法是指硫化镍精矿先经火法冶炼生产高镍锍，高镍锍磨浮分离铜和镍并产出二次镍精矿，二次镍精矿电解生产电镍。高镍锍磨浮电解生产金属镍工艺流程及产污环节见图 6-11。

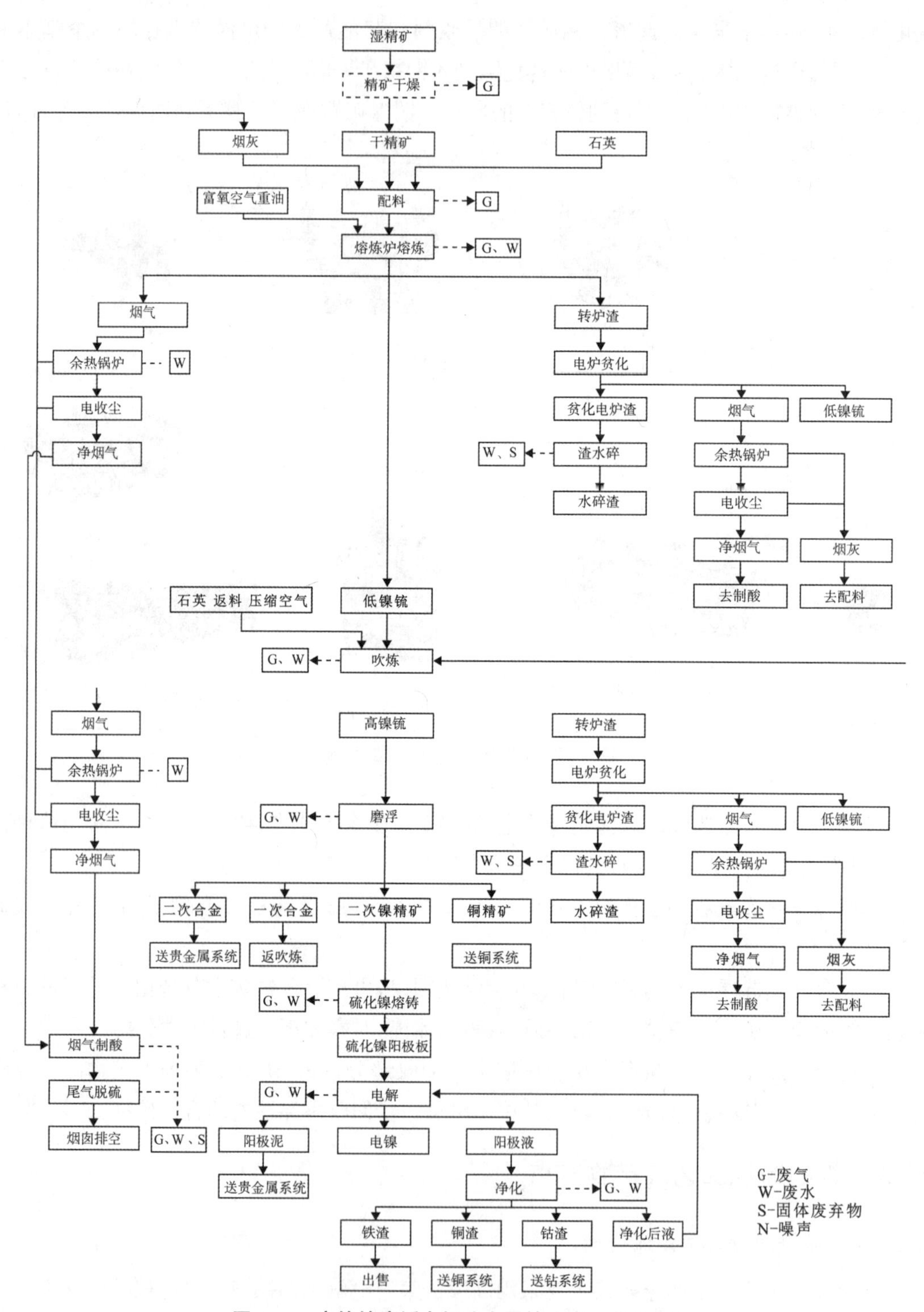

图 6-11 高镍锍磨浮电解法金属镍生产工艺流程图

高镍锍浸出电积法是指硫化镍精矿先经火法冶炼生产高镍锍,高镍锍选择性浸出分离铜和镍,浸出液净化分离钴,除钴后液电积生产电镍。高镍锍浸出电积生产金属镍工艺流程及产污环节见图 6-12。

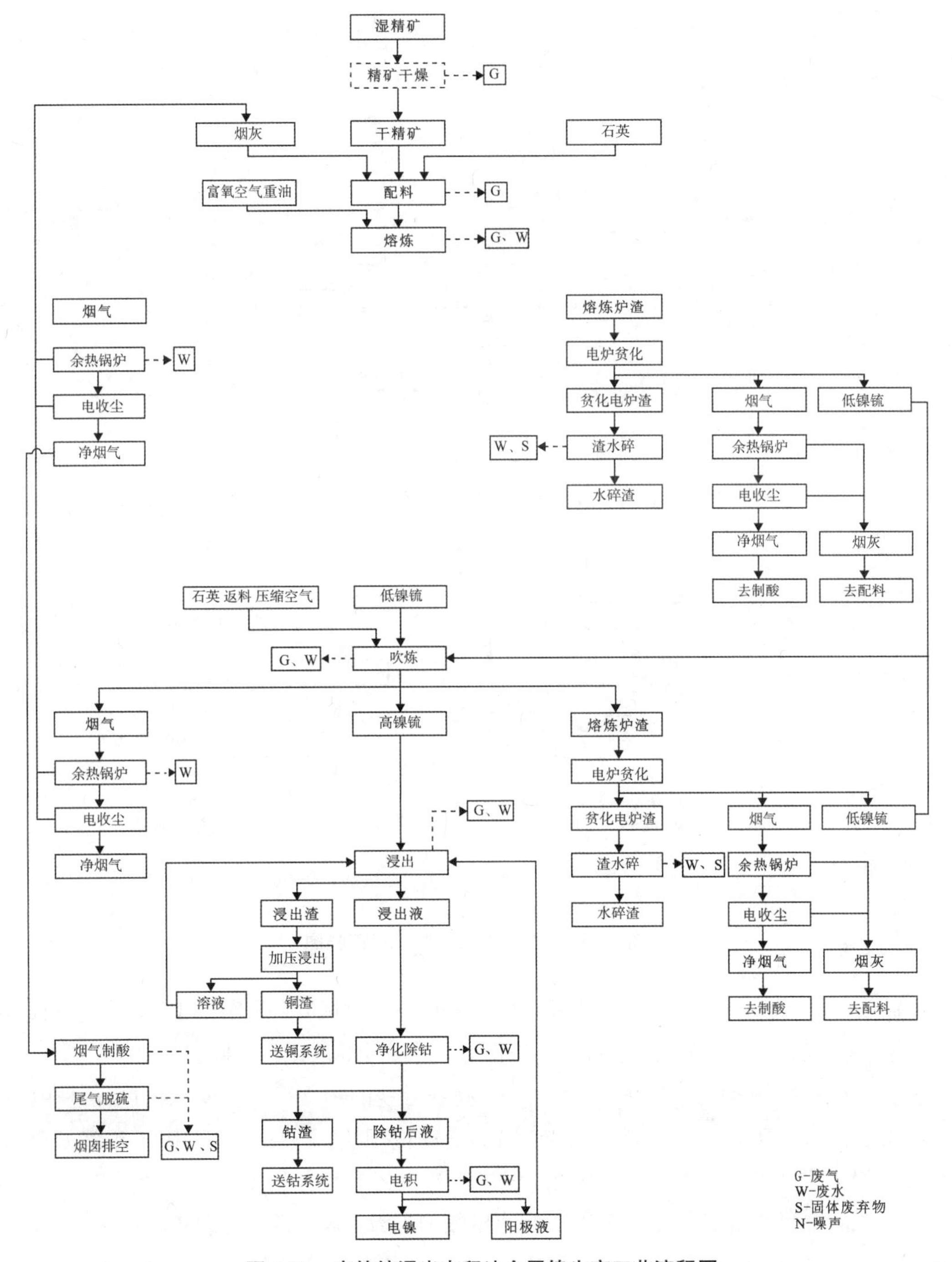

图 6-12　高镍锍浸出电积法金属镍生产工艺流程图

6.5.2.2 氧化镍矿冶炼

氧化镍矿(红土镍矿)冶炼主要包括火法冶炼和湿法冶炼两类方法。

火法冶炼工艺(RKEF 工艺)适用于处理以残积层矿或腐殖土为主的高镍、高镁、低铁矿石。主要工艺流程为:回转窑干燥→配料→焙烧预还原→电炉熔炼→精炼(或吹炼),产品为镍铁合金,利用镍铁合金和硫化剂为原料进一步冶炼,可将镍铁转变成镍锍。工艺流程见图 6-13。

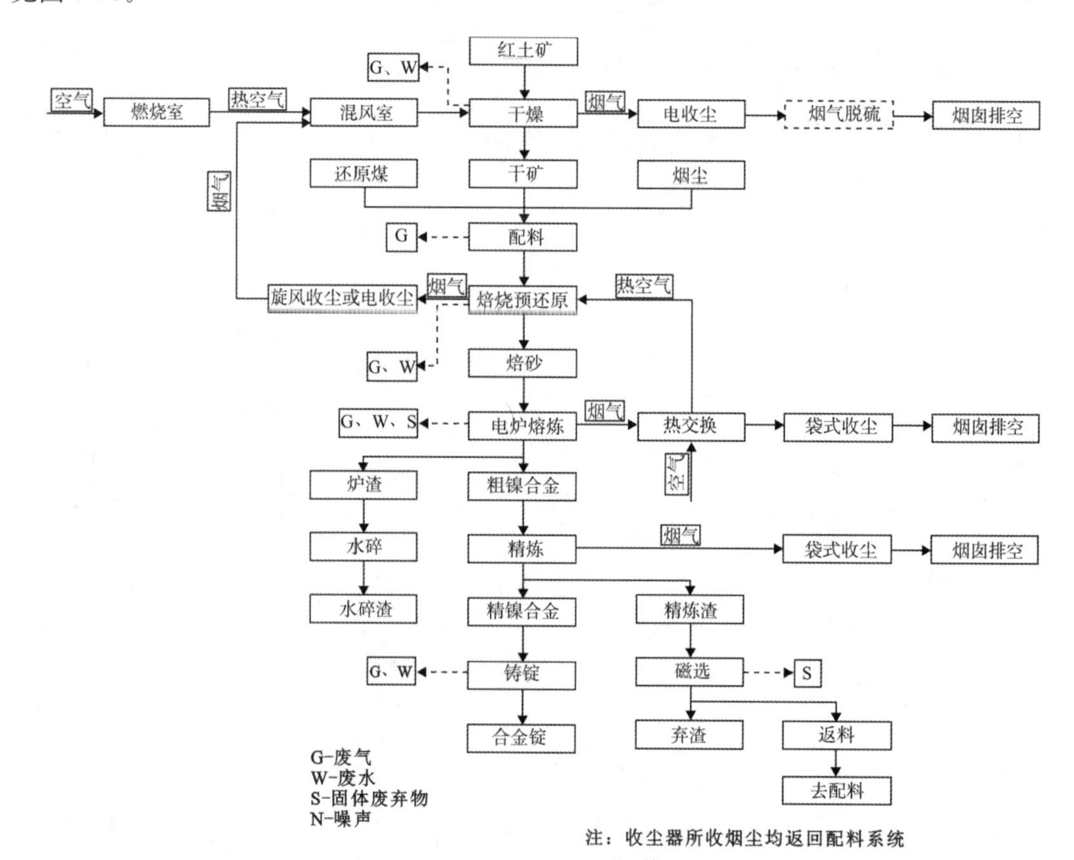

图 6-13 氧化镍火法冶炼工艺流程图

湿法冶炼适合处理的矿石类型较多,通常根据矿石成分的不同采用相应的工艺,目前主要有高压酸浸(HPAL)、常压酸浸(AL)、强化高压酸浸(EHPAL)三种工艺。

高压酸浸(HPAL)工艺适用于处理低镍、高铁低镁的褐铁矿。主要工艺过程是在高压釜中加入硫酸,在高温高压下,将镍浸出为硫酸盐;而铁则生成赤铁矿,经中和、洗涤及分离、除杂后,浸出液用硫化氢、氧化镁、石灰或氢氧化钠等沉淀产出混合硫化镍钴或氢氧化镍钴的中间产品,中间产品可作为产品出售,也可继续加工为金属产品。工艺流程见图 6-14。

常压酸浸(AL)工艺适用于处理含镍 1.5%～1.8%的低铁高镁的过渡型残积矿。主要工艺过程包括常压浸出、预中和、铁钒除铁、逆流洗涤、中和除杂、沉淀,产出混合氢氧化镍钴中间产品或继续加工为金属产品。工艺流程见图 6-15。

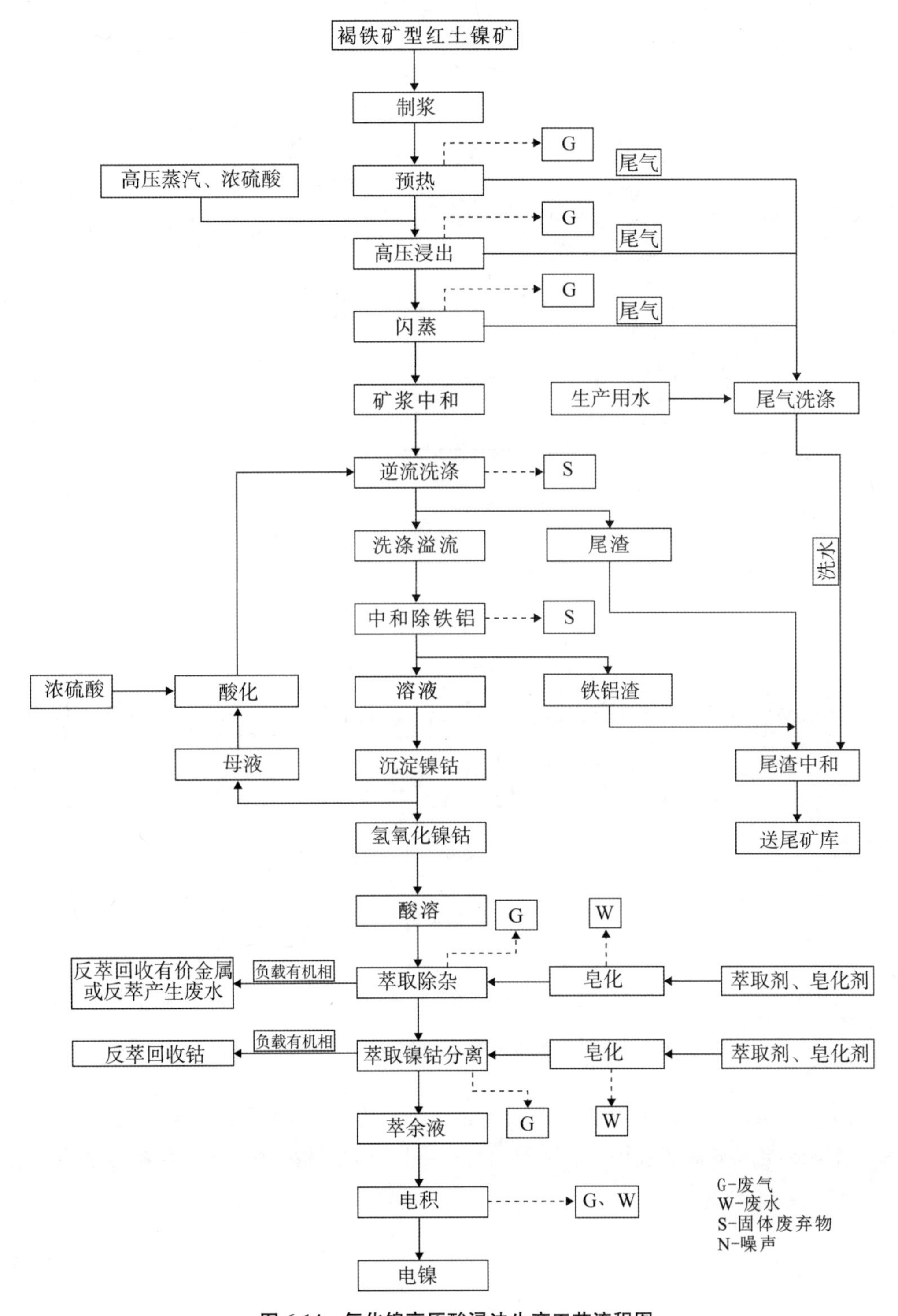

图 6-14　氧化镍高压酸浸法生产工艺流程图

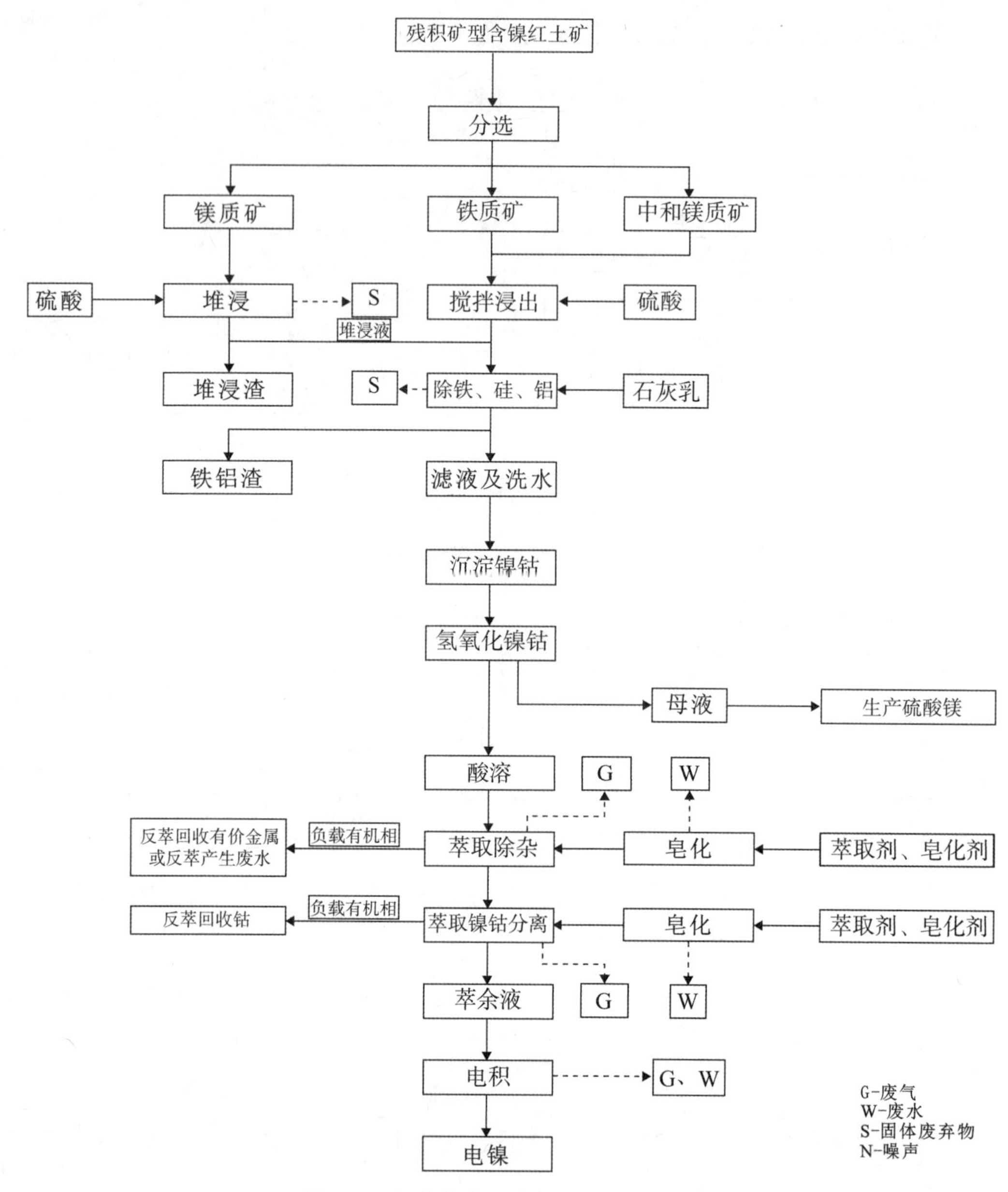

图 6-15 氧化镍常压酸浸生产工艺流程图

强化高压酸浸(EHPAL)是高压酸浸和常压酸浸相结合处理镍红土矿的工艺，利用高压酸浸残酸浸出含镁较高的残积矿。除浸出过程不同外，后续处理工艺均与高压酸浸工艺相同。工艺流程见图 6-16。

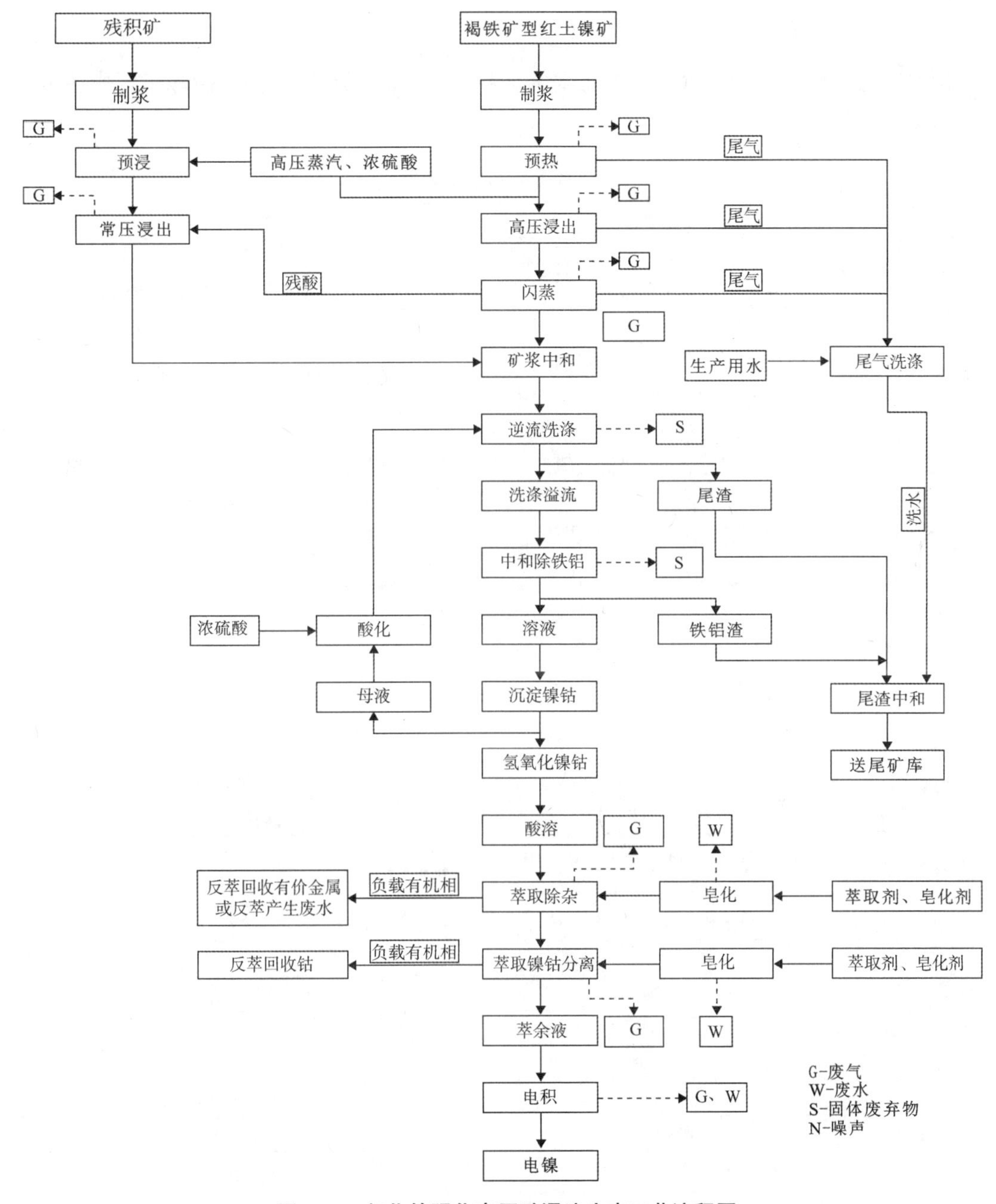

图6-16　氧化镍强化高压酸浸法生产工艺流程图

6.5.3　镍冶炼工艺污染环节

镍冶炼过程中产生的污染包括大气污染、水污染、固体废弃物污染和噪声污染，其中大气污染、水污染、固体废弃物污染是主要环境问题。

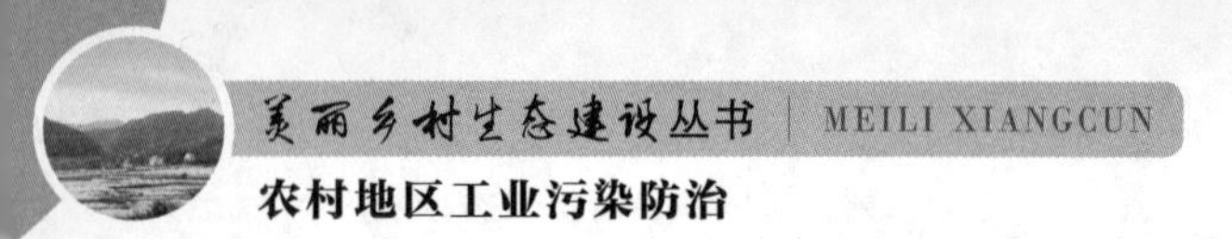

6.5.3.1 大气污染

镍冶炼过程中产生的大气污染物主要为颗粒物、二氧化硫、硫酸雾。冶炼过程中主要大气污染物及来源见表 6-4。

表 6-4 镍冶炼大气污染物来源

工序	污染源	主要污染物
	硫化镍精矿冶炼	
干燥工序	干燥窑烟气	颗粒物（含重金属 Cu、Ni、Pb、Zn、Cd、As）
	精矿上料、出料及转运	颗粒物（含重金属 Cu、Ni、Pb、Zn、Cd、As）
配料工序	抓斗卸料、定量给料设备、皮带运输设备转运过程中扬尘	颗粒物（含重金属 Cu、Ni、Pb、Zn、Cd、As）
熔炼工序	加料口、锍放出口、渣放出口、喷枪孔、溜槽、包子房等处泄露气体	颗粒物（含重金属 Cu、Ni、Pb、Zn、Cd、As）、SO_2
吹炼工序	包子吊运过程中散逸的烟气、转炉外层烟罩烟气	颗粒物（含重金属 Cu、Ni、Pb、Zn、Cd、As）、SO_2
	转炉内层烟罩烟气	颗粒物（含重金属 Cu、Ni、Pb、Zn、Cd、As）、SO_2
渣贫化工序	加料口、锍放出口、渣放出口、电极孔、溜槽、包子房等处泄露气体	颗粒物、SO_2
	炉窑烟气	颗粒物、SO_2
烟气制酸工序	制酸尾气	SO_2
反射炉熔铸工序	扒渣口、出锍口	颗粒物、SO_2
	反射炉烟气	颗粒物、SO_2
电解工序	除钴槽、铁矾除铁槽、铜渣浸出槽	Cl_2
	电解槽、造液槽	硫酸雾
湿法精炼工序	浸出槽、净液槽、电积槽	硫酸雾、Cl_2
	氧化镍矿冶炼	
干燥工序	干燥窑	颗粒物
焙烧预还原	焙烧窑	颗粒物
焙炼工序	电炉	颗粒物
精炼工序	钢包	颗粒物
备料工序	破碎机等	颗粒物
浸出工序	浸出槽、中和槽等	硫酸雾
	堆浸	硫酸雾
	尾气洗涤塔	硫酸雾
萃取工序	萃取槽等	硫酸雾、萃取剂
电积工序	电积槽	硫酸雾

6.5.3.2 水污染

硫化镍精矿冶炼产生的废水主要为烟气制酸工段产生的污酸及酸性污水，硫酸场地初期雨水及生产厂区其他场地初期雨水，中心化验室排出的含酸废水，工业冷却循环水的排污水，余热锅炉化学水处理车间排出的酸碱废水，余热锅炉排出的污水，镍湿法精炼排水等。

氧化镍矿湿法冶炼产生的废水主要为高压酸浸尾气洗涤洗液、浸出渣洗涤后夹带的废水、浸出液经镍钴沉淀后排放的废液、萃取过程产生的反萃液、洗水以及工业冷却循环水的排污水、化学水处理站排放的浓盐水等。

镍冶炼过程中主要水污染物及来源见表 6-5。

表 6-5　　镍冶炼废水及污染物

废水种类	废水来源	主要污染物	处置方式
硫化镍精矿冶炼			
污酸、污水	制酸系统污酸	污酸、Zn^{2+}、Cu^{2+}、Pb^{2+}、Cd^{2+}、Ni^{2+}、As^{3+}、Co^{2+}	污酸处理工艺处理
	制酸系统酸性污水	酸性废水、Zn^{2+}、Cu^{2+}、Pb^{2+}、Cd^{2+}、Ni^{2+}、As^{3+}、Co^{2+}	污水处理站处理
	制酸系统场地初期雨水	酸性废水、Zn^{2+}、Cu^{2+}、Pb^{2+}、Cd^{2+}、Ni^{2+}、As^{3+}、Co^{2+}	污水处理站处理
	厂区其他场地初期雨水	酸性废水、Zn^{2+}、Cu^{2+}、Pb^{2+}、Cd^{2+}、Ni^{2+}、As^{3+}、Co^{2+}	污水处理站处理
冶金炉水套冷却水污水	工业炉窑汽化水套、水冷水套	盐类	冷却后循环使用。少量排污水通过深度处理后可回用
余热锅炉排水、化学水处理车间排水	余热锅炉、水处理系统	盐类	锅炉排污水可用于渣冷淋水或用于冲渣；含酸碱污水中和后也可用于上述工序
金属铸锭或产品熔铸冷却水排水	圆盘浇铸机、直线浇铸机等	SS	沉淀、冷却后循环使用
冲渣水、直接冷却水	水碎装置等	SS	沉淀、冷却后循环使用
精矿干燥烟气湿式除尘器	湿式除尘循环水系统	SS、盐类	沉淀、冷却后循环使用，少量排入污水处理站处理
电解车间排水	净化系统碳酸镍制备上清液	Cl^-、Na^+及其他重金属离子	污水处理站处理
	含氯尾气吸收废水	Cl^-、Na^+	污水处理站处理
镍湿法精炼排水	氢氧化镍制备工段	Cl^-、Na^+	污水处理站处理
氧化镍矿冶炼			
冶金炉水套冷却水污水	工业炉窑汽化水套、水冷水套	盐类	冷却后循环使用。少量排污水通过深度处理后可回用

续表

废水种类	废水来源	主要污染物	处置方式
酸性废水	厂区场地初期雨水	酸性废水、Zn^{2+}、Cu^{2+}、Pb^{2+}、Cd^{2+}、Ni^{2+}、As^{3+}、Co^{2+}	污水处理站处理
	高压酸浸为期洗涤废水	酸性废水、Zn^{2+}、Cu^{2+}、Pb^{2+}、Cd^{2+}、Ni^{2+}、As^{3+}、Co^{2+}	污水处理站处理
	镍钴沉淀后液(硫化物沉淀工艺)	酸性废水、Zn^{2+}、Cu^{2+}、Pb^{2+}、Cd^{2+}、Ni^{2+}、As^{3+}、Co^{2+}	污水处理站处理
碱性废水	镍钴沉淀后液(氢氧化物沉淀工艺)	碱性废水、Zn^{2+}、Cu^{2+}、Pb^{2+}、Cd^{2+}、Ni^{2+}、As^{3+}、Co^{2+}	污水处理站处理
浓盐水	化学水处理站排放废水	Ca^{2+}、Mg^{2+}	可用于渣冷淋水或用于冲渣
含萃取剂酸性废水	萃取工序	酸性废水、油污	污水处理站处理

6.5.3.3 固体废弃物污染

镍冶炼排放的固体废弃物主要包括冶炼水碎渣、污水处理渣、脱硫副产物、湿法炼镍浸出渣、沉铁铝渣等。其中冶炼水碎渣为一般固体废弃物，其他固体废弃物的属性需经过鉴别，并根据其性质和类别确定处理方式。

6.5.3.4 噪声污染

镍冶炼过程产生的噪声分为机械噪声和空气动力性噪声，主要噪声源包括熔炼炉、吹炼炉、余热锅炉、鼓风机、空压机、氧压机、二氧化硫风机、除尘风机、各种泵类等。在采取控制措施前，锅炉安全阀排气装置间歇噪声达到 120dB(A)，其他噪声源强通常为85～110dB(A)。

6.6 镍冶炼污染治理及清洁生产工艺

6.6.1 镍冶炼污染治理工艺

6.6.1.1 烟气除尘

1.电除尘技术

电收尘技术是指含尘气体在通过高压电场电离使粉尘荷电，在电场力的作用下粉尘沉积于电极上，从而使粉尘从含尘气体中分离出来。电收尘器与其他收尘设备相比具有阻力小、耗能少、收尘效率高、适用范围广、处理烟气量大、自动化程度高、运行可靠等优点；但一次性投资大，结构较复杂，消耗钢材多，对制造、安装和维护管理水平要求较高，应用范围受粉尘比电阻的限制(适用比电阻为 $1\times10^{4}\sim4\times10^{12}\Omega\cdot cm$)。

该技术在镍冶炼厂主要用于熔炼炉收尘、吹炼炉收尘、贫化电炉收尘、干燥烟气收尘。

2.袋式收尘技术

袋式除尘技术是利用纤维织物的过滤作用对含尘气体进行净化的技术。该技术除尘效率高，适用范围广。该技术适用于镍冶炼企业精矿干燥、红土矿电炉烟气收尘、红土矿精炼烟气收尘和卫生通风系统含尘废气的净化。

3.旋风收尘技术

旋风收尘技术是利用离心力的作用，使烟尘从烟气中分离从而加以捕集的技术。该技术结构简单，造价低，操作管理方便，维修工作量小；但对处理烟气量的变化敏感。该技术适用于10μm以上的粗粒烟尘除尘，可用于高温（低于450℃）、高含尘量400～1000g/m³的烟气。旋风收尘器一般只能作为初级收尘使用，以减轻后续收尘设备的负荷。

4.电袋复合式收尘器技术

电袋复合式收尘器技术是将电收尘器与袋式收尘器有机地融为一体的技术，电收尘器与袋式收尘器的优点互相补充，使收尘设备的尺寸减小。对电收尘器而言，粉尘比电阻不再是决定的因素；对袋式收尘器而言，可以实现高气布比下的超高收尘效率，也解决了袋滤室内粉尘再飞散的问题。收尘器的过滤风速可达3m/min，收尘效率可以达到99.99%以上。

5.移动电极型电收尘器技术

移动电极型电收尘器与普通的固定电极型电收尘器的主要区别是收尘电极是移动的。由于是靠旋转刷剥离粉尘，移动电极最突出的特点是粉尘的二次飞扬显著减少，收尘效率提高。同时，移动电极几乎不黏附粉尘，粉尘剥离比较彻底，并有效防止发生反电晕，也可收集高比电阻粉尘。其排放浓度可低于50mg/m³。

6.电除尘的高频电源技术

高频电源技术具有重量轻、体积小、收尘效率高、对电网无干扰、节能等优点，成为可替代传统可控硅调压整流装置的电源。高频电源更适合高含尘的烟气，可有效避免电晕闭锁现象的发生。也可采取脉冲供电的方式，用于高比电阻粉尘收集。

7.高温型袋式收尘技术

采用耐高温不锈钢纤维作为过滤材料，能直接处理280～450℃的高温含尘烟气。过滤材料的物理、化学稳定性好，对所处理的烟气性质要求不严，因此滤袋使用寿命长、适用范围广。过滤速度高，可以选取为1～8m/min，常用过滤速度可以达到常规袋式除尘器的4～5倍。设备性能优良，适用性强。采用超声波吹灰器作为清灰装置，实现了在高温工况下对除尘设备的清灰，而且吹灰器能稳定、连续地运行。采用离线清灰的方式，可实现除尘模块离线抢修。

8.褶式滤筒收尘技术

褶式滤筒收尘器是一种采用细纱仿黏聚酯长纤维滤料做成的一体化滤筒元件进行过滤

的新型收尘器，滤料表面覆 PTFE(聚四氟乙烯)膜，实现了表面过滤，效率高达 99.99%以上，烟尘排放浓度可低于 20mg/m³。因滤筒的特殊结构(滤料为褶皱式)，同袋式收尘器相比，滤筒的过滤面积比同尺寸的滤袋增加了数倍。滤筒坚固不易变形，保证了滤料的使用寿命和收尘器的过滤效果。

6.6.1.2 烟气制酸技术

1.绝热蒸发稀酸冷却烟气净化技术

绝热蒸发稀酸冷却烟气净化技术是使用稀酸喷淋含二氧化硫的烟气，利用绝热蒸发降温增湿及洗涤的作用使杂质从烟气中分离出来，从而达到除尘、除雾、吸收废气、调整烟气温度的目的。该技术可提高循环酸浓度，减少废酸排放量，降低新水消耗。

该技术适用于所有的镍冶炼制酸烟气的湿式净化。

2.低位高效二氧化硫干燥和三氧化硫吸收技术

低位高效二氧化硫干燥和三氧化硫吸收技术利用浓硫酸等干燥剂吸收二氧化硫中的水蒸气和三氧化硫，以净化和干燥制酸烟气。低位高效干吸工艺相对于传统工艺干燥塔和吸收塔操作气速高、填料高度低、喷淋密度大，减小了设备直径及高度，节省了设备投资。干燥塔、吸收塔、泵槽均低位配置，有利于降低泵的能耗。干燥塔采用丝网除沫器、吸收塔采用纤维除雾器，降低了尾气中的酸雾含量。

该技术适用于所有制酸烟气的干燥和三氧化硫的吸收。硫酸尾气从吸收塔(或最终吸收塔)排出，尾气二氧化硫浓度低于 400mg/m³，硫酸雾浓度低于 40mg/m³。

3.湿法硫酸技术

湿法硫酸技术是烟气经过湿式净化后，不经干燥直接进行催化氧化，再经水合、冷却生成液态浓硫酸。该技术处理低浓度二氧化硫烟气，与传统的烟气脱硫工艺相比，没有任何副产品和废物排出，硫资源利用率接近 100%。

该技术处理低浓度二氧化硫烟气(1.75%～3.5%)优势明显，二氧化硫浓度低于 1.75%时需要消耗额外的能量，经济性相对较差。

4.单接触＋尾气脱硫技术

单接触技术是指二氧化硫烟气只经一次转化和一次吸收制酸，二氧化硫转化率相对较低，需另外配置尾气脱硫装置联合使用。该技术冶炼烟气中的二氧化硫大部分以硫酸的形式回收，少量再通过烟气脱硫装置以其他化工产品回收，二氧化硫转化率不低于 99%。

该技术适用于二氧化硫浓度为 3.5%～6%的烟气制取硫酸。

5.双接触技术

双接触技术是二氧化硫烟气先进行一次转化，转化生成的三氧化硫在吸收塔(中间吸收塔)被吸收生成硫酸，未转化的二氧化硫返回转化器再进行二次转化，二次转化后的三氧化硫在吸收塔(最终吸收塔)被吸收生成硫酸。通常采用四段转化,根据具体烟气条件和排放要求可选择五段转化。采用双接触技术,烟气中的二氧化硫以硫酸的形式回收,二氧化硫转化率不低于 99.5%。

该技术适用于二氧化硫浓度为 5%~14%的烟气制取硫酸。

6.预转化技术

预转化技术是指烟气在未进入正常转化之前,部分烟气先经预转化器转化,转化后烟气与其余的二氧化硫烟气合并后进入主转化器。预转化生成的三氧化硫进入主转化器后,起到抑制主转化器第一触媒层二氧化硫转化率的作用,防止触媒层超温,避免损坏触媒和设备。该技术可提高二氧化硫总转化率,降低尾气污染物排放浓度及排放量。

该技术适用于二氧化硫浓度高于 14%的烟气制取硫酸。

7.三氧化硫再循环技术

三氧化硫再循环技术是将反应后的含三氧化硫烟气部分循环到转化器一层入口,起到抑制转化器第一触媒层二氧化硫转化率的作用,从而将触媒层温度控制在允许范围内。该技术二氧化硫转化率超过 99.9%,可降低尾气污染物排放浓度和排放量。

该技术适用于二氧化硫浓度高于 14%的烟气制取硫酸。

8.烟气制酸中温位、低温位余热回收技术

二氧化硫转化和三氧化硫吸收均为放热反应,转化产生的热为中温位热,干吸产生的热为低温位热。转化除实现系统自身热平衡外,余热可通过锅炉、省煤器或其他换热设备生产中低压蒸汽或热空气,供生产、采暖通风、卫生热水或余热发电使用。干吸低温位热以低压蒸汽或其他形式回收。采用余热回收技术后可使中温位、低温位热利用率由 42%左右提高至 90%以上。

该技术适用于镍冶炼烟气制酸工艺。

6.6.1.3　烟气脱硫技术

1.氨法脱硫技术

氨法脱硫技术是利用(废)氨水、氨液作为吸收剂吸收、去除烟气中的二氧化硫。根据过程和副产物不同,氨法可分为氨—酸法及氨—亚硫酸铵法等。氨法脱硫效率可达 95%以上,当烟气二氧化硫含硫量在 3000mg/m^3 以下时,二氧化硫排放浓度可控制在 150mg/m^3 以下。

氨法脱硫工艺简单,占地小,在脱除二氧化硫的同时具有部分脱硝功能,但氨法脱硫存在氨逃逸问题,同时有含氯离子酸性废水排放,造成二次污染。该技术适用于低浓度二氧化硫烟气的脱硫,尤其适用于液氨供应充足,且副产物有一定需求的冶炼企业。

2.石灰/石灰石—石膏法脱硫技术

石灰/石灰石—石膏法脱硫技术是用石灰或石灰石母液吸收烟气中的二氧化硫,副产石膏的烟气脱硫技术。该技术脱硫效率大于95%，当烟气二氧化硫含硫量在3000mg/m^{3}以下时，二氧化硫排放浓度可低于150mg/m^3。

该技术适应性较强，在满足镍冶炼企业低浓度二氧化硫治理的同时，还可以部分去除烟气中的三氧化硫、重金属离子、氟离子、氯离子等；但该技术占地面积大、吸收剂运输量较大、运输成本较高、副产物脱硫石膏处置困难。

该技术不适用于脱硫剂资源短缺、场地有限的冶炼企业。

3.钠碱法脱硫技术

钠碱法脱硫技术是采用碳酸钠或氢氧化钠作为吸收剂，吸收烟气中二氧化硫，得到亚硫酸钠作为产品出售。该技术工艺流程简洁，占地面积小，脱硫效率高，吸收剂消耗量少，副产物有一定的回收价值；但运行成本较高。

该技术适用于氢氧化钠或碳酸钠来源较充足的地区。

4.金属氧化物吸收脱硫技术

金属氧化物吸收脱硫技术利用部分金属氧化物如氧化镁、氧化锌等对二氧化硫具有较好吸收能力的原理，将氧化物制成浆液洗涤气体，对含二氧化硫废气进行吸收处理。通常，此技术可以有效地同冶金工艺相结合，用于处理低浓度的二氧化硫废气。国内已有工业装置的有氧化锌法、氧化镁法和氧化锰法。该技术脱硫效率大于90%，且运行成本较低，脱硫副产物可与冶炼工艺相结合；但存在管道及阀门堵塞问题，影响系统稳定运行。

该技术适用于金属氧化物易得或金属氧化物为副产物的冶炼厂烟气脱硫。

5.有机溶液循环吸收脱硫技术

有机溶液循环吸收脱硫技术采用以离子液体或有机胺类为主，添加少量活化剂、抗氧化剂和缓蚀剂组成的水溶液吸收剂，吸收尾气中二氧化硫。该吸收剂对二氧化硫气体具有良好的吸收和解析能力，在低温下吸收二氧化硫，高温下将吸收剂中二氧化硫解析出来，从而脱除和回收烟气中的二氧化硫，该技术可得到纯度为99%以上的二氧化硫气体。该技术不需要运输大量的吸收剂，流程简洁，自动化程度高，副产高浓度的二氧化硫。但该技术一次性投资大，再生蒸汽能耗较高，运行维护成本低。

该技术适用于厂内低压蒸汽易得，烟气二氧化硫浓度较高、波动较大，副产物二氧化硫可回收利用的冶炼企业。

6.活性焦吸附脱硫技术

活性焦吸附脱硫技术是活性焦通过物理吸附和化学吸附作用吸附二氧化硫。该技术脱硫效率大于95%，具有工艺流程简单，且兼具脱尘、脱硝、除汞等功能，活性焦廉价易得，再生过程中副反应少，适合处理较低浓度二氧化硫烟气，在低气速(0.3～1.2m/s)下运行，因而吸附体积较大。化学再生和物理循环过程中部分活性焦会粉化，需要定期补充。

该技术适用于厂内蒸汽供应充足，场地宽裕，副产物二氧化硫可回收利用的冶炼企业。

7.等离子体烟气脱硫脱硝技术

等离子体烟气脱硫脱硝技术采用烟气中高压脉冲电晕放电产生的高能活性离子，将烟气中的二氧化硫和氮氧化物氧化为高价的硫氧化物和氮氧化物，最终与水蒸气和注入反应器的氨反应生成硫酸铵和硝酸铵。等离子体烟气脱硫脱硝的特点是工程投资及运行费用低，能同时脱硫脱硝，产物可以作为肥料，无二次污染。

8.生物脱硫技术

生物脱硫是在常温常压下利用需氧菌、厌氧菌的生物特性，将烟气中的二氧化硫以单质硫的形式分离回收。生物脱硫的运行成本比传统脱硫方式运行费用低 30%以上。

6.6.1.4　其他废气治理技术

1.填料吸收塔废气吸收技术

填料吸收塔废气吸收技术利用酸的溶解特性，使含酸气体充分与水接触，溶于水中，得以净化。当进塔酸雾浓度低于 $600mg/m^3$ 时，净化效率可达 80%～99%。该技术设备构造简单，运行管理方便。该技术适用于硫酸雾、盐酸雾以及其他水溶性气体的吸收处理。吸收液有水和碱液两种，视被吸收有害物质的成分确定。空塔喷淋可作为废气处理的预处理工序。

2.动力波湍冲废气吸收技术

动力波湍冲废气吸收技术利用吸收液与废气相互碰撞、扩散，在固定区域内形成一段稳定的湍冲区，气液之间达到充分的传质、传热，酸性废气与碱性吸收液在湍冲区进行中和反应，脱除酸性废气。该技术净化效率大于 99%，设备具有占地面积小、运行维护费用低、易安装等特点。排气量可在 50%～100%变化，而不降低吸收效率。洗涤循环液浓度可比传统流程的循环液浓度高，不影响动力波湍冲洗涤塔的正常运行。该技术适用于氯气、氮氧化物等废气的吸收处理。

3.氯气钠碱吸收技术

次氯酸钠除铁时生成的少量氯气适合采用钠碱吸收净化。一般采用三级吸收，第一、第二级吸收装置采用湍冲塔，第三级采用填料塔。吸收液采用 15%氢氧化钠溶液，逆流补充吸收液（新吸收液直接补充至第三级塔，由三级塔循环泵向二级塔补液，二级塔循环泵向一级塔补液），一级塔循环液 pH 值小于 11 时排液，生成次氯酸钠溶液回用。由于一级塔氯气浓度最高，化学反应热大，在一级塔溶液循环系统中设板式热交换器，通过循环冷却水除去反应热，以维持系统对氯气的高效吸收。

4.高压酸浸尾气洗涤技术

高压酸浸尾气洗涤技术将高压釜、高温预热器、高压闪蒸槽等设备中排放的废蒸汽进行洗涤，使蒸汽中的废酸、矿浆等进入洗液，从而减少废气对大气的污染。该技术的特点是在保证废酸、矿浆充分进入洗液的前提下，避免大量废蒸汽的冷凝，从而降低了洗液的循环量，节约了运行成本。

该技术适用于高压酸浸尾气的洗涤净化过程。

6.6.1.5 废酸处理技术

1.硫化法+石灰石/石灰中和法

硫化法+石灰石/石灰中和法废酸处理技术是向废酸中投加硫化剂，使废酸中的重金属离子与硫反应生成难溶的金属硫化物沉淀去除。硫化反应后向废水中投加石灰石或石灰，中和硫酸，生成硫酸钙沉淀（$CaSO_4 \cdot 2H_2O$）去除。出水与其他废水合并后进污水处理站做进一步处理。常用的硫化剂有硫化钠（Na_2S）、硫氢化钠（NaHS）、硫化亚铁（FeS）等。去除率 Cu：96%～98%、As：96%～98%、Ni：96%～98%。

该技术主要去除镉、砷、锑、铜、锌、汞、银、镍等，可用于含砷、铜离子浓度较高的废水。具有渣量少、易脱水、沉渣金属品位高的特点，有利于有价金属的回收。该技术适用于镍冶炼过程中产生的过程中废酸的处理。

2.石灰+铁盐法废酸处理技术

石灰+铁盐法是向废酸中加入石灰乳进行中和反应，经固液分离、污泥脱水后产生石膏。进一步向废水中加入双氧水、液碱及铁盐，发生氧化沉砷反应，经固液分离、污泥脱水后产生砷渣。出水与其他废水合并后送污水处理站进一步处理。

该技术脱砷率大于98%，降低了含砷较高的渣的产量，有利于砷的集中综合回收。该技术适用于镍冶炼含砷离子浓度较高废水的处理。

3.废酸蒸发浓缩回收技术

废酸蒸发浓缩回收技术是加热废酸，使其蒸发浓缩，生产浓硫酸。该技术较传统的石灰石—石膏法处理废硫酸，可减少大量低质量石膏的产生，避免了二次污染，回收有用资源。该技术适用于任何烟气制酸装置。

6.6.1.6 酸性废水治理技术

1.石灰中和法

石灰中和法是向重金属废水中投加石灰乳[$Ca(OH)_2$]，使重金属离子与氢氧根反应，生成难溶的金属氢氧化物，并使之沉淀、分离。对于含有多种重金属离子的废水，可以采用一次中和沉淀，也可以采用分段中和沉淀的方法。一次中和沉淀是一次投加碱，提高 pH 值，使各种金属离子共同沉淀。分段中和是根据不同金属氢氧化物在不同 pH 值下沉淀的特性，分段投加碱，控制不同的 pH 值，使各种重金属分别沉淀，有利于分别回收不同金属。

该技术具有流程短、处理效果好、操作管理简单、处理成本低廉、便于回收有价金属的特点。各种金属离子的去除率分别可达：Cu：98%～99%，As：98%～99%，F：80%～99%，Ni：96%～98%，其他重金属离子：98%～99%。

该技术适用于含镍、铁、铜、锌、铅、镉、钴、砷废水的处理，该技术不适用于汞的脱除。

2.石灰—铁盐(铝盐)法

石灰—铁盐法是向废水中加石灰乳[$Ca(OH)_2$],并投加铁盐,如废水中含有氟时,需投加铝盐。将 pH 值调整至 9～11,去除污水中的 As、F、Cu、Fe 等重金属离子。铁盐通常采用硫酸亚铁、三氯化铁和铁盐,铝盐通常采用硫酸铝、氯化铝。

该技术除砷效果好,工艺流程简单,设备少,操作方便,可去除钒、铬、锰、铁、钴、镍、铜、锌、镉、锡、汞、铅、铋等,可以使除汞之外的所有重金属离子共沉;但砷渣过滤困难。各种金属离子去除率分别为:Cu:98%～99%,As:98%～99%,F:80%～99%,Ni:96%～98%,其他重金属离子:98%～99%。

该技术适用于含砷、含氟废水的处理。

3.碱液中和+铁铝复合混凝剂法

碱液中和+铁铝复合混凝剂法处理技术是向废水中同时投加氢氧化钠和铁、铝复合混凝剂,使废水中镍、铜、钴等有价金属与氢氧化钠和铁、铝复合混凝剂充分反应,生成难溶的金属氢氧化物沉淀物,再进行固液分离,处理后的水直接排放或做进一步深度处理后回用,分离出的金属氢氧化物沉淀物经过浓缩、脱水处理后综合回收有价金属。

该方法具有渣量少、易脱水、沉渣金属品位高的特点,有利于镍、铜、钴等有价金属的回收。该技术适用于镍、钴湿法精炼工段废水的处理。

6.6.1.7　工业废水处理技术

1.净化+膜法废水深度处理技术

净化+膜法废水深度处理技术是为提高水的重复利用率,对一般生产废水进行深度处理,使处理后水质达到工业循环水的标准,回用于循环水系统的补充水。除盐产生的浓盐水回用于冲渣等,不外排。膜分离技术是利用高压泵在浓溶液侧施加高于自然渗透压的操作压力,逆转水分子自然渗透的方向,迫使浓溶液中的水分子部分通过半透膜成为稀溶液侧净化水的过程。其工艺过程包括盘式过滤或精密过滤、微滤或超滤、反渗透等。

反渗透系统产生的淡水回用于生产线,浓水可独立处理后排放,也可将浓水排入废水调节池进一步处理。该技术工艺流程短,减少占地面积。全过程均属物理法,不发生相变。该技术脱盐率达到 75%,出水悬浮物浓度(SS)低于 5mg/L。

该技术适用于镍冶炼企业污水处理站废水的深度处理。

2.含镁废水蒸发结晶生产七水硫酸镁技术

含镁废水蒸发结晶生产七水硫酸镁技术是指含镁废水先经硫化钠和石灰乳净化除去溶液中的重金属离子,矿浆固液分离后,溶液通过蒸发、浓缩、结晶,生成七水硫酸镁,再经离心分离和干燥后,得到七水硫酸镁产品。

该技术适用于红土镍矿常压浸出高硫酸镁废水的处理。

3.废水除油技术

含油废水先经隔油池回收浮油，再进行第二步油水分离，常用的方法有活性炭吸附法及粗粒化油水分离法等。废水除油可使用融合多种除油技术，集污水的预处理、油水分离和油的回收于一体的高效油水分离装置。出水含油低于5mg/L。该技术适用于镍冶炼企业萃余液、反萃废水等含油废水的处理。

4.电絮凝法处理重金属废水

电絮凝法是以铝、铁等金属为阳极，以石墨或其他材料为阴极，在电流作用下，铝、铁等金属离子进入水中与水电解产生的氢氧根形成氢氧化物，氢氧化物絮凝将重金属吸附，生成絮状物，从而使水得到净化。该技术具有结构紧凑、占地面积小、不需要使用药剂、维护操作方便、自动化程度高等优点。但该技术电源性能有待改善，目前只适用于处理中低浓度重金属废水，产生的二次固体废弃物较多，易造成二次污染。

5.微生物法处理重金属废水

微生物处理法是利用细菌、真菌(酵母)、藻类等生物材料及其生命代谢活动去除或积累废水中的重金属，并通过一定的方法使重金属离子从微生物体内释放出来，从而降低废水中重金属离子的浓度。微生物法处理重金属废水主要通过吸附作用及沉淀作用。微生物法处理重金属废水与传统的物理化学方法相比有以下优点：运行费用低，生成的化学或生物污泥量少；去除极低浓度重金属离子的效率高；操作pH值及温度范围宽(pH值为3～9，温度为4～90℃)；高吸附率，高选择性。技术研发重点集中在菌种的分离提取，基因工程菌的构造，混合菌的培养，优势菌的筛选、培养、驯化等方面。

6.6.1.8 固体废弃物综合利用及处理处置技术

1.水碎渣、渣选矿尾矿综合利用技术

火法冶炼贫化电炉产生的水碎渣通常属于一般固体废弃物，可用于生产建材或除锈，如可作为矿渣水泥的掺和料或售给造船厂作喷砂除锈的载体，还可作为采矿巷道的回填料使用。污酸处理产生的石膏渣、脱硫石膏渣、常压酸浸工艺中产生的浸出渣、渣选矿尾矿等经鉴别为一般工业固体废弃物的可作为生产水泥的添加剂。

2.加压氧化浸出法处理硫化砷渣技术

加压氧化浸出技术是将硫化砷渣在高温富氧条件下加压浸出，绝大部分砷、铜离子进入溶液中，其中砷以五价形态存在，根据砷酸与硫酸铜溶解度的差异，浸出液首先冷却结晶出硫酸铜，结晶后液在搅拌槽内通入二氧化硫搅拌还原，五价砷被还原为三价，二次结晶、酸洗、干燥后得到精制三氧化二砷作为商品出售。处理每吨砷渣电量消耗840kW·h，二氧化硫消耗不大于750kg。浸出渣含砷＜1%，排放酸雾浓度＜2mg/m^3。

该技术可同时回收砷、铜、铋、铼、硫等多种产品。该技术适用于硫化砷渣的综合回收利用。

6.6.1.9　噪声治理技术

镍冶炼生产过程噪声源较多，噪声类型也不尽相同，应针对具体情况，主要从声源、传播途径和接受点三个环节进行治理。其中根治噪声源，指在满足工艺设计的前提下，尽可能选用低噪声设备，采用发声小的装置；传播途径上控制噪声，指在设计中，着重从消声、隔声、隔振、减振及吸声上进行考虑，结合合理布置厂内设施，采取绿化等措施，可降低噪声 35dB(A) 左右，使噪声得到综合性治理；个人防护，主要措施有在工段中设置必要的隔声操作间、控制室等，使室内的噪声符合有关卫生标准。

6.6.2　镍冶炼清洁生产工艺

6.6.2.1　精矿蒸汽干燥技术

精矿蒸汽干燥技术是通过蒸汽干燥机，利用冶炼烟气余热回收生产的蒸汽干燥镍精矿。该技术不产生二氧化硫污染，且不会发生精矿自燃。该技术适用于精矿的深度干燥。

6.6.2.2　镍闪速熔炼技术

该技术是将干精矿、熔剂、烟尘等随同预热的富氧空气、燃料油由喷嘴一起喷入反应塔内，形成均匀的悬浮体，精矿颗粒被其周围的氧化性气体迅速氧化并加热熔化，熔体落入沉淀池，完成造锍和造渣反应，进而渣、锍分离，完成熔炼过程。

该技术反应温度高，反应速度快，熔炼强度大；可根据需要采用不同浓度的富氧熔炼，熔炼过程可以在基本自热条件下进行，燃料消耗少，并且可以采用煤粉取代燃油；熔炼炉密闭性好，冶炼烟气二氧化硫浓度高，易于经济地处理，有利于环保；装备水平和自动化水平高；炉寿命长，作业率高。但该技术要求入炉原料为粉状，并经过深度干燥，因此需要设置熔剂制备和精矿深度干燥装置，熔炼过程相对复杂，流程较长；烟尘率高。

该技术适用于含镁量不高的镍精矿熔炼。

6.6.2.3　富氧顶吹浸没喷枪熔炼技术

该技术的核心是顶吹浸没喷枪技术，即通过垂直插入渣层的喷枪直接吹入空气或富氧空气、燃料。粉状物料和熔剂或还原性气体从炉顶加入熔池，经强烈搅拌熔池，使炉料发生强烈的熔化、硫化、氧化、造渣等物理化学过程，产出锍和渣的混合熔体，经沉降电炉分离镍锍和渣。

该技术综合能耗低，处理能力大，生产效率高；顶吹熔炼炉的密封性比较好，冶炼过程中烟气泄露点少，作业环境好，同时产生的烟气二氧化硫浓度高，完全满足制酸要求，硫回收利用率高；整个工艺采用分散控制系统(DCS)控制，自动化程度高。

该技术适用于含镁量较高的镍精矿熔炼。

6.6.2.4 P-S 转炉吹炼技术

P-S 转炉吹炼是以熔炼产出的低镍锍为原料，加入石英石熔剂造渣，脱去铁、硫等杂质产出高镍锍的冶炼方法。P-S 转炉应用范围广，操作经验丰富，灵活性大，适应性强；但由于间断作业，使得炉口漏风大，有害烟气外逸气重，气量波动大，烟气二氧化硫浓度相对偏低。

6.6.2.5 富氧顶吹浸没喷枪吹炼技术

镍锍、熔剂、冷料等从炉顶加入熔池，喷枪将反应风喷吹在渣层，控制反应过程一定的温度，在氧和熔剂的作用下，低镍锍中的铁被氧化后进入炉渣，从而进一步富集铜和镍。该工艺的主要特点是：吹炼过程连续进行，作业率高；炉子密闭性好，漏风小，烟气连续稳定，烟气量少，二氧化硫浓度高，烟气处理成本低；吹炼强度大，单炉吹炼即可满足冶炼生产要求；作业独立性强，受熔炼生产制约小；炉寿较长，耐火材料消耗少；吹炼作业成本较低，吹炼过程有热量过剩，可处理冷料。

6.6.2.6 硫化镍电解技术

硫化镍电解是将硫化镍阳极与镍片制得的阴极片（带隔膜）放入电解槽内，在硫酸和盐酸介质水溶液下电解，在直流电的作用下镍离子沉积在阴极上。该技术采用隔膜将阴极液和阳极液分开，形成了阴极室和阳极室，从阳极室抽取阳极液净化除去铁、铜、钴等杂质，得到相当纯净的电解液（阴极液）返回阴极室，电解生产电镍。该技术适用于金属硫化物的电解过程。

6.6.2.7 高镍锍选择性浸出技术

高镍锍选择性浸出技术是指控制浸出条件，使得镍进入溶液，铜留在浸出渣中，从而达到分离铜和镍的目的。浸出液采用黑镍除钴（或 Cy272 萃取钴），得到的硫酸镍溶液通过电积得到镍产品，得到的钴渣进一步处理回收钴。

该技术采用两段浸出，常压浸出渣再经高压浸出进一步回收镍钴，高压浸出渣作为提铜的原料。常压浸出液含铜、铁均小于 0.01g/L，硫酸镍钴溶液纯净；镍钴浸出率高；净化流程短；电镍产品质量高。该技术适用于高镍锍的湿法分离过程。

6.6.2.8 电解液硫化沉铜技术

电解液硫化沉铜技术是指在除铁后的溶液中通入硫化氢气体，硫离子与铜离子反应生成硫化铜沉淀，从而去除铜。该技术控制 pH 值在 2 以下，抑制镍和钴的沉淀，控制还原电位为－50～－80mV，可得到铜镍比高达 10∶1 的铜渣。因硫化氢有剧毒，为防止硫化氢逸出，除铜应在负压下操作。

该技术适用于硫化镍电解的电解液净化过程。

6.6.2.9 电解液活性镍粉除铜技术

该技术利用金属镍较金属铜活泼的特性，向除铁后液中添加镍粉置换铜，从而去除铜。

该技术是在阳极液温度保持在80℃，pH值维持在2.5～3.5，除铜后液含铜可降至0.4mg/L以下，除铜率可达99%，铜渣含铜大于88%。置换出的铜渣极易氧化，除铜设备应密闭，减少空气进入，以免铜渣氧化重溶。

该技术适用于硫化镍电解的电解液净化过程。

6.6.2.10　烟气余热回收利用技术

烟气余热回收技术是火法冶炼产生的高温烟气进入除尘系统前，先利用烟气蕴含的热能进行生产的技术。该技术余热回收方式有：利用离炉烟气预热空气（或煤气）；使用余热锅炉或汽化冷却装置生产中、低压蒸汽和热水；利用废气循环调节炉温和改善燃烧；利用离炉烟气加热入炉冷料等。利用余热生产的蒸汽可供生产、采暖通风、生活热水或余热发电系统使用。

该技术适合镍锍熔炼、吹炼过程烟气的余热利用，也适合氧化镍矿焙烧、电炉熔炼过程烟气的余热利用。

6.6.2.11　氧化镍矿回转窑、电炉生产技术

氧化镍矿火法冶炼的主要方法是应用电炉生产镍铁，该技术镍回收率较高，达到90%以上；回转窑产生的焙砂通过热料输送系统，加到电炉内，提高了焙砂入炉温度，降低了电炉熔炼电耗，电耗为500kW·h/t焙砂，铜水套冷却技术的应用和电炉结构的改进提高了电炉的使用寿命，电炉寿命可达7年；电炉设有完善的控制系统。

6.6.2.12　红土镍矿高压酸浸技术（HPAL）

红土镍矿高压酸浸技术是在高压釜中加入浓硫酸，在高温高压下，将镍浸出为硫酸盐；而铁则生成赤铁矿，经洗涤、浓密，浸出液用硫化氢、氧化镁或氢氧化钠等沉淀产出镍钴硫化混合物或镍钴氢氧化物的中间产品，中间产品可作为产品出售，也可继续加工为金属产品。

该技术工艺成熟，采用高压酸浸工艺矿石中镍、钴等的浸出率可达95%以上，镍、钴金属综合回收率均可达到90%左右；能耗低，且可综合回收矿石中的钴等有价金属，提高项目的经济效益，从而可以处理较低品位矿石。该技术适用于处理硅镁较低的矿石，一般要求镁含量低于5%。

6.6.2.13　红土镍矿常压酸浸技术（AL）

利用硫酸浸出矿石，使得镍、钴、铜、铁等进入溶液，除去铁、铝等贱金属净化溶液，再加入沉淀剂沉淀镍钴生产中间产品，也可继续加工为金属产品。该技术工艺简单，投资省；但酸耗高（一般800～1000kg/t干矿），生产成本偏高。镍钴总回收率在80%～90%。

该技术处理原料主要是含镍1.0%～2.0%的低铁高镁的过渡型或残积矿。矿石中含铁镁、铝量的高低及硫酸成本的高低直接影响该工艺的应用。

6.6.2.14 红土镍矿强化高压酸浸技术(EHPAL)

红土镍矿强化高压酸浸技术(EHPAL)是高压酸浸与常压酸浸相结合处理镍红土矿的一种工艺,利用高压酸浸残酸浸出含镁较高的残积矿,从而达到综合利用含镍红土矿资源、降低酸耗的目的。该技术可降低高压酸浸浸出残酸,减少石灰石用量,提高高压酸浸镍的浸出率;但残积矿中和高压酸浸浸出液中的残酸,其镍钴浸出率偏低,铁大量浸出增加了铁矾量。

该技术适用于含镁较高的残积矿的处理。

6.6.2.15 红土镍矿浸出矿浆浓密机逆流洗涤技术

该技术采用浓密机多级洗涤,工艺中洗液和矿浆逆向流动,末级洗涤的矿浆和最初的洗液接触,保证了洗涤的效果。该技术具有工艺简单、操作维护简单、洗涤效率高(洗涤效率可达 99%)、劳动强度小、运行费用低等特点。

该技术适用于大量的物料处理过程,如红土镍矿浸出后的矿浆洗涤过程。

6.6.2.16 黄铁矾除铁技术

黄铁矾除铁技术是指在温度 85～95℃、pH 值为 1.5～3.0 的条件下,溶液中一价正离子(如 K^+、Na^+、NH_4^+)和溶液中三正价铁离子(Fe^{3+})形成黄铁矾沉淀,从而去除铁。该技术沉淀性能好,过滤速度快,沉淀夹带有价金属少,沉淀含铁 30%～35%,与水解氢氧化铁相比渣量少,铁矾呈晶体结构,疏松、沙状,运输方便。

该技术适用于镍、钴、铜、锌等湿法冶炼除铁。

6.6.2.17 红土镍矿低浓度浸出液沉淀技术

红土镍矿低浓度浸出液沉淀技术是指通过加入沉淀剂使其与浸出后液中的镍、钴等有价金属离子发生反应,生成沉淀物,从而获得所需的中间产品。常用的沉淀技术主要包括硫化物沉淀技术和氢氧化物沉淀技术。硫化物沉淀技术主要包括硫化氢中温沉镍技术和低温沉镍技术,该技术的特点是产品镍钴品位高、具有较广的产品市场。但是该技术项目投资大、技术复杂、运行费用高、安全要求高。氢氧化物沉淀技术主要包括氧化镁、石灰或氢氧化钠沉镍技术。该技术特点是投资少、操作简单、运行费用低,但缺点是产品镍钴含量低,产品含水率高,作为中间产品出售市场范围相对较窄。

6.6.2.18 溶剂萃取技术

溶剂萃取技术是指利用有机溶剂从与其不相混溶的水相中将某种物质提取出来,以达到净化除杂或有价金属分离的目的。根据工艺要求可选用 P204 从除铁后液中除去杂质,净化溶液;根据溶液中杂质含量控制反萃条件可生产锰盐、锌盐等产品。选取 P507 或 Cyanex272从含钴镍溶液中萃取钴,实现钴、镍分离。

该技术有价离子的分离效果好,如 P507 分离镍、钴,产品 Co/Ni 比大于 1000;属液—液过程,易自动化;试剂消耗少;有价金属回收率高。

该技术可广泛应用于镍钴、稀土、贵金属、化工等领域。

6.6.2.19 污染源密闭技术

污染源密闭技术是通过在污染的源头设密闭罩将污染源密闭起来,防止污染的扩散。该技术烟气控制效果好,从源头上防止了污染物的扩散。该技术适用于物料储仓、物料卸料点、物料转运点、物料受料点、物料破碎筛分设备等扬尘点的密闭,冶金炉窑以及炉窑加料口、锍排出口、渣排出口、铜水包房、渣包房、溜槽等产烟部位的密闭,湿法冶炼产生废气的各种槽、罐的密闭。

6.6.2.20 加湿防尘技术

加湿防尘技术是通过喷水或喷雾形式加湿物料抑尘。加湿点选在卸料、转运等物料有落差、易扬尘的部位。加湿喷嘴采用雾化喷头,加湿水压力宜在 0.4MPa 以上。该技术适用于对原料水分无严格要求的冶炼工艺备料工段的防尘以及渣选矿工艺备料工段的防尘。

第 7 章　乡村振兴背景下的农村工业绿色发展

7.1　农村工业产业政策调整与发展方向

7.1.1　乡村振兴与产业振兴战略

7.1.1.1　乡村振兴

党的十九大报告中提出，农业、农村农民问题是关系国计民生的根本性问题，必须始终把解决好“三农”问题作为全党工作的重中之重，实施乡村振兴战略。2018 年 9 月，中共中央、国务院印发了《乡村振兴战略规划(2018—2022 年)》，要求各地区各部门结合实际认真贯彻落实。该规划按照产业兴旺、生态宜居、乡风文明、治理有效、生活富裕的总要求，对实施乡村振兴战略做出阶段性谋划，分别明确至 2020 年全面建成小康社会和 2022 年召开党的二十大时的目标任务，细化实化工作重点和政策措施，部署重大工程、重大计划、重大行动，确保乡村振兴战略落实落地，是指导各地区各部门分类有序推进乡村振兴的重要依据。

实施乡村振兴战略的目的，就是坚持农业、农村优先发展，建立健全城乡融合发展体制机制和政策体系，统筹推进农村经济建设、政治建设、文化建设、社会建设、生态文明建设和党的建设，加快推进乡村治理体系和治理能力现代化，加快推进农业农村现代化，走中国特色社会主义乡村振兴道路，让农业成为有奔头的产业，让农民成为有吸引力的职业，让农村成为安居乐业的美丽家园。

7.1.1.2　产业振兴

乡村振兴战略中的重点是产业振兴。产业振兴是加快推进农业、农村现代化的根本，是乡村振兴的核心载体。只有产业振兴的经济基础好，才能建设好乡村环境基础、文化基础、社会基础，并最终实现生活富裕的民生目标。《国务院关于促进乡村产业振兴的指导意见》中明确指出，产业兴旺是乡村振兴的重要基础，是解决农村一切问题的前提。乡村产业根植于县域，以农业、农村资源为依托，以农民为主体，以农村一、二、三产业融合发展为路径，地域特色鲜明、创新创业活跃、业态类型丰富、利益联结紧密，是提升农业、繁荣农村、富裕农民的产业。乡村产业振兴以农业供给侧结构性改革为主线，围绕农村一、二、三产业融合发展，与脱贫攻坚有效衔接、与城镇化联动推进，充分挖掘乡村的多种功能和价值，聚焦重点产业，聚集资源要素，强化创新引领，突出集群成链，延长产业链、提升价值链，培育发展新动能，加快构建现代农业产业体系、生产体系和经营体系。

乡村产业振兴基本原则包括：

1)因地制宜、突出特色。依托种养业、绿水青山、田园风光和乡土文化等，发展优势明显、特色鲜明的乡村产业，更好地彰显地域特色、承载乡村价值、体现乡土气息。

2)市场导向、政府支持。充分发挥市场在资源配置中的决定性作用，激活要素、市场和各类经营主体。更好地发挥政府作用，引导形成以农民为主体、企业带动和社会参与相结合的乡村产业发展格局。

3)融合发展、联农带农。加快全产业链、全价值链建设，健全利益联结机制，把以农业、农村资源为依托的二、三产业尽量留在农村，把农业产业链的增值收益、就业岗位尽量留给农民。

4)绿色引领、创新驱动。践行绿水青山就是金山银山理念，严守耕地和生态保护红线，节约资源，保护环境，促进农村生产生活生态协调发展。推动科技、业态和模式创新，提高乡村产业质量效益。

7.1.2　乡村产业振兴发展

乡村产业振兴，突出乡村优势特色，培育壮大乡村产业，应从以下方面着手：

做强现代种养业。创新产业组织方式，推动种养业向规模化、标准化、品牌化和绿色化方向发展，延伸拓展产业链，增加绿色优质产品供给，不断提高质量效益和竞争力。巩固提升粮食产能，全面落实永久基本农田特殊保护制度，加强高标准农田建设，加快划定粮食生产功能区和重要农产品生产保护区。加强生猪等畜禽产能建设，提升动物疫病防控能力，推进奶业振兴和渔业转型升级。发展经济林和林下经济。

做精乡土特色产业。因地制宜发展小宗类、多样性特色种养，加强地方品种种质资源保护和开发。建设特色农产品优势区，推进特色农产品基地建设。支持建设规范化乡村工厂、生产车间，发展特色食品、制造、手工业和绿色建筑建材等乡土产业。充分挖掘农村各类非物质文化遗产资源，保护传统工艺，促进乡村特色文化产业发展。

提升农产品加工流通业。支持粮食主产区和特色农产品优势区发展农产品加工业，建设一批农产品精深加工基地和加工强县。鼓励农民合作社和家庭农场发展农产品初加工，建设一批专业村镇。统筹农产品产地、集散地、销地批发市场建设，加强农产品物流骨干网络和冷链物流体系建设。

优化乡村休闲旅游业。实施休闲农业和乡村旅游精品工程，建设一批设施完备、功能多样的休闲观光园区、乡村民宿、森林人家和康养基地，培育一批美丽休闲乡村、乡村旅游重点村，建设一批休闲农业示范县。

培育乡村新型服务业。支持供销、邮政、农业服务公司、农民合作社等开展农资供应、土地托管、代耕代种、统防统治、烘干收储等农业生产性服务业。改造农村传统小商业、小门店、小集市等，发展批发零售、养老托幼、环境卫生等农村生活性服务业。

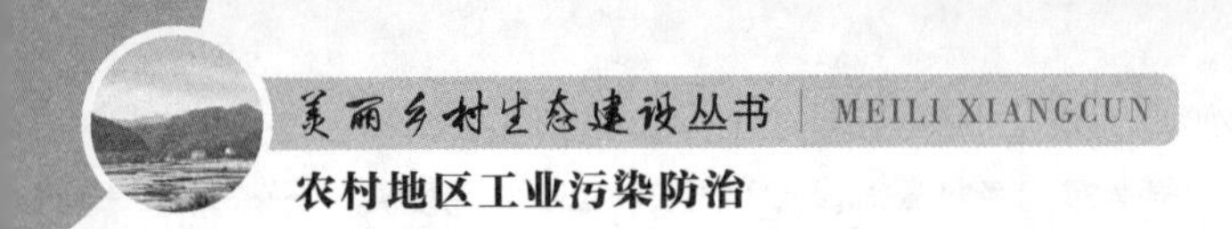

发展乡村信息产业。深入推进"互联网+"现代农业，加快重要农产品全产业链大数据建设，加强国家数字农业农村系统建设。全面推进信息进村入户，实施"互联网+"农产品出村进城工程。推动农村电子商务公共服务中心和快递物流园区发展。

7.1.3 乡村产业发展的生态底线

我国正处在全面建成小康社会的收官之年。党的十九大提出乡村振兴战略以来，中央的相关政策密集出台，地方的相关工作迅速铺开，全国上下掀起了乡村振兴的热潮。习近平总书记提出"坚持底线思维，增强忧患意识，提高防范能力，着力防范化解重大风险"的明确要求，表明党中央保障经济持续健康发展和社会大局和谐稳定的坚定决心。农业、农村是经济发展和社会稳定的基石，乡村振兴和发展产业的同时，应该守住生态底线，谋求科学发展、绿色发展，补齐乡村生态环境短板。

早在2017年12月，环境保护部就印发《"生态保护红线、环境质量底线、资源利用上线和环境准入负面清单"编制技术指南(试行)》(环办环评〔2017〕99号)，也称为"三线一单"。具体含义包括：

生态保护红线——是指在生态空间范围内具有特殊重要生态功能、必须强制性严格保护的区域，是保障和维护国家生态安全的底线和生命线，通常包括具有重要水源涵养、生物多样性维护、水土保持、防风固沙、海岸生态稳定等功能的生态功能重要区域，以及水土流失、土地沙化、石漠化、盐渍化等生态环境敏感脆弱区域。按照"生态功能不降低、面积不减少、性质不改变"的基本要求，实施严格管控。

环境质量底线——是指按照水、大气、土壤环境质量不断优化的原则，结合环境质量现状和相关规划、功能区划要求，考虑环境质量改善潜力，确定的分区域分阶段环境质量目标及相应的环境管控、污染物排放控制等要求。

资源利用上线——是指按照自然资源资产"只能增值、不能贬值"的原则，以保障生态安全和改善环境质量为目的，利用自然资源资产负债表，结合自然资源开发管控，提出的分区域分阶段的资源开发利用总量、强度、效率等上线管控要求。

生态环境准入清单——是指基于环境管控单元，统筹考虑生态保护红线、环境质量底线、资源利用上线的管控要求，提出的空间布局、污染物排放、环境风险、资源开发利用等方面禁止和限制的环境准入要求。

"三线一单"是推进生态环境保护精细化管理、强化国土空间环境管控、推进绿色发展高质量发展的一项重要工作。初步成果显示，12省市在"三线"分析基础上，综合叠加生态、水、大气和土壤等要素管控分区和行政区域、工业园区、城镇规划边界等，统筹划定了优先、重点和一般三类环境管控单元，共划分综合管控单元1万余个，重点地区空间管控精度达到乡镇及园区级别。针对管控单元，各省市总体采用结构化的清单模式，从省域、区域、市域不同层级，对环境管控单元提出了具体生态环境准入要求。

乡村产业发展，应该牢牢树立生态底线意识，把"三线一单"作为产业发展的首要考察依据，在项目立项、环评、审批和环境管理全过程用好"三线一单"，做好空间管控。同时，也应该加强企业自身管理的主动性和自觉性，保障公众参与的权力与监督功能，全方位保护好乡村的生态环境。

7.2　农村地区工业园污染治理与管控

7.2.1　乡镇工业园发展现状

乡镇工业园区是乡镇级政府根据自身经济发展的需求，为适应市场竞争和产业升级的新形势，通过行政或市场化等多种手段集聚各种生产要素，举办的有较完善的基础设施和功效齐全、配套服务体系的工业制造生产区域。这种以园区为布局特征的集约化发展模式，逐步取代农村工业发展早期"散兵游勇"式的传统发展模式，生产要素向工业园区聚集后，提高了工业园区的集中度，可以有效克服过去那种发展乡镇企业"家家点火、户户冒烟"的现象，同时可以促进集约经营，实现道路、供水、供电和环保等基础设施以及质量检验方面的资源共享，也可以实现营销网络、物质配送、教育培训、投资咨询、技术开发等中介服务资源的共享，最大限度地降低生产成本，同时还有利于提升企业形象，营造企业文化，使企业在更高层次上发展壮大。

自1984年设立首批国家级经济技术开发区以来，我国工业园区作为区域经济发展的新焦点，如雨后春笋般兴盛起来，不少工业园取得了经济效益，甚至成为区域形象工程。截至2018年，全国共有219家国家级经开区；已建成或已通过规划论证正在建设的国家级生态工业示范园区数量就达到了62个，较2010年的数据增加了37％。中国各个省、大部分地市甚至部分县都已开始建设自己的工业园。以广东佛山为例，据统计，2018年佛山市全市村级工业园就有1025个，村级工业园用地19577.35hm^2，零散用地1149.69hm^2，合计约20727hm^2，约占全市工业用地面积的80％。

我国乡镇工业园区的迅猛发展过程中也浮现出了很多问题，地方政府对乡镇工业园的重视不够，早期规划不足导致资源配置不合理，区位优势未能有效体现。同时，建设初期对环境保护重视不足，使得中国各省市，特别是南方省市，分散了许多小型村级工业园区，聚集了大量无许可证，低技术，落后设备和非法污水处理的工厂和车间，它们造成的区域环境污染，给当地老百姓造成的滋扰不容忽视。目前，村级工业园区存在比较突出的问题包括土地利用率低，投入产出低，产业低端、重复，不能形成良好的产业链等。乡镇工业园环境问题主要体现在：

1)侵占农业用地，造成生态失衡。一些地方政府规划不足，盲目招商引资，无序建设工业园。工业园转移至乡镇，乡镇的土地使用方式将发生改变，鱼塘、林地、牧地和耕地将减少甚至消失，转变为工业用地，从而减少了乡村居民的使用用地，给农业生产带来了一定程度的损害。而且在工业园建设的期间，会对当地的土地造成严重的损耗，造成严重的水土流失问题。

2)企业环保手续不齐全。村级工业区中，部分企业的环保手续不完善，包括环评审批、验收、排污许可证等手续。部分企业的规模、产量、地址与原环保审批信息不一致。未批先建、无环保手续的企业屡见不鲜，形成环境管理的盲区。

3)污染物治理设施落实不到位。一些企业为了节约成本，污染物未进行有效治理，污染治理设施工艺简单、设计不规范、日常维护缺乏，使用率低，甚至未设置末端治污设备而直排。造成较为严重的大气污染、水污染和土壤污染问题。

4)环境管理不够规范，厂容厂貌有待改善。工业企业多以单层厂房为主，部分企业较为简陋，自动化程度较低，缺乏统一的规划，厂容厂貌较差。部分企业由于生产工艺较落后，工序间衔接不顺，造成原材料的损失和污染问题尤为突出。

7.2.2 乡镇工业园污染防治与管理

7.2.2.1 加强农村工业发展规划

乡镇工业园区建设要立足规划先行。乡镇工业园区总体规划要在上级行政部门的指导下与土地利用、交通环保、消防治安、自然资源开发使用等规划配套起来，立足于规划先行，注重与长期规划、中期规划和近期规划有机结合，做到长规划、短安排。在规划中，还应明确具体园区的产业结构、发展规模和方向、可接纳的工业门类，规定各项污染物的排放总量指标、绿化指标和污染控制要求，完善与配套基础设施和环保措施，尽可能地充分利用资源，使经济发展的成本最低、质量最好、效益最高、污染物排放最少，构造一种人与自然和谐、协调的人居环境。规划要立足于建设资金的动态平衡、整体平衡和长期平衡，坚持基础设施先行，切合实际地搞好园区的配套建设。对入园企业的单位土地投资密度、投入产出率和上缴税收等，都应标定科学合理的标准，提高有限土地资源的利用率。凡是工业园区的设立，乡镇都要会同当地规划部门，委托专业机构，认真做好规划，并进行区域环境影响评价和专家论证，依法办理用地手续。各乡镇对已征用而尚未开发的土地，要督促有关单位抓紧开发建设；对没有能力开发或不准备开发的土地要将其收回，以便盘活土地资源；对征用后不开发、用作抵押的，要妥善处理，防止土地“征而不用、多征少用、征作他用”等问题的出现。

7.2.2.2 严格建设项目准入

乡镇工业园需要强化工业园规划环评和入驻项目环评，形成与现有项目环境管理、区域环境质量联动的“三挂钩”机制。严格高污染项目准入门槛，禁止审批列入国家、省产业政策限制、淘汰类新建项目，以及不符合“三线一单”生态环境准入清单要求的项目，禁止审批属于《建设项目环境保护管理条例》第十一条5种不予批准情形的项目，以及无法落实危险废物合理利用、处置途径的项目。同时，加快淘汰列入国家、省产业政策中明令禁止的，重污染、高能耗的落后生产工艺、技术装备。对年产危险废物量大且未落实处置去向的企业，以及危险化工原料贮存量大的企业，督促其限期整改，未按要求完成整改的，依法依规予以处理。

在全面贯彻长江经济带“共抓大保护、不搞大开发”的重大战略背景下，乡镇工业园的项目准入还应严格限制在长江沿线新建扩建石油化工、煤化工等化工项目，禁止建设新增污染物排放的项目；严禁在长江干流及主要支流岸线一定范围内新建布局化工园区和化工企业。鼓励现有距离长江干流和重要支流岸线较近、具备条件的企业后撤，或搬离进入合规园区。

7.2.2.3　提高污染物末端治理能力

污染物末端治理设施是污染物进入环境前的最后一道关卡，合理的污染物末端治理是所有排污企业必不可少的工艺环节。乡镇工业园应在宏观上把控整个园区的污染治理能力，监督企业建设符合其工艺及生产规模的废水、废气治理设施和噪声防治措施并督促其正常运行；按照“减量化、资源化和无害化”的原则，鼓励企业开展固体废弃物综合利用，监督检查各类固体废弃物的合理处置的落实。

工业园区应做好三通一平工作，废水全部做到“清污分流、雨污分流”，尽量采用“一企一管，专管输送”收集方式。园区应建设符合规范的集中式污水处理厂，并对接纳废水水质严格管理。比如江苏省化工园区污水处理厂对于废水接纳要求是：主要污染物COD、氨氮、总氮、总磷排放浓度不得高于《城镇污水处理厂污染物排放标准》(GB 18918—2002)一级A标准；其他污染物排放浓度不得高于《污水综合排放标准》(GB 8978—1996)一级标准；对于以上标准中没有包含的有毒有害物质，须开展特征污染物筛查，建立名录库，参照相关标准制定排放限值。

危险废物产生单位和经营单位要落实申报登记、转移联单、经营许可证、应急预案备案等制度，执行《国家危险废物名录》、《危险废物贮存污染控制标准》(GB 18597—2001)、《危险废物鉴别标准通则》(GB 5085.7—2007)、《危险废物收集、贮存、运输技术规范》(HJ 2025—2012)等，建立危险废物产生、出入库、转移、利用处置等台账，并在当地危废管理系统如实申报。转移危险废物的，必须执行电子联单。自建危险废物焚烧设施的产废企业要参照《危险废物集中焚烧处置工程建设技术规范》(HJ/T 176—2005)建设焚烧设施，按照《危险废物焚烧污染控制标准》(GB 18484—2001)进行工况管理和污染控制。

有条件的工业园区，还可考虑建设配套的污染物在线监测监控系统，建设园区的环境信息管理系统平台，做到数据展示与查询、统计与分析及远程控制，督促企业规范其环境管理。

7.2.2.4　严格落实排污申报登记与排污许可证制度

排污申报登记与排污许可证制度是指凡是向环境排放污染物的单位，必须按规定程序向环境保护行政主管部门申报登记所拥有的排污设施、污染物处理设施及正常作业情况下排污的种类、数量和浓度的一项特殊的行政管理制度。乡镇工业园管理上，要加快推进园内企业污染物核查申报，严格把控园内企业排污许可证申领工作，确保企业按时完成排污许可证的申领。园区可组织排污单位进行排污许可证申领培训，指导企业的申报工作；加强与企业的对接，及时了解申报过程中的疑点难点问题，对企业进行“一对一”的业务指导，全方位切实保障园内排污单位均能够落实排污申报登记并取得排污许可。同时，应加强对园区内企业的排污核查工作，对于偷排、超排等违法排污行为，坚决予以惩戒。

7.3 农村地区工业清洁生产

7.3.1 清洁生产与农村工业可持续发展

清洁生产是指将综合预防的环境保护策略持续应用于生产过程和产品中，以期减少对人类和环境的风险。清洁生产从本质上来说，就是对生产过程与产品采取整体预防的环境策略，减少或者消除它们对人类及环境的可能危害，同时充分满足人类需要，使社会经济效益最大化的一种生产模式。具体措施包括：不断改进设计；使用清洁的能源和原料；采用先进的工艺技术与设备；改善管理；综合利用；从源头削减污染，提高资源利用效率；减少或者避免生产、服务和产品使用过程中污染物的产生和排放。

农村工业发展现今面临的环境困境包括：企业数量多，布局混乱，规模小，产品结构不合理，工艺设备落后，技术水平普遍较低，经营管理不善，资源和能源消耗大，污染防治措施落后，工业污染危害变得更加突出和难以防范。走可持续发展道路是农村工业发展的必然选择，而清洁生产是实施可持续发展战略的最佳模式。清洁生产面向生产全过程，强调清洁的能源，包括开发节能技术，尽可能开发利用再生能源以及合理利用常规能源；清洁的生产过程，包括尽可能不用或少用有毒有害原料和中间产品，对原材料和中间产品进行回收，改善管理、提高效率；清洁的产品，包括以不危害人体健康和生态环境为主导因素来考虑产品的制造过程甚至使用之后的回收利用，减少原材料和能源使用。

对于数量庞大的乡镇企业而言，要通过实施清洁生产，落实“节能、降耗、减污、增效”目标，摆脱“先污染，再治理”的老路，调整产品结构，高效配置资源，革新生产工艺，优化生产过程，提高技术装备水平，加强科学管理，提高人员素质，最终达到环境效益与经济效益的统一，实现企业的动态更新和可持续发展。

7.3.2 农村工业清洁生产实施途径

对于企业而言，实施清洁生产审核，是落实清洁生产“节能、降耗、减污、增效”目标的有效手段。为了全面推行清洁生产，规范清洁生产审核行为，国家发展和改革委员会、国家环境保护总局制定并审议通过了《清洁生产审核暂行办法》，并于2004年10月1日起施行。该办法中对于清洁生产审核(ceaner production audit，CPA)的定义为：清洁生产审核，是指按照一定程序，对生产和服务过程进行调查和诊断，找出能耗高、物耗高、污染重的原因，提出减少有毒有害物料的使用、产生，降低能耗、物耗以及废物产生的方案，进而选定技术经济及环境可行的清洁生产方案的过程。

我国清洁生产审核工作遵循"因地制宜，有序开展，注重实效，持续推进"的原则已开展了上十年时间，协助大量企业完成了清洁生产改造并取得了实际的经济效益和环境效益。在此过程中，也积累形成了具有中国特色的清洁生产审核实施经验。农村工业落实可持续发展，也需要分步有序推进企业的清洁生产审核工作，辅助企业节约能源资源消耗、更新生产工艺、减少污染物产生并取得更高的经济效益。目前，鼓励乡镇企业落实清洁生产、开展清洁生产审核可以从以下方面入手。

7.3.2.1　建立强制清洁生产审核行业清单

我国清洁生产审核工作分为自愿性审核和强制性审核。国家鼓励企业自愿开展清洁生产审核。污染物排放达到国家或者地方排放标准的企业，可以自愿组织实施清洁生产审核，提出进一步节约资源、削减污染物排放量的目标。清洁生产审核以企业自行开展组织为主，不具备独立开展清洁生产审核能力的企业，可以委托行业协会、清洁生产中心、工程咨询单位等咨询服务机构协助开展清洁生产审核。而对于一些高耗能、高污染或超标排污的企业，国家则要求其必须实施清洁生产审核。对于农村工业的清洁生产实施来说，有下列情形之一的企业，应当纳入强制清洁生产审核清单，以行政命令强制其实施清洁生产审核：

1)污染物排放超过国家或者地方规定的排放标准，或者虽未超过国家或者地方规定的排放标准，但超过重点污染物排放总量控制指标的。

2)超过单位产品能源消耗限额标准构成高耗能的。

3)使用有毒有害原料进行生产或者在生产中排放有毒有害物质的。其中有毒有害原料或物质包括以下几类：第一类，危险废物。包括列入《国家危险废物名录》的危险废物，以及根据国家规定的危险废物鉴别标准和鉴别方法认定的具有危险特性的废物；第二类，剧毒化学品、列入《重点环境管理危险化学品目录》的化学品，以及含有上述化学品的物质；第三类，含有铅、汞、镉、铬等重金属和类金属砷的物质；第四类，《关于持久性有机污染物的斯德哥尔摩公约》附件所列物质；第五类，其他具有毒性、可能污染环境的物质。

对于未执行强制清洁生产审核的企业，应责令其改正，并可采取罚款、停发排污许可证、停止项目审批、限制贷款等处罚措施。

7.3.2.2　清洁生产的鼓励措施

地方政府可以通过多种措施来鼓励乡镇企业主动开展清洁生产审核工作，逐步树立企业自觉落实清洁生产的机制。比如大力开展清洁生产理念的宣传，主动邀约清洁生产咨询机构对于辖区内企业开展清洁生产培训；积极开展清洁生产试点，推广清洁生产效益的宣传；对在清洁生产工作中做出显著成绩的单位和个人给予表彰和奖励；以专项资金扶持从事清洁生产研究、示范和培训，实施清洁生产重点技术改造的项目；对于实施完成清洁生产审核的企业予以资金奖励，或一定的税收优惠，或在某些行政审批中提供绿色通道等。

7.4 农村地区绿色发展对策

随着我国经济发展进入新时代，正确处理环境保护与经济发展的关系，把资源与环境当成发展的靠山，是转换发展动能、实现高质量绿色发展的关键。乡村振兴离不开产业振兴，在因地制宜、突出特色发展、融合式发展的农村工业结构调整与布局过程中，应该强调以绿色为引领，以创新为驱动力，促进农村生产、生活和生态协调发展，推动科技、业态和模式创新，建立绿色工业体系，提高乡村产业质量效益。国家农业农村部印发了《2020年农业农村绿色发展工作要点》文件，要求各级农业农村部门坚持绿色发展理念，扎实推进质量兴农、绿色兴农，不断强化绿色发展对乡村振兴的引领，创新工作思路，强化工作举措，推动农业、农村绿色发展取得明显成效。根据该文件，未来农业、农村绿色发展的思路包括以下方面：

7.4.1 积极推进农业绿色生产

优化种养业结构，立足水土资源匹配性，进一步调整优化农业区域布局；推行标准化生产，加快建立农业高质量发展标准体系，鼓励规模企业、合作社等生产经营主体按标生产；发展生态健康养殖，积极创建水产健康养殖示范场，重点发展池塘工程化、工厂化循环水养殖；提高农产品质量安全水平，试行食用农产品合格证制度，建立生产者自我质量控制、自我开具合格证和自我质量安全承诺制度，加强绿色食品、有机农产品、地理标志农产品认证和管理。

7.4.2 改善乡镇工业结构和布局

依托地域特色培育壮大新兴绿色产业，打造绿色工业体系。制定区域经济发展规划和地区产业布局，鼓励发展技术层次高、附加值高、技术含量高、能源和原材料消耗少的技术密集型、环境友好型产业；加速淘汰技术工艺落后、能源和原材料消耗高、严重污染环境、产品质量低劣的落后生产方式；落实清洁生产，发展清洁技术、生产绿色产品，实行生产的源头控制、全过程控制和总量控制。

7.4.3 加强农业突出环境问题治理

推进化肥减量增效行动，推进测土配方施肥农企合作，科学制定大配方，推进配方肥落地；推进农药减量控害，提高农药利用率到40%以上，保持农药使用量负增长；畜禽粪污资源化利用，推进大规模养殖场粪污治理设施建设，健全畜禽粪污处理利用标准体系，鼓励发展收贮运社会化服务组织；实施秸秆综合利用，实施农膜回收以及农药肥料包装废弃物回收；加强土壤污染管控与修复，完成耕地土壤环境质量类别划分，健全农产品产地土壤环境质量监测网。

7.4.4　强化农业资源保护，提高资源利用效率

加强耕地资源保护利用，实施耕地轮作休耕制度试点，坚持轮作为主、休耕为辅；加快发展节水农业，提高天然降水和灌溉用水利用效率；加强农业生物多样性保护，加强农业野生植物资源管理；加强渔业资源养护修复，展水生物增殖放流，健全相关标准、评估体系。

7.4.5　持续推进农村人居环境整治

整治提升村容村貌，深入开展村庄清洁行动，引导农民群众转变不良生活习惯，养成科学卫生健康的生活方式；继续推进农村厕所革命，提升农村改厕质量和成效；推进美丽宜居乡村建设，积极总结推广典型经验做法，开发绿色生态产品和服务产品，大力发展休闲采摘、观光旅游等新产业新业态。

主要参考文献

[1] 张井忠.生活垃圾分类的现实困境与优化路径选择[J].中国环境管理干部学院学报,2019,29(05):63-66.

[2] 赵勇,晏榆洋.广安市农业废弃物资源化利用现状及潜能分析[J].现代农业科技,2019,(19):166-167+170.

[3] 周文生.推动废弃物资源化利用　打造生态循环农业强县[J].江苏农村经济,2019,(09):24-25.

[4] 黄睿.垃圾回收逆向物流体系建模[J].经济研究导刊,2019,(25):150-152+166.

[5] 瞿康洁.农药废弃包装物资源化利用研究[J].合作经济与科技,2019,(18):22-23.

[6] 任利枢.我国农业废弃物处理现状[J].畜牧兽医科技信息,2019,(08):35.

[7] 毕珠洁,部俊.我国湿垃圾处理工艺类型及扶持政策浅析——以上海为例[J].环境与可持续发展,2019,44(04):54-58.

[8] 严铠,刘仲妮,成鹏远,等.中国农业废弃物资源化利用现状及展望[J].农业展望,2019,15(07):62-65.

[9] 刘凌志.畜禽养殖废弃物无害化资源化利用模式[J].畜牧兽医科技信息,2019,(07):41.

[10] 周浪.农村地区工业污染治理的对策研究[J].农业经济,2019,(07):41-43.

[11] 李诗盈.关于建筑废弃物资源化利用管理方法的法制保障研究[D].长春:吉林建筑大学,2019.

[12] 李佳,胡子君,房建恩.分散式农村垃圾治理研究——以美国分散式农村的垃圾多元治理为例[J].农业经济,2019,(02):32-35.

[13] 贾明雁.瑞典垃圾管理的政策措施及启示[J].城市管理与科技,2018,20(06):78-83.

[14] 汤惠琴,杨敏.我国农村地区环境污染与治理探析——以江西省丰城市农村为例[J].吉首大学学报(社会科学版),2018,39(S2):142-145.

[15] 曾玉竹.德国垃圾分类管理经验及其对中国的启示[J].经济研究导刊,2018,(30):159-160.

[16] 陈秧分.乡村振兴背景下中国农业绿色发展机遇、挑战与对策[A].中国作物学会.2018中国作物学会学术年会论文摘要集[C].北京:中国作物学会,2018.

[17] 陆春梅.黑龙江省农村环境污染问题及对策研究[D].杨凌:西北农林科技大学,2018.

[18] 彭娇梅.乡村环境污染现状及污染治理探讨[J].南方农机,2018,49(17):107+114.

[19] 李玉红.中国工业污染的空间分布与治理研究[J].经济学家,2018,(09):59-65.

[20] 石秀华,阳科.农村土地污染的工业因素分析[J].工业安全与环保,2018,44(08):103-106.

[21] 薛兴兴.农村工业污染中的环境抗争[D].太原:山西大学,2018.

[22] 向宗威,刘惟诚,李涛.对于我国垃圾处理总成本的研究与分析[J].中国高新区,2018,(07):25.

[23] 吕连城.农村环境保护和农村持续性发展关系探究[J].科技风,2018,(07):148+150.

[24] 王夏晖,王波,王金南.面向乡村振兴　农村环保面临的挑战与对策[J].中国农村科技,2018,(02):30-34.

[25] 李金祥.畜禽养殖废弃物处理及资源化利用模式创新研究[J].农产品质量与安全,2018,(01):3-7.

[26] 刘昊.论农民环境权保护的农村工业污染防治法律对策[J].山西农经,2017,(23):24.

[27] 金殿臣,李媛,杨丹辉.工业污染与工业增长的关系研究——基于中国 2004—2015 年省际面板数据的实证分析[J].现代管理科学,2017,(06):64-66.

[28] 李玉红.中国农村污染工业发展机制研究[J].农业经济问题,2017,38(05):83-92+112.

[29] 崔峰.工业化进程对环境污染的影响研究[D].重庆:重庆大学,2017.

[30] 倪萍,孙昊,吴树彪,等.大中型农业沼气工程沼液循环回用影响分析[J].可再生能源,2017,35(04):482-488.

[31] 李玉红.乡村半城市化地区的工业化与城镇化[J].城市发展研究,2017,24(03):89-94+101.

[32] 张婷婷.乡镇生活垃圾集运管理研究[D].绵阳:西南科技大学,2017.

[33] 李佳,胡子君.美国分散式农村垃圾治理的对策[J].世界农业,2017,(03):33-37.

[34] 崔艳琪.乡镇工业污染对农村(周边)环境的影响[J].民营科技,2017,(01):225.

[35] 夏敏杰.关于乡镇工业发展中的污染治理模式研究[J].绿色环保建材,2016,(10):43.

[36] 王立峰,史志勇,吉琳.农村工业对农村环境污染及防治[J].现代农业,2016,(07):75-77.

[37] 张雅娟,杜文丽.农村环境污染原因分析及治理措施[J].河北农业,2016,(06):39-42.

[38] 于沁,管慧宇,徐敏丽.基于农户接受的农村生活垃圾处理的创新 PPP 模式研究[J].科技经济市场,2016,(06):5-7.

[39] 地方立法应关注农村环境问题[J].环境污染与防治,2016,38,(05):31.

[40] 吕维霞，杜娟.日本垃圾分类管理经验及其对中国的启示[J].华中师范大学学报(人文社会科学版)，2016，55，(01)：39-53.

[41] 马骁轩，蔡红珍，付鹏，等.中国农业固体废弃物秸秆的资源化处置途径分析[J].生态环境学报，2016，25，(01)：168-174.

[42] 杨浩.农村生态建设中的工业污染问题与治理对策[J].化工管理，2015，(36)：217.

[43] 李孜男.村镇生活垃圾收运处理综合成本调研分析[J].建设科技，2015，(10)：125-126.

[44] 杨丽萍.农村工业污染防治的法律困境及对策分析——以城乡污染转移为视角[J].辽宁农业科学，2015，(02)：44-47.

[45] 张旭吟.农户固体废弃物排放行为影响因素及防控策略研究[D].北京：中国农业大学，2015.

[46] 胡石其，赵伟，潘爱民.农村劳动力转移对工业污染排放的影响机制与空间效应研究[J].求索，2014，(11)：59-62.

[47] 李磊，谢小璐.工业污染与恩格尔系数的库兹涅茨分析——基于面板数据的联立方程模型[J].地域研究与开发，2014，33(05)：115-120.

[48] 周曙东，张家峰.江苏农村工业化中环境污染的规模效应、污染排放强度效应与产业结构效应研究[J].江苏社会科学，2014，(04)：263-268.

[49] 王岩松，梁流涛，梅艳.农村工业结构时空演进及其环境污染效应评价——基于行业污染程度视角[J].河南大学学报(自然科学版)，2014，44(04)：428-435.

[50] 李鹏.农业废弃物循环利用的绩效评价及产业发展机制研究[D].武汉：华中农业大学，2014.

[51] 邱立成.环保治污重心须向农村转移[J].农村工作通讯，2014，(09)：47.

[52] 陆泗进.浅谈我国农村工业污染及农村环境管理体制转型[A].中国环境科学学会.2013中国环境科学学会学术年会论文集(第三卷)[C].武汉：中国环境科学学会，2013.

[53] 李磊，谢小璐.工业污染与城镇化对粮食产量影响的灰色分析——以江苏省为例[J].江苏农业科学，2013，41(06)：393-396.

[54] 姜凯.镜村工业污染成因的社会学阐释[D].北京：中央民族大学，2013.

[55] 王学渊，何佩佩，王玲玲，等.工业污染对农村可持续发展的影响分析——以杭州萧山南阳镇坞里村为例[J].农村经济与科技，2012，23(10)：18-21.

[56] 梅章慧.农村工业污染防治法律问题研究[D].武汉：华中农业大学，2012.

[57] 杨煜璇.我国农村工业化进程中的环境污染问题研究[D].北京：中国海洋大学，2011.

[58] 万年青，乔琦，孙启宏.我国乡镇地区工业污染现状及防治对策[J].今日国土，2010，(08)：34-37.

[59] 李玉红.农村工业污染急需重视[J].环境经济,2010,(08):31-34.

[60] 杨飞燕.农村工业污染的原因分析与综合治理研究[D].苏州:苏州大学,2008.

[61] 姜百臣,李周.中国农村工业化的环境问题[J].中国农村经济,1994,(11):62-63.

[62] 中国农业科学院农业经济与发展研究所. 中国农业产业发展报告 2020[R].北京:中国农业科学院经济与发展研究所, 2020.

[63] 徐良燕.我国农村产业结构调整研究[J].现代经济信息,2019,(03):8.

[64] 陈泓杰. 农村产业结构变动的减贫效应研究[D].长沙:湖南科技大学,2017.